高等学校数学类专业系列教材

偏微分方程简明教程

（第二版）

朱长江　阮立志　编著

A Brief Course of Partial Differential Equations

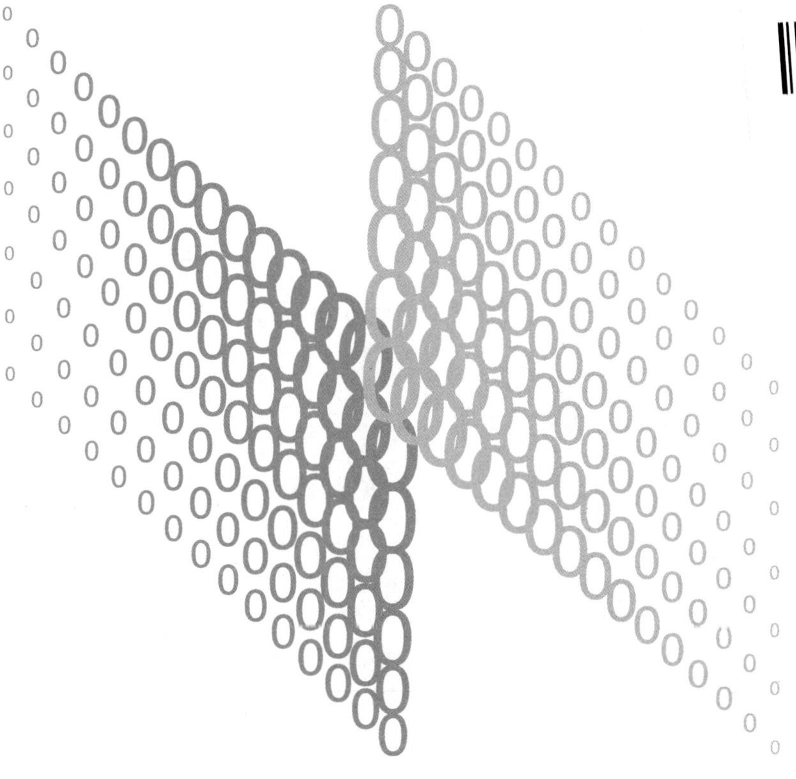

中国教育出版传媒集团
高等教育出版社·北京

内容提要

本书是国家精品资源共享课“偏微分方程”的配套教材，是作者基于多年讲授数学类专业“偏微分方程”课程的经验编写而成的。全书重点介绍了偏微分方程的基本理论和方法，共分八章：第一章介绍偏微分方程的基本概念和几个经典方程及定解问题的物理来源；第二章介绍二阶方程的特征理论及方程的分类；第三章介绍分离变量法；第四章介绍齐次化方法；第五、六、七章分别讨论双曲型、抛物型和椭圆型方程定解问题的求解方法、理论分析、适定性等，并利用所获得的解对物理现象及力学规律加以解释；第八章介绍 Fourier 变换及其应用。各章内容相对独立，自成体系，教学时可根据实际教学时数任选其中几章独立安排教学。

本书力求做到由浅入深，通俗易懂，便于教师教学和学生学习。可作为高等学校数学类专业本科生“偏微分方程”“数学物理方程”课程的教材或教学参考书，也可作为理工类本科生或研究生“数学物理方程”“数学物理方法”课程的教材或参考书。

图书在版编目（CIP）数据

偏微分方程简明教程／朱长江，阮立志编著. --2版. --北京：高等教育出版社，2022.8（2024.12重印）

ISBN 978-7-04-058724-1

Ⅰ.①偏… Ⅱ.①朱… ②阮… Ⅲ.①偏微分方程-高等学校-教材 Ⅳ.①O175.2

中国版本图书馆 CIP 数据核字（2022）第 094673 号

Pianweifenfangcheng Jianming Jiaocheng (Di-er Ban)

策划编辑 兰莹莹 高 旭　责任编辑 高 旭　封面设计 张申申　版式设计 杨 树
责任绘图 黄云燕　责任校对 窦丽娜　责任印制 刘思涵

出版发行 高等教育出版社
社　　址 北京市西城区德外大街4号
邮政编码 100120
印　　刷 三河市骏杰印刷有限公司
开　　本 787mm×1092mm 1/16
印　　张 15
字　　数 270千字
购书热线 010-58581118
咨询电话 400-810-0598
网　　址 http://www.hep.edu.cn
　　　　 http://www.hep.com.cn
网上订购 http://www.hepmall.com.cn
　　　　 http://www.hepmall.com
　　　　 http://www.hepmall.cn
版　　次 2015年6月第1版
　　　　 2022年8月第2版
印　　次 2024年12月第3次印刷
定　　价 36.80元

物 料 号 58724-00

偏微分方程简明教程

（第二版）

朱长江　阮立志
编著

1 计算机访问http://abook.hep.com.cn/1263831，或手机扫描二维码、下载并安装Abook应用。

2 注册并登录，进入“我的课程”。

3 输入封底数字课程账号（20位密码，刮开涂层可见），或通过Abook应用扫描封底数字课程账号二维码，完成课程绑定。

4 单击“进入课程”按钮，开始本数字课程的学习。

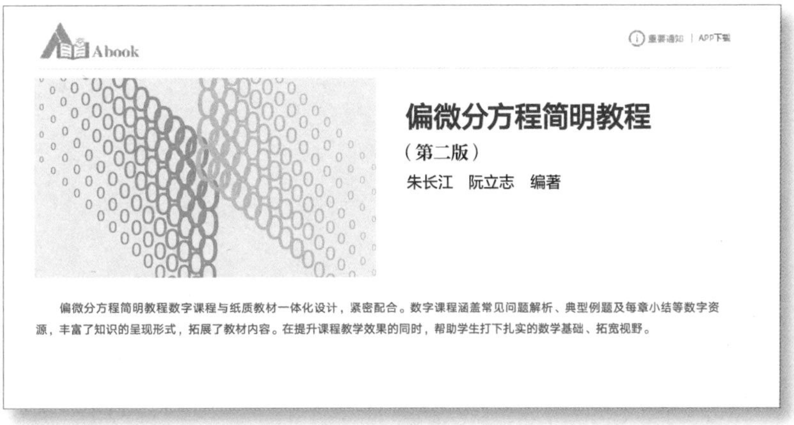

课程绑定后一年为数字课程使用有效期。受硬件限制，部分内容无法在手机端显示，请按提示通过计算机访问学习。

如有使用问题，请发邮件至abook@hep.com.cn。

http://abook.hep.com.cn/1263831

第二版前言

本书第一版自 2015 年 6 月出版以来，被多所高校选作“偏微分方程”课程的教材，得到广泛好评。广大师生在使用中发现了一些问题和疏漏，向我们提出了许多宝贵意见。两位编者也一直在华南理工大学和华中师范大学从事“偏微分方程”课程的教学并使用本书。这次修订，除了做一些勘误以外，结合编者多年的教学实践，做了多处修改和补充，对此做如下几点说明：

1. 对于学生的某些薄弱环节，补充了大量例题，有助于对理论与方法的理解与运用；

2. 对于一些理论性较强的内容，补充了一些图形，在数学分析上显得更为直观；

3. 对习题做了一些调整，或增加一些对教材主要内容具有补充性的习题，或删除一些重复性以及某些计算量过大的习题，从而提高教师教学和学生学习的效率；

4. 修改并统一了一些数学符号，书写更加规范。此外，对本书常用名词专门给出了索引，便于读者查阅；

5. 利用数学建模的方法，对弦振动方程的推导做了改写 (第一章第 2 节)，思路更加清晰，表述更加简洁明了；

6. 关于分离变量法，分别介绍了 Dirichlet (狄利克雷) 边值条件和 Neumann (诺伊曼) 边值条件的混合问题的一般求解方法，使得一般求解方法的介绍更加全面；

7. 关于 Duhamel (杜阿梅尔) 原理 (第四章第 1 节)，补充了常微分方程的 Duhamel 原理，然后自然过渡到偏微分方程 Duhamel 原理的介绍，这既揭示了常微分方程与偏微分方程在这方面的共性，也启迪学生在学习偏微分方程时，要经常与常微分方程的相关理论和方法做比较；

8. 增加了边值的齐次化方法 (第四章第 2 节)，既展示出双曲型方程和抛物型方程在这一方法上的共性，也使得三类非齐次边值条件的齐次化更显系统性；

9. 关于降维法 (第五章第 2 节)，补充了新的且便于计算的二维波动方程的 Poisson (泊松) 公式。

我们衷心感谢广大读者对本书的关心, 并欢迎继续提出宝贵意见。

编　者

2021 年 9 月

第一版前言

精品资源共享课建设是国家精品开放课程建设项目的组成部分, 旨在促进教育教学观念转变, 引领教学内容和教学方法改革, 推动高等学校优质课程教学资源通过现代信息技术手段共建共享, 提高人才培养质量, 服务学习型社会建设。我们的“偏微分方程”国家精品课程于 2013 年转型升级为国家精品资源共享课程, 为更好地服务于教学改革, 我们着手编写了这本配套教材。

偏微分方程作为大学数学的一门专业课程, 无论是对数学类专业还是非数学类专业的理工科学生都十分重要。它的任务是通过建立数学模型 (主要是以偏微分方程描述的模型), 寻找求解方法, 进行理论分析, 从而达到解释物理现象的目的。本书主编朱长江教授连续开展该课程教学十余年, 书中大部分内容曾在数学类专业的本科生和研究生专业课上讲授过多次, 经过多年的教学实践和一些专家的建议, 为适应目前高等学校的教学改革, 推广研究型教学, 我们编写了本书。

本书在编写过程中主要注意了以下几点:

1. 在介绍二阶方程的分类时, 注意到其与二次曲线分类的密切联系, 充分借鉴二次曲线分类的思想, 阐述二阶方程的分类, 使得学生理解和掌握比较容易。

2. 在介绍分离变量法时, 应用实例尽可能全面, 考虑的方程类型包括双曲型、抛物型和椭圆型, 既有常系数也有变系数情形, 既涉及一维方程, 也涉及高维方程, 考虑的边值条件包括 Dirichlet 边值条件、Neumann 边值条件、Robin (罗宾) 边值条件等。

3. 在介绍偏微分方程的其他几种常用求解方法时, 如特征线法 (第四章)、相似变换法 (第五章)、Green (格林) 函数法 (第六章) 和 Fourier (傅里叶) 变换 (第七章), 尽量做到在理论上讲得透彻完整, 在应用上讲得深入浅出, 注意了严密性与直观性的统一、科学性与可读性的统一。

4. 极值原理是学生较难掌握的内容, 在写作上尽量做到由浅入深, 层层推进, 突出重点, 分解难点。为了完整性, 理论上介绍一般高维偏微分方程的极值原理。为了教与学的方便, 应用以一维、二维或三维为实例, 注意了一般性与特殊性的统一。

由于偏微分方程内容丰富、方法多样, 难以用统一的形式展开内容并加以讨论, 因此在学习这门课时, 必须掌握各类方程的特点, 比较求解这些方程的方法的异同, 以求融会贯通。为了便于读者理解并牢固地掌握所学内容, 在每一章中都安排了一定数量的习题。这些习题有些是正文的补充和发展, 有些则是用来训练解题方法和技巧的。本书各章内容相对独立, 自成体系, 教学时可根据实际情况, 任选几章独立安排教学。

在本书的编写过程中, 我们参阅了有关偏微分方程及数学物理方程的国内外著作及教材。如姜礼尚、陈亚浙、刘西垣、易法槐编著《数学物理方程讲义》(高等教育出版社, 1996 年第二版); 陈恕行、秦铁虎编著《数学物理方程方法导引》(复旦大学出版社, 1991 年); 谷超豪、李大潜、陈恕行、郑宋穆、谭永基编著《数学物理方程》(高等教育出版社, 2002 年第二版); Walter A. Strauss 编著: *Partial Differential Equations-An Introduction* (John Wiley & Sons 出版社, 1992 年); F. John 编著 *Partial Differential Equations* (Springer-Verlag 出版社, 1982 年); Lawrence C. Evans 编著 *Partial Differential Equations* (American Mathematical Society 出版社, 1998 年) 等。这些教材中蕴含着丰富的内容与教学经验, 对于本书的编写帮助很大。在此, 我们谨向有关作者表示诚挚的谢意。我们的研究生刘青青、彭红云、尹海燕、厚晓凤、洪广益等为书稿的计算机录入及校对做了大量工作, 在此一并致谢。

由于我们的学识和教学经验所限, 本书中的缺点和错误在所难免, 诚恳地希望读者批评指正。

编 者

2014 年 11 月

目录

第一章

方程的导出及定解问题的提法

用数学方法研究实际问题的第一步是建立关于所考察的对象的数学模型. 自从微积分产生以后, 人们就设法把描述物理学、力学和工程技术问题中的一些规律的数学形式 (即数学模型) 归结成偏微分方程进行研究, 习惯上称之为数学物理方程. 这类方程的内容, 基本上都是一些典型而具有很强实际背景的偏微分方程. 因此, 我们说偏微分方程是一门历史悠久的学科, 在它的发展过程中, 具有紧密联系实际的特点. 由于生产和科学技术的不断发展, 不仅丰富和更新了偏微分方程的研究内容, 而且随着问题的解决, 也产生了许多新的数学方法, 从而发展了偏微分方程的理论, 同时, 也促进了偏微分方程与数学的许多分支及自然科学各学科之间的联系. 本章将在 §1 介绍偏微分方程的基本概念, 然后在 §2 和 §3 从几个简单的物理模型出发, 推导出本课程将要讨论的三种典型方程及其相应的典型定解问题.

§1 基本概念

1.1 偏微分方程的概念

所谓**偏微分方程**, 是指关于多元函数 $u(x_1, x_2, \cdots, x_n)$ $(n \geqslant 2)$ 及其某些偏导数的关系式

$$F(x_1, x_2, \cdots, x_n, u, \mathrm{D}u, \mathrm{D}^2u, \cdots, \mathrm{D}^m u) = 0, \tag{1.1}$$

其中 F 是关于自变量 $x_1, x_2, \cdots, x_n$ 和未知函数 u 及 u 的有限多个偏导数的已知函数, 而

$$\mathrm{D}u = (u_{x_1}, u_{x_2}, \cdots, u_{x_n}),$$

$$\mathrm{D}^2u=(u_{x_1x_1},\cdots,u_{x_1x_n},u_{x_2x_2},\cdots,u_{x_2x_n},\cdots,u_{x_{n-1}x_{n-1}},u_{x_{n-1}x_n},u_{x_nx_n}),$$

$\cdots$

$$\mathrm{D}^m u=\left\{\frac{\partial^m u}{\partial x_1^{m_1}\partial x_2^{m_2}\cdots\partial x_n^{m_n}}\,\middle|\, m_1,m_2,\cdots,m_n \text{ 为非负整数, } \sum_{i=1}^n m_i=m\right\}.$$

下面举几个常见的例子.

输运方程:

$$u_t+\boldsymbol{b}\cdot\mathrm{D}u=0,\ \text{其中 } \boldsymbol{b} \text{ 为常向量.} \tag{1.2}$$

Hamilton-Jacobi (哈密顿–雅可比) 方程:

$$u_t+H(\mathrm{D}u,x_1,x_2,\cdots,x_n)=0,\ \text{其中 } H(p,x_1,x_2,\cdots,x_n) \text{ 是其自变量的非线性函数.} \tag{1.3}$$

波动方程:

$$u_{tt}-a^2(u_{x_1x_1}+u_{x_2x_2}+\cdots+u_{x_nx_n})=0,\ \text{其中 } a \text{ 为正常数.} \tag{1.4}$$

热传导方程:

$$u_t-a^2(u_{x_1x_1}+u_{x_2x_2}+\cdots+u_{x_nx_n})=0,\ \text{其中 } a \text{ 为正常数.} \tag{1.5}$$

Laplace (拉普拉斯) 方程:

$$u_{x_1x_1}+u_{x_2x_2}+\cdots+u_{x_nx_n}=0. \tag{1.6}$$

Poisson 方程:

$$u_{x_1x_1}+u_{x_2x_2}+\cdots+u_{x_nx_n}=f(x_1,x_2,\cdots,x_n). \tag{1.7}$$

极小曲面方程:

$$(1+u_y^2)u_{xx}-2u_xu_yu_{xy}+(1+u_x^2)u_{yy}=0. \tag{1.8}$$

Monge-Ampère (蒙日–安培) 方程:

$$\det\left(\frac{\partial^2 u}{\partial x_i\partial x_j}\right)=f(x_1,x_2,\cdots,x_n),\ \text{其中 } f \text{ 为已知函数.} \tag{1.9}$$

Burgers (伯格斯) 方程:

$$u_t+uu_x=u_{xx}. \tag{1.10}$$

KdV (Korteweg-de Vries (科尔泰沃赫 – 德弗里斯)) 方程:

$$u_t+uu_x+u_{xxx}=0. \tag{1.11}$$

Camassa-Holm (卡玛萨 – 侯姆) 方程:

$$u_t-u_{xxt}+3uu_x=2u_xu_{xx}+uu_{xxx}. \tag{1.12}$$

1.2 偏微分方程的解

给定一个函数 $u=\varphi(x_1,x_2,\cdots,x_n)$, 若将它及它对自变量的各阶偏导数代入方程 (1.1), 能使 (1.1) 式成为恒等式, 则称函数 φ 是偏微分方程 (1.1) 的**解**. 我们知道, 一个线性常微分方程的解有无穷多个, 其表现形式是依赖于一个或几个任意常数的通解. 于是自然会想到偏微分方程的通解也会含有任意元素.

例 1.1 求偏微分方程

$$\frac{\partial u(x,y)}{\partial y}=0 \tag{1.13}$$

的通解.

解 方程 (1.13) 关于 y 积分, 可得其通解为 $u=\varphi(x)$, 其中 φ 是 x 的任意连续可微函数.

但是, 在偏微分方程中, 除了少数几个特别简单的例子以外, 求通解是很困难的. 而且即使求得了通解, 要想利用所给的附加条件将其表达式中的任意元素确定出来, 也是一件不容易的事情, 甚至是不可能的.

1.3 偏微分方程的阶

在偏微分方程的研究中, “**阶**” 是一个非常基本的概念. 所谓**偏微分方程的阶**, 就是方程中实际所含未知函数的偏导数中的最高阶数, 如上述方程 (1.2) 和 (1.3) 是一阶偏微分方程, 方程 (1.4)—(1.10) 是二阶偏微分方程, 方程 (1.11) 和 (1.12) 是三阶偏微分方程.

1.4 线性偏微分方程

若方程关于未知函数及其各阶偏导数都是线性的, 则称它为**线性偏微分方程**. 例如方程 (1.2)、(1.4)—(1.7) 都是线性偏微分方程. 在线性偏微分方程中, 不含有未知函数 u 及它的偏导数的项称为**自由项**; 当自由项为零时, 称方程为**齐次方程**, 如方程 (1.2)、(1.4)—(1.6); 否则就称为**非齐次方程**, 如方程 (1.7).

一般的线性齐次偏微分方程可写为

$$\mathcal{L}u=0, \tag{1.14}$$

线性非齐次偏微分方程可写为

$$\mathcal{L}u=f(x_1,x_2,\cdots,x_n), \tag{1.15}$$

其中 $\mathcal{L}$ 是某一线性偏微分算子, 例如

$$\mathcal{L}=\frac{\partial^2}{\partial t^2}-a^2\left(\frac{\partial^2}{\partial x_1^2}+\frac{\partial^2}{\partial x_2^2}+\cdots+\frac{\partial^2}{\partial x_n^2}\right),$$

$$\mathcal{L}=\frac{\partial}{\partial t}-a^2\left(\frac{\partial^2}{\partial x_1^2}+\frac{\partial^2}{\partial x_2^2}+\cdots+\frac{\partial^2}{\partial x_n^2}\right),$$

$$\mathcal{L}=\frac{\partial^2}{\partial x_1^2}+\frac{\partial^2}{\partial x_2^2}+\cdots+\frac{\partial^2}{\partial x_n^2}$$

等. 所谓**线性算子**, 是指对任意的函数 u, v 及常数 c, 总有

$$\mathcal{L}(u+v)=\mathcal{L}u+\mathcal{L}v, \qquad \mathcal{L}(cu)=c\mathcal{L}u. \tag{1.16}$$

由 (1.16) 式, 我们可得到关于线性方程的如下**叠加原理**.

定理 1.1 若 $u_1, u_2, \cdots, u_N$ 是线性齐次方程 (1.14) 的解, 则 $u=c_1u_1+c_2u_2+\cdots+c_Nu_N$ 也是方程 (1.14) 的解; 若 $u_1, u_2, \cdots, u_N$ 是线性非齐次方程 (1.15) 的解, 则 $u=c_1u_1+c_2u_2+\cdots+c_Nu_N$ 是线性非齐次方程

$$\mathcal{L}u=f\sum_{i=1}^{N}c_i$$

的解, 其中 c_1, c_2, $\cdots$, c_N 是任意常数.

1.5 非线性偏微分方程

我们把不是线性偏微分方程的偏微分方程统称为**非线性偏微分方程**. 在非线性偏微分方程中, 若关于未知函数的所有最高阶偏导数都是线性的, 则称它为**拟线性偏微分方程**. 例如方程 (1.8)、(1.10)—(1.12) 都是拟线性偏微分方程. 在拟线性偏微分方程中, 由最高阶偏导数所组成的那一部分, 称为方程的**主部**; 若主部内的系数都是常数或是自变量的已知函数, 则方程被称为是**半线性**的, 如方程 (1.10) 和 (1.11) 就是半线性的. 对于既不是线性也不是拟线性的偏微分方程, 就称它为**完全非线性偏微分方程**, 如方程 (1.3) 和 (1.9) 就是完全非线性偏微分方程. 一般地, 我们又把拟线性偏微分方程及完全非线性偏微分方程统称为非线性偏微分方程.

习题 1-1

1. 指出下列方程的阶并判断它是线性的, 还是非线性的. 如果是线性的, 说明它是齐次的, 还是非齐次的:

(1) $u_x + \mathrm{e}^y u_y = 0$;

(2) $u_x^2 + u u_y = 0$;

(3) $u_t - u_{xx} + xu = 0$;

(4) $u_{xy} - \begin{vmatrix} 1 & 2 & 3 \\ 0 & u_x & u_y \\ 0 & u_{xx} & u_{yy} \end{vmatrix} = 0$;

(5) $u_{xyt} - \begin{vmatrix} u_{xx} & u_{xy}^3 \\ 0 & 2 \end{vmatrix} = 0$;

(6) $u_t - u_{xxt} + u u_x = 0$;

(7) $\dfrac{\partial^4 u}{\partial x^4} + 2\dfrac{\partial^4 u}{\partial x^2 \partial y^2} + \dfrac{\partial^4 u}{\partial y^4} = 0$;

(8) $u_t + u_{xxxx} + \sqrt{1+u} = 0$;

(9) $x^2 \mathrm{e}^y u_{xx} + \mathrm{e}^x u_{yy} + (x+y^2) u_{xxyy} + \sin(x^3+y^4) u_{xyyyy} = 0$;

(10) $u_{xxxyy} + u_{yyy} + 2u_x - 3u_y + \sqrt{1+u^2} = 0$.

2. 设 $f(x)$ 和 $g(y)$ 是任意的二次连续可微函数, 验证函数 $u = f(x)g(y)$ 满足方程

$$u u_{xy} - u_x u_y = 0.$$

3. 验证函数 $u(x,y) = x^2 - y^2$ 和 $u(x,y) = \mathrm{e}^x \sin y$ 都是方程

$$u_{xx} + u_{yy} = 0$$

的解.

4. 求下列偏微分方程的通解:

(1) $u_{xy} = \lambda u_y$, λ 为常数;

(2) $u_{xy} = 0$;

(3) $t\dfrac{\partial^2 u}{\partial x \partial t} + \dfrac{\partial u}{\partial x} = 4xt^3$.

5. 求方程

$$u_{xx} - 5u_{xy} + 6u_{yy} = 0$$

具有形式 $u(x,y) = f(\lambda x + y)$ 的特解.

6. 试写出具有 n 个自变量的二阶线性偏微分方程的一般形式.

§2 几个经典方程

数学物理中的许多问题, 都可由一个偏微分方程来描述, 本节将介绍几个从物理学和力学中提出的典型的偏微分方程.

2.1 弦振动方程

弹性弦的振动问题, 是一个很有意义而且十分重要的古典问题, 下面我们建立它的数学模型.

问题: 给定一根两端固定的、拉紧并具有弹性的、均匀的、非常柔软的细线, 其长为 l, 在外力作用下在平衡位置附近做微小的横振动, 求细线上各点的运动规律.

为了将实际问题归结为数学模型, 必须做一些理想化的假设, 以便能抓住问题的本质特征. 为此, 我们做如下**基本假设**:

1. 均匀细线: 指弦的横截面直径与弦的长度相比可以忽略, 且其线密度 ρ 是常数.

2. 微小横振动: 指弦的微小运动发生在一个平面内, 且弦上各点的位移与弦平衡位置垂直.

3. 柔软: 指弦在形变时没有抵抗弯曲的张力, 弦上各质点间的张力与弦的切线方向一致, 且弦的伸长变形与张力的关系服从 Hooke (胡克) 定律.

首先, 我们介绍弦振动过程中的重要物理原理——动量定理.

动量定理: 物体在某一时段 (即时间间隔) 内的动量的增量等于作用在该物体上所有外力在这一时段内产生的冲量, 即

$t = t_2$ 时刻的动量	$-$	$t = t_1$ 时刻的动量	$=$	$[t_1, t_2]$ 时间段作用在物体上的冲量

接下来, 我们将给出弦振动过程的数学描述, 即在上述基本假设下利用动量定理来导出弦振动方程. 为此, 我们先建立坐标系. 如图 1–1 建立坐标系, 将弦的两

端固定在 x 轴的原点 O 及点 L 上 $(OL=l)$. 设 $u(x,t)$ 表示弦上位置为 x 的点在时刻 t 的位移. 设 $T(x,t)$ 表示弦上位置为 x 的点在时刻 t 的张力, 它的大小仍用 $T(x,t)$ 表示.

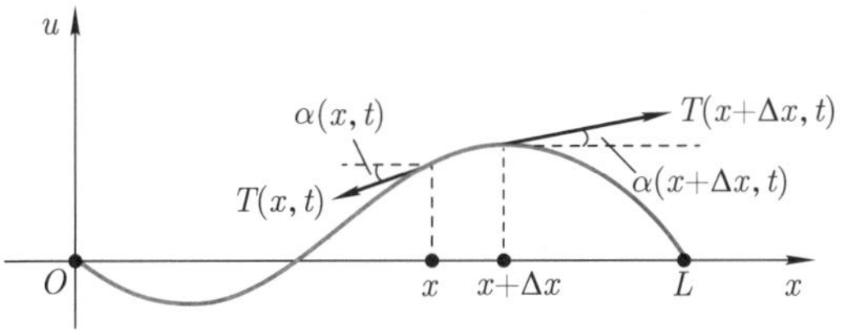

图 1–1

现在我们将上面动量定理表述的等式两端的物理量用位移函数 $u(x,t)$ 或其各阶偏导数表示出来. 为此, 我们分别计算冲量和动量. 为了计算冲量, 首先尝试计算在点 x 处时刻 t 作用于微弦段 $[x,x+\Delta x]$ 上的张力分别在 x 轴和在 u 轴方向的分力.

由基本假设 3 可知, 张力 $T(x,t)$ 的方向总是沿着弦在点 x 处的切线方向. 由基本假设 2 可知, 弦的振动是横向的, 即它只在 x 轴的垂直方向作横振动, 所以作用于弦段上所有力沿 x 轴的合力为零. 因此, 为了计算冲量, 我们先计算在点 x 处时刻 t 作用于微弦段 $[x,x+\Delta x]$ 上的张力在 u 轴方向的分力, 可表示为

$$-T(x,t)\sin\,\alpha(x,t),$$

其中 $\alpha(x,t)$ 表示弦在点 x 处时刻 t 的切线方向与水平方向之间的夹角, 负号表示张力的方向与 u 轴的正向相反. 类似地在时刻 t 在微弦段的另一端 $x+\Delta x$ 处作用于微弦段 $[x,x+\Delta x]$ 上的张力在 u 轴方向的分力可表示为

$$T(x+\Delta x,t)\sin\,\alpha(x+\Delta x,t).$$

$\sin\,\alpha(x,t)$ 和 $\sin\,\alpha(x+\Delta x,t)$ 用位移函数 $u(x,t)$ 或其偏导数可表示为

$$\begin{cases} \sin\,\alpha(x,t)=\dfrac{\tan\,\alpha(x,t)}{\sqrt{1+\tan^2\ \alpha(x,t)}}=\dfrac{u_x(x,l)}{\sqrt{1+u_x^2(x,t)}}, \\[2ex] \sin\,\alpha(x+\Delta x,t)=\dfrac{\tan\,\alpha(x+\Delta x,t)}{\sqrt{1+\tan^2\,\alpha(x+\Delta x,t)}}=\dfrac{u_x(x+\Delta x,t)}{\sqrt{1+u_x^2(x+\Delta x,t)}}. \end{cases} \tag{2.1}$$

因此在微时间段 $[t,t+\Delta t]$ 内张力的合力所产生的冲量可表示为

$$\int_t^{t+\Delta t}\left(T(x+\Delta x,t)\frac{u_x(x+\Delta x,t)}{\sqrt{1+u_x^2(x+\Delta x,t)}}-T(x,t)\frac{u_x(x,t)}{\sqrt{1+u_x^2(x,t)}}\right)\mathrm{d}t. \tag{2.2}$$

现在我们转向计算从时刻 t 到时刻 $t+\Delta t$ 微弦段 $[x, x+\Delta x]$ 上动量的增量. 为此, 先表示出在时刻 t 和时刻 $t+\Delta t$ 微弦段 $[x, x+\Delta x]$ 上的动量, 可分别表示为

$$\int_x^{x+\Delta x} \rho u_t(x,t)\mathrm{d}x$$

和

$$\int_x^{x+\Delta x} \rho u_t(x,t+\Delta t)\mathrm{d}x.$$

因此从时刻 t 到时刻 $t+\Delta t$, 微弦段 $[x, x+\Delta x]$ 上的动量的增量为

$$\int_x^{x+\Delta x} \rho[u_t(x,t+\Delta t) - u_t(x,t)]\mathrm{d}x. \tag{2.3}$$

由动量定理得到 (2.2) 式和 (2.3) 式满足关系

$$\begin{aligned}&\int_x^{x+\Delta x} \rho[u_t(x,t+\Delta t) - u_t(x,t)]\mathrm{d}x\\ =&\int_t^{t+\Delta t}\left(T(x+\Delta x,t)\frac{u_x(x+\Delta x,t)}{\sqrt{1+u_x^2(x+\Delta x,t)}} - T(x,t)\frac{u_x(x,t)}{\sqrt{1+u_x^2(x,t)}}\right)\mathrm{d}t. \end{aligned}\tag{2.4}$$

若 $u(x,t)$ 和 $T(x,t)$ 满足一定的光滑性, 由 Newton-Leibniz (牛顿–莱布尼茨) 公式, (2.4) 式可改写成如下形式

$$\begin{aligned}&\int_x^{x+\Delta x}\int_t^{t+\Delta t} \rho u_{tt}(x,t)\mathrm{d}t\mathrm{d}x\\ =&\int_t^{t+\Delta t}\int_x^{x+\Delta x}\frac{\partial}{\partial x}\left(T(x,t)\frac{u_x(x,t)}{\sqrt{1+u_x^2(x,t)}}\right)\mathrm{d}x\mathrm{d}t. \end{aligned}\tag{2.5}$$

由 Δx, Δt 的任意性可知

$$\rho u_{tt}(x,t) - \frac{\partial}{\partial x}\left(T(x,t)\frac{u_x(x,t)}{\sqrt{1+u_x^2(x,t)}}\right) = 0. \tag{2.6}$$

这是一个非线性偏微分方程, 不容易求解. 我们将对方程 (2.6) 做进一步的简化. 为此, 首先对张力做近似计算. 在弦上任取微弦段 $[x, x+\Delta x]$, 在时刻 $t=0$ 时弦长为 Δx, 在振动过程中弦发生形变, 在 t 时刻对应的微弦段 $[x, x+\Delta x]$ 形变成微弧段, 它的弧长为

$$\Delta s = \int_x^{x+\Delta x}\sqrt{1+u_x^2(x,t)}\mathrm{d}x.$$

由基本假设 2 可知 u_x 很小, 于是 u_x^2 与 1 相比可以忽略不计, 从而

$$\Delta s \approx \int_x^{x+\Delta x}\sqrt{1+0^2}\mathrm{d}x = \Delta x.$$

这表明弦在微弦段 $[x, x+\Delta x]$ 上的微小振动过程中并未伸长. 由基本假设 3 及 Hooke 定律可知, 弦在振动过程中在时刻 t 的张力与时刻 $t=0$ 的张力保持不变, 即张力与时间 t 无关. 为此, 不妨把在点 x 处时刻 t 的张力记为 $T(x)$, 它的大小仍用 $T(x)$ 表示.

下面证明张力也与 x 无关. 我们前面提到作用于弦段上所有力沿 x 轴的合力为零, 这可表示为

$$T(x+\Delta x)\cos\alpha(x+\Delta x, t) - T(x)\cos\alpha(x,t) = 0. \tag{2.7}$$

由于弦在平衡位置附近做微小振动, 所以 u_x^2 与 1 相比可以忽略不计, 即

$$\begin{cases} \cos\alpha(x,t) = \dfrac{1}{\sqrt{1+\tan^2\alpha(x,t)}} = \dfrac{1}{\sqrt{1+u_x^2(x,t)}} \approx 1, \\ \cos\alpha(x+\Delta x,t) = \dfrac{1}{\sqrt{1+\tan^2\alpha(x+\Delta x,t)}} = \dfrac{1}{\sqrt{1+u_x^2(x+\Delta x,t)}} \approx 1, \end{cases} \tag{2.8}$$

于是 (2.7) 式可简化为

$$T(x+\Delta x) - T(x) = 0,$$

故 $T(x+\Delta x) = T(x)$. 这就是说张力的大小与 x 也无关, 于是张力的大小恒为常数, 用 T 表示.

此时, 方程 (2.6) 被简化为

$$\rho u_{tt}(x,t) - T\frac{\partial}{\partial x}\left(\frac{u_x(x,t)}{\sqrt{1+u_x^2(x,t)}}\right) = 0. \tag{2.9}$$

虽然方程 (2.9) 比方程 (2.6) 相对简化, 但仍然是一个非线性偏微分方程. 正如前面的想法, 由基本假设 2, u_x^2 与 1 相比是很小的量, 从而忽略不计, 于是方程 (2.9) 可简化为

$$\rho u_{tt}(x,t) - T u_{xx}(x,t) = 0. \tag{2.10}$$

令 $a^2 = \dfrac{T}{\rho}$, 则方程 (2.10) 可表示为

$$u_{tt} - a^2 u_{xx} = 0, \tag{2.11}$$

方程 (2.11) 是一个线性偏微分方程, 通常称为**弦振动方程**.

当存在外力作用时, 若在点 x 处时刻 t 单位长度上所受的外力为 $F(x,t)$, 其方向垂直于 x 轴, 则微弦段 $[x, x+\Delta x]$ 上所受外力的合力为

$$\int_x^{x+\Delta x} F(x,t)\mathrm{d}x,$$

它在微时间段 $[t,t+\Delta t]$ 内所产生的冲量为

$$\int_t^{t+\Delta t}\int_x^{x+\Delta x}F(x,t)\mathrm{d}x\mathrm{d}t.$$

于是在 (2.4) 式的右边应添上这一项, 即得

$$\begin{aligned}&\int_x^{x+\Delta x}\rho[u_t(x,t+\Delta t)-u_t(x,t)]\mathrm{d}x\\=&\int_t^{t+\Delta t}\left(T(x+\Delta x,t)\frac{u_x(x+\Delta x,t)}{\sqrt{1+u_x^2(x+\Delta x,t)}}-T(x,t)\frac{u_x(x,t)}{\sqrt{1+u_x^2(x,t)}}\right)\mathrm{d}t+\\&\int_t^{t+\Delta t}\int_x^{x+\Delta x}F(x,t)\mathrm{d}x\mathrm{d}t.\end{aligned}\tag{2.12}$$

因此, 我们也有

$$\rho u_{tt}(x,t)=Tu_{xx}(x,t)+F(x,t),$$

即

$$u_{tt}-a^2u_{xx}=f(x,t),\tag{2.13}$$

其中 $f(x,t)=\dfrac{F(x,t)}{\rho}$ 表示单位质量在点 x 处时刻 t 所受的外力. 方程 (2.13) 就是有外力作用下弦振动所满足的方程.

最后, 我们指出, 在弦振动方程 (2.11) 或 (2.13) 中只含有两个自变量 x 和 t, 一个自变量 x 表示位置, 另一个自变量 t 表示时间. 由于它描述的是弦的振动或波动现象, 而且又只含有一个空间变量 x, 因而它又称为**一维波动方程**. 类似地可导出**二维波动方程**和**三维波动方程**, 它们的形式分别为

$$u_{tt}-a^2(u_{xx}+u_{yy})=f(x,y,t),\tag{2.14}$$

$$u_{tt}-a^2(u_{xx}+u_{yy}+u_{zz})=f(x,y,z,t).\tag{2.15}$$

二维波动方程可视为薄膜的振动所满足的运动规律, 即在平面上放置一个框架, 固定在该框架上做微小横振动的薄膜上各点的运动规律. 三维波动方程表示的是声波、电磁波的传播所满足的规律.

注 1.1 通常所说的弦和膜都有一个共同特点, 就是它们充分柔软, 只抗伸长, 不抗弯曲, 当它们发生形变时, 抵抗弯曲所产生的力可以忽略不计.

2.2 热传导方程

问题: 在三维空间中, 考察一均匀、各向同性的物体 G, 假定其内部有热源, 并且与周围介质有热交换, 求物体内部温度的分布和变化规律.

设函数 $u(x,y,z,t)$ 为物体 G 在点 (x,y,z) 处时刻 t 的温度, 为了求出 u 所满足的方程, 我们需要用到如下两个物理定律:

1. **能量守恒定律**: 物体内部因温度的变化而吸收的热量等于通过物体的边界流入的热量与由物体内部的热源所生成的热量的总和, 即

$t=t_2$ 时刻的热量	$-$	$t=t_1$ 时刻的热量	$=$	$[t_1,t_2]$ 时间段通过边界流入的热量	$+$	$[t_1,t_2]$ 时间段内部热源生成的热量

2. **Fourier 热传导定律**: 物体在无穷小时间段 $\mathrm{d}t$ 内流过一无穷小面积 $\mathrm{d}S$ 的热量 $\mathrm{d}Q$ 与物体温度沿曲面 $\mathrm{d}S$ 的法线方向的方向导数 $\dfrac{\partial u}{\partial \nu}$ 成正比, 即

$$\boxed{\mathrm{d}Q=-\kappa(x,y,z)\frac{\partial u}{\partial \nu}\mathrm{d}S\mathrm{d}t}$$

其中 ν 表示曲面微元的单位外法向量, $\kappa(x,y,z)$ 表示物体在点 (x,y,z) 处的热传导系数, 负号表示热量总是由温度高处流向温度低处.

在物体 G 内任取一小闭曲面 S, 它所包围的区域记为 D, 以 $\boldsymbol{\nu}$ 表示它的单位外法向量.

首先我们计算在物体的内部区域 D 内因温度的变化而吸收的热量.

在时间段 $[t_1,t_2]$ 中物体在区域 D 内的温度从 $u(x,y,z,t_1)$ 变化到 $u(x,y,z,t_2)$, 它所吸收的热量是

$$\begin{aligned} Q_1&=\iiint\limits_D C\rho[u(x,y,z,t_2)-u(x,y,z,t_1)]\mathrm{d}x\mathrm{d}y\mathrm{d}z\\ &=\int_{t_1}^{t_2}\iiint\limits_D C\rho\frac{\partial}{\partial t}u(x,y,z,t)\mathrm{d}x\mathrm{d}y\mathrm{d}z\mathrm{d}t, \end{aligned}\tag{2.16}$$

其中 $C=C(x,y,z)$ 表示物体的比热容, $\rho=\rho(x,y,z)$ 表示它的密度.

其次, 由 Fourier 热传导定律知, 从时刻 t_1 到时刻 t_2 流入闭曲面 S 内的热量为

$$Q_2=\int_{t_1}^{t_2}\iint\limits_S \kappa(x,y,z)\frac{\partial u}{\partial \nu}\mathrm{d}S\mathrm{d}t.\tag{2.17}$$

现假设函数 $u(x,y,z,t)$ 关于变量 x,y,z 具有二阶连续偏导数, 关于 t 具有一阶连续偏导数, $\kappa(x,y,z)$ 关于变量 x,y,z 具有一阶连续偏导数, 利用散度定理 (见附录 I) 可把 (2.17) 式改写成

$$Q_2=\int_{t_1}^{t_2}\iiint\limits_D\left(\frac{\partial}{\partial x}(\kappa u_x)+\frac{\partial}{\partial y}(\kappa u_y)+\frac{\partial}{\partial z}(\kappa u_z)\right)\mathrm{d}x\mathrm{d}y\mathrm{d}z\mathrm{d}t.\tag{2.18}$$

最后, 我们计算在物体的内部区域 D 内热源所生成的热量.

设物体 G 内热源的强度为 $F(x,y,z,t)$, 则在时间段 $[t_1,t_2]$ 内热源在物体的内部区域 D 内生成的热量是

$$Q_3=\int_{t_1}^{t_2}\iiint\limits_D F(x,y,z,t)\mathrm{d}x\mathrm{d}y\mathrm{d}z\mathrm{d}t. \tag{2.19}$$

根据能量守恒定律可得

$$\int_{t_1}^{t_2}\iiint\limits_D\left(C\rho\frac{\partial u}{\partial t}-\frac{\partial}{\partial x}(\kappa u_x)-\frac{\partial}{\partial y}(\kappa u_y)-\frac{\partial}{\partial z}(\kappa u_z)-F\right)\mathrm{d}x\mathrm{d}y\mathrm{d}z\mathrm{d}t=0. \tag{2.20}$$

由于 t_1, t_2 与区域 D 都是任意取的, 且积分号下的被积函数是连续函数, 因此在 G 内的任意一点于任何时刻都有

$$C\rho\frac{\partial u}{\partial t}-\frac{\partial}{\partial x}(\kappa u_x)-\frac{\partial}{\partial y}(\kappa u_y)-\frac{\partial}{\partial z}(\kappa u_z)-F=0. \tag{2.21}$$

又由于物体是均匀的且各向同性, 则 C,ρ,κ 都是常数, 此时方程 (2.21) 化成

$$u_t-a^2(u_{xx}+u_{yy}+u_{zz})=f, \tag{2.22}$$

其中 $a^2=\dfrac{\kappa}{C\rho}, f=\dfrac{F}{C\rho}$. 方程 (2.22) 被称为带热源的三维**热传导方程**. 当 $f\geqslant 0$ 时表示**热源**, 当 $f\leqslant 0$ 时表示**热汇**.

如果物体内无热源或热汇, 则温度函数 $u(x,y,z,t)$ 所满足的方程是

$$u_t-a^2(u_{xx}+u_{yy}+u_{zz})=0. \tag{2.23}$$

在适当情况下, 方程中描述空间坐标的自变量数目可以减少. 例如当物体是各向同性的均匀细杆时, 如果它的侧面不产生热交换 (即绝热), 且在同一截面上温度的分布是相同的, 则温度函数 u 仅与坐标 x 及时间 t 有关, 这时得到的就是一维热传导方程

$$u_t-a^2u_{xx}=0. \tag{2.24}$$

如果考虑的是一个薄片的热传导问题, 当它的侧面绝热时, 便得到二维的热传导方程

$$u_t-a^2(u_{xx}+u_{yy})=0. \tag{2.25}$$

2.3 Laplace 方程

在前面所研究的温度分布问题中, 如果经过相当长的时间以后, 物体内各点的温度随时间的推移而发生的变化已不显著, 这时我们就说温度分布趋于定常, 数学上可近似地用 $u_t=0$ 表示. 这样一来方程 (2.23) 就变成

$$u_{xx}+u_{yy}+u_{zz}=0, \tag{2.26}$$

它被称为 **Laplace 方程**. 为了书写简洁, 我们通常引入如下符号 Δ:

$$\Delta=\frac{\partial^2}{\partial x_1^2}+\frac{\partial^2}{\partial x_2^2}+\cdots+\frac{\partial^2}{\partial x_n^2},$$

它被称为 n 维空间的 **Laplace 算子**. 有时为了区别空间维数, 我们也将 n 维空间的 Laplace 算子记为 Δ_n. 于是方程 (2.26) 可简写为

$$\Delta_3 u=0.$$

类似地, 若物体内的热源与时间 t 无关且温度分布趋于定常, 我们可导出如下方程:

$$u_{xx}+u_{yy}+u_{zz}=f(x,y,z), \tag{2.27}$$

简记为

$$\Delta_3 u=f(x,y,z), \tag{2.28}$$

我们称方程 (2.27) 或 (2.28) 为 **Poisson 方程**.

另一方面, 在三维波动方程中, 假设外力与时间 t 无关, 经过相当长的时间以后, 振动处于平衡状态, 此时 $u_{tt}\approx 0$, 则由方程 (2.15) 亦可导出方程 (2.27). 进一步, 若没有外力作用, 则可导出方程 (2.26).

习题 1-2

1. 验证函数

$$u(x,y,t)=\frac{1}{\sqrt{a^2t^2-(x-\xi)^2-(y-\eta)^2}}$$

在区域 $\Omega=\{(x,y,t)|(x-\xi)^2+(y-\eta)^2<a^2t^2\}$ 内满足方程

$$u_{tt}=a^2\left(u_{xx}+u_{yy}\right),$$

其中 a 为正常数, ξ, η 为任意实数.

2. 设三维热传导方程 (2.23) 具有球对称形式 $u(x,y,z,t) = u(r,t)$ $(r = \sqrt{x^2+y^2+z^2})$ 的解, 试证

$$u_t = a^2 \left(u_{rr} + \frac{2u_r}{r} \right).$$

3. 若 n $(n \geqslant 2)$ 维 Laplace 方程

$$\frac{\partial^2 u}{\partial x_1^2} + \frac{\partial^2 u}{\partial x_2^2} + \cdots + \frac{\partial^2 u}{\partial x_n^2} = 0$$

具有球对称形式的解 $u(x_1, x_2, \cdots, x_n) = f(r)$, 其中 $r = \sqrt{x_1^2 + x_2^2 + \cdots + x_n^2}$, 证明

$$f(r) = \begin{cases} C_1 + C_2 \ln \dfrac{1}{r}, & n = 2, \\ C_1 + C_2 \dfrac{1}{r^{n-2}}, & n \geqslant 3, \end{cases}$$

其中 C_1, C_2 为任意常数.

4. 有一柔软的均匀细线, 在阻尼介质中做微小横振动, 单位长度弦所受的阻力 $F = -Ru_t$ (其中负号表示阻力方向与振动方向相反), 试推导其振动方程.

5. 设包含在圆柱形管道中的理想气体发生微小的纵向振动, 并设在振动过程中气体总是沿着圆柱体的轴向运动, 且气体的振动速度、密度、压强在同一横截面上的各点都是相同的, 试求管中气体的纵向振动方程.

6. 一薄膜紧绷在容器口, 考察容器内由膜振动所引起的压力变化. 假设容器中的空气在膜振动过程中永远保持为均匀的 (如果小扰动在空气中的传播速度比波在膜上的传播速度大得多的话, 即可作此假定), 试导出膜的微小横振动所满足的方程.

§3　定解问题

3.1　定解问题

正如我们在 §1 例 1.1 所看到的, 一个偏微分方程和常微分方程一样, 通常有很多解. 因此我们需要给出**某些附加条件**来挑出其中的某个解. 另一方面, 从 §2 的讨论可以看出, 对于不同的物理现象, 可归结为不同形式的偏微分方程, 而同一个

典型的方程又能代表某些物理过程的共同特点. 如在研究空间中的声波和电磁波的传播时都会出现三维波动方程

$$u_{tt} - a^2 \Delta u = 0. \tag{3.1}$$

我们知道, 方程建立以后, 目的就是要求出它的解. 但是, 仅有方程的解还不足以完全确定一个具体的物理过程, 因为对于一个具体的物理过程, 除了方程本身之外还必须考虑该物理过程的初始状态以及它所满足的外界条件, 这些都是本节开头所提到的 "某些附加条件".

例如在弦振动问题的讨论中, 如果长度为 l 的弦的两端是固定的, 这时位移函数就应该满足条件

$$u(0,t) = 0, \qquad u(l,t) = 0, \qquad t \geqslant 0, \tag{3.2}$$

我们称它为**边值条件**. 又如在初始时刻 $(t = 0)$ 测得弦上各点的位移与速度分别为

$$u(x,0) = \varphi(x), \qquad u_t(x,0) = \psi(x), \qquad 0 \leqslant x \leqslant l, \tag{3.3}$$

我们称它为**初值条件**.

在以后的讨论过程中, 我们把描绘普遍规律的方程称为**泛定方程**; 而称边值条件和初值条件为**定解条件**. 定解条件可以有多种形式, 它依不同的物理问题而定.

所谓**定解问题**, 就是满足某种定解条件的泛定方程的求解问题, 即

$$\begin{cases} \text{泛定方程}, \\ \text{定解条件}. \end{cases}$$

若定解条件为初值条件, 则称该定解问题为**初值问题**或 **Cauchy (柯西) 问题**; 若定解条件为边值条件, 则称该定解问题为**边值问题**; 若定解条件中既有初值条件又有边值条件, 这时称定解问题为**初边值问题**或**混合问题**.

3.2 三类典型的边值条件

关于边值条件的提法, 通常有三种形式, 这里以热传导现象为例加以说明.

第一边值条件: 如果物体 G 与外界接触的表面的温度是已知的, 这时边值条件的提法是

$$u|_{\Gamma} = \varphi_1(x,y,z,t), \tag{3.4}$$

其中 Γ 是物体 G 的表面, φ_1 是定义在 $(x,y,z) \in \Gamma,\ 0 \leqslant t \leqslant T$ 上的已知函数. 具有这种边值条件的定解问题称为**第一边值问题**或 **Dirichlet 问题**.

第二边值条件: 如果在物体 G 和外界接触的表面上, 知道的是热量通过表面 Γ 上各点的流速, 即知道在单位时间内通过物体 G 的表面 Γ 上从物体内向外流出的热量, 亦即已知热流强度 $q(x,y,z,t)$. 根据 §2 Fourier 热传导定律, 我们有

$$\left(-\kappa\frac{\partial u}{\partial \nu}\right)\bigg|_{\Gamma}=q(x,y,z,t),\qquad 0\leqslant t\leqslant T,$$

这时边值条件的提法应是

$$\frac{\partial u}{\partial \nu}\bigg|_{\Gamma}=\varphi_2(x,y,z,t), \tag{3.5}$$

其中 $\varphi_2=-\dfrac{q}{\kappa}$ 是定义在 $(x,y,z)\in\Gamma,\ \ 0\leqslant t\leqslant T$ 上的已知函数. 这实际上是知道温度函数 u 在物体表面 Γ 上的法向导数. 带有边值条件 (3.5) 的定解问题称为**第二边值问题**或 **Neumann 问题**.

特别地, 如果 G 的表面 Γ 是绝热边界, 因而 $q=0$, 则条件 (3.5) 简化为

$$\frac{\partial u}{\partial \nu}\bigg|_{\Gamma}=0,\qquad 0\leqslant t\leqslant T. \tag{3.6}$$

第三边值条件: 当物体位于另一个介质中, 且假设介质的温度 u_1 是已知的, u_1 与物体表面上的温度 u 往往并不相同, 这时会有热交换. 由 **Newton 冷却定律**: 在单位时间内从物体表面单位面积中流向介质的热量 $q(x,y,z,t)$ 同物体与介质在表面处的温度差成正比, 即

$$q=h(u-u_1), \tag{3.7}$$

其中 $h>0$ 称为两种介质间的热传导系数.

考察在物体中无限贴近于介质表面 Γ 的曲面 Γ_1, 由于在物体表面热量不能累积, 因此在曲面 Γ_1 上的热量应等于表面 Γ 上的热量. 而流过曲面 Γ_1 的热量由 Fourier 热传导定律所确定, 为 $-\kappa\dfrac{\partial u}{\partial \nu}$. 因此, 我们有如下关系式:

$$-\kappa\frac{\partial u}{\partial \nu}=q,$$

即

$$-\kappa\frac{\partial u}{\partial \nu}=h(u-u_1),$$

因此, 在这种情形下的边值条件是

$$\left(\frac{\partial u}{\partial \nu}+\sigma u\right)\bigg|_{\Gamma}=\varphi_3(x,y,z,t), \tag{3.8}$$

其中 $\sigma=\dfrac{h}{\kappa}$, $\varphi_3=\dfrac{h}{\kappa}u_1$. 具有条件 (3.8) 的定解问题称为**第三边值问题**或 **Robin 问题**.

注 1.2 对波动方程、Laplace 方程等, 我们也可以考虑相应的 Dirichlet 问题、Neumann 问题和 Robin 问题.

3.3 适定性

设 u 是一个定义在区域 Ω 上的函数, 在 Ω 内 u 及它出现在方程中的偏导数连续且满足方程, 又设函数 u 以及出现在定解条件中的微商一直连续到 Ω 的边界, 并适合已给的定解条件, 那么, 我们称函数 u 是这个**定解问题的解**.

我们把求一个泛定方程在给定定解条件下的解的问题, 称为**解定解问题**. 一个定解问题, 如果满足下列三个条件, 就称为是**适定**的:

(1) **存在性**: 定解问题至少存在一个解;

(2) **唯一性**: 定解问题至多有一个解;

(3) **稳定性**: 当定解条件在某种意义下作微小的变动时, 相应的定解问题的解也只做微小的变动.

由于偏微分方程是一门应用性较强的学科, 当我们利用它的理论和方法去解决某些实际问题时, 虽然定解问题的适定性可能一时还得不到解决, 但经过实践检验, 结果还是可以采用的. 这时就没有必要墨守先解决适定性方可求解的陈规. 因为, 理论和实践之间总有一些距离.

习题 1-3

1. 考虑 Poisson 方程的 Neumann 问题:

$$\begin{cases}\Delta u=f(x,y,z), & (x,y,z)\in\Omega,\\ \left.\dfrac{\partial u}{\partial\nu}\right|_{\Gamma}=0, & (x,y,z)\in\Gamma.\end{cases}$$

(1) 问上述边值问题的解是否唯一?

(2) 由散度定理证明上述边值问题有解的必要条件是

$$\iiint\limits_{\Omega}f(x,y,z)\mathrm{d}x\mathrm{d}y\mathrm{d}z=0.$$

2. 设物体表面的绝对温度为 u，此时它向外界辐射出的热量按 Stefan-Boltzmann (施特藩 – 玻尔兹曼) 定律正比于 u^4，即

$$\mathrm{d}Q = \sigma u^4 \mathrm{d}S\mathrm{d}t, \quad \sigma > 0 \text{ 为常数}.$$

今假设物体与周围介质之间只有热辐射而没有热传导，周围介质的温度为 $f(x,y,z,t)$，试给出该热辐射问题的边值条件.

3. (J. Hadamard (阿达马) 的例子) 验证函数 $u_m(x,y) = \dfrac{1}{m^{k+1}}\sin mx \operatorname{sh} my$ (m, k 是正常数) 是定解问题

$$\begin{cases} u_{xx} + u_{yy} = 0, & 0 < x < \pi, \quad y > 0, \\ u|_{y=0} = 0, \quad u_y|_{y=0} = \dfrac{1}{m^k}\sin mx, & 0 \leqslant x \leqslant \pi, \\ u|_{x=0} = u|_{x=\pi} = 0, & y \geqslant 0 \end{cases}$$

的解，并说明该定解问题关于零解是不稳定的.

4. 验证函数 $u_m(x,t) = 1 + \dfrac{1}{m}\mathrm{e}^{m^2 t}\sin mx$ 是定解问题

$$\begin{cases} u_t + u_{xx} = 0, & (x,t) \in \mathbb{R} \times (0,\infty), \\ u|_{t=0} = 1 + \dfrac{1}{m}\sin mx, & x \in \mathbb{R} \end{cases}$$

的解，并说明该定解问题是不适定的.

第一章小结

第二章

二阶方程的特征理论与分类

特征 (特征线、特征曲面) 的概念是偏微分方程理论中最基本、最重要的概念之一, 它对于偏微分方程定解问题的提法、解的性质以至求解方法起着重要的作用, 同时, 它也给出了方程的分类. 在本章 §1 我们将首先介绍特征理论的一些初步知识; 在 §2, 按照特征, 我们将二阶线性偏微分方程分为双曲型方程、抛物型方程和椭圆型方程, 并分别加以介绍, 它们是不同类型的二阶线性偏微分方程的典型代表, 也是三类最基本和最重要的偏微分方程.

§1　二阶方程的特征

1.1　两个自变量的情形

一般的含有两个自变量的二阶拟线性偏微分方程可写成如下形式:

$$au_{xx}+2bu_{xy}+cu_{yy}=F, \tag{1.1}$$

其中 a,b,c 和 F 都是 x,y,u,u_x,u_y 的已知函数. 设 Γ 是 O-xy 平面上的一条曲线, 它的参数表示式为

$$\Gamma:\quad \begin{cases} x=\varphi(t), \\ y=\psi(t), \end{cases}$$

在其上给定初始数据

$$u|_{\Gamma}=u^0(t),\qquad u_x|_{\Gamma}=p^0(t),\qquad u_y|_{\Gamma}=q^0(t), \tag{1.2}$$

这时就得到定解问题 (1.1), (1.2). 一个十分自然的问题是: 若在 Γ 上给定了函数 u 及其一阶偏导数的值 (1.2), 能否利用这些值和方程 (1.1) 来唯一确定函数 u 的各二阶偏导数在 Γ 上的值?

显然, 沿着曲线 Γ 关于 t 微分 $u(\varphi(t),\ \psi(t))$, 得到

$$\frac{\mathrm{d}u}{\mathrm{d}t}=u_x\varphi'(t)+u_y\psi'(t). \tag{1.3}$$

于是我们得到初始数据之间的一个关系式

$$(u^0(t))'=p^0(t)\varphi'(t)+q^0(t)\psi'(t). \tag{1.4}$$

从 (1.4) 式可以看出, 在函数 $u^0(t)$, $p^0(t)$, $q^0(t)$ 中能任意给定的不超过两个.

进一步, 沿着曲线 Γ 关于 t 微分 u_x 及 u_y, 我们得到

$$\frac{\mathrm{d}u_x}{\mathrm{d}t}=u_{xx}\varphi'(t)+u_{xy}\psi'(t), \tag{1.5}$$

$$\frac{\mathrm{d}u_y}{\mathrm{d}t}=u_{yx}\varphi'(t)+u_{yy}\psi'(t). \tag{1.6}$$

如果 $u(x,y)$ 是定解问题 (1.1), (1.2) 的具有二阶连续偏导数的解, 则沿着曲线 Γ 可得到关于 u_{xx}, u_{xy}, u_{yy} 的线性方程组

$$\begin{cases} au_{xx}+2bu_{xy}+cu_{yy}=F,\\ \varphi'u_{xx}+\psi'u_{xy}=(p^0(t))',\\ \varphi'u_{xy}+\psi'u_{yy}=(q^0(t))'. \end{cases} \tag{1.7}$$

若方程组 (1.7) 的系数行列式

$$\begin{vmatrix} a & 2b & c\\ \varphi' & \psi' & 0\\ 0 & \varphi' & \psi' \end{vmatrix}=a\psi'^2-2b\varphi'\psi'+c\varphi'^2\neq 0,$$

则 u_{xx}, u_{xy}, u_{yy} 在曲线 Γ 上的值就被唯一确定, 这时我们称曲线 Γ 为方程 (1.1) 的**非特征曲线**, 若沿着曲线 Γ

$$a\psi'^2(t)-2b\varphi'(t)\psi'(t)+c\varphi'^2(t)=0, \tag{1.8}$$

则称曲线 Γ 为方程 (1.1) 的**特征曲线**, 即沿着特征曲线 Γ, 我们不能唯一确定 u_{xx}, u_{xy}, u_{yy} 的值. 换句话说, 当初始数据给在特征曲线上时, 一般说来定解问题是无解的, 若有解就一定不唯一 (为什么?).

我们将 (1.8) 式称为方程 (1.1) 的**特征方程**.

若特征曲线 Γ 的解析表达式以显式的形式给出:

$$\Gamma:\ y = y(x),$$

则特征方程 (1.8) 可改写成

$$a\left(\frac{\mathrm{d}y}{\mathrm{d}x}\right)^2 - 2b\frac{\mathrm{d}y}{\mathrm{d}x} + c = 0, \tag{1.9}$$

不妨设 $a \neq 0$, 于是得到

$$\frac{\mathrm{d}y}{\mathrm{d}x} = \frac{b \pm \sqrt{\Delta}}{a}, \qquad \Delta = b^2 - ac. \tag{1.10}$$

若特征曲线 Γ 的解析表达式以隐函数的形式给出:

$$\Gamma:\ \varphi(x, y) = 0,$$

则沿着曲线 Γ 有

$$\varphi_x \mathrm{d}x + \varphi_y \mathrm{d}y = 0,$$

这时特征方程 (1.9) 就可改写成

$$a\varphi_x^2 + 2b\varphi_x\varphi_y + c\varphi_y^2 = 0. \tag{1.11}$$

若偏微分方程 (1.1) 是线性的或半线性的, 即已知函数 $a = a(x, y)$, $b = b(x, y)$, $c = c(x, y)$, 则方程 (1.10) 就是一个常微分方程. 这表明特征线完全由方程的最高阶导数项的系数确定.

例 2.1 求含两个自变量的常系数二阶方程

$$au_{xx} + 2bu_{xy} + cu_{yy} + du_x + eu_y + gu = f(x, y) \tag{1.12}$$

的特征曲线, 其中 a, b, c, d, e, g 都是常数, a, b, c 不同时为 0, $f(x, y)$ 是 x, y 的已知函数.

解 由特征方程 (1.10) 可知, 方程 (1.12) 的特征方程为

$$\frac{\mathrm{d}y}{\mathrm{d}x} = \frac{b + \sqrt{\Delta}}{a}, \qquad \Delta = b^2 - ac,$$

或

$$\frac{\mathrm{d}y}{\mathrm{d}x} = \frac{b - \sqrt{\Delta}}{a}, \qquad \Delta = b^2 - ac.$$

情形 I: $\Delta > 0$.

可求出方程 (1.12) 的两簇实特征曲线:

$$y - \frac{b+\sqrt{\Delta}}{a}x = c_1,$$

$$y - \frac{b-\sqrt{\Delta}}{a}x = c_2.$$

情形 II: $\Delta = 0$.

只能求出方程 (1.12) 的一簇实特征曲线: $y - \dfrac{b}{a}x = C$.

情形 III: $\Delta < 0$.

可求出方程 (1.12) 的两簇复特征曲线:

$$y - \frac{b+\mathrm{i}\sqrt{-\Delta}}{a}x = c_1,$$

$$y - \frac{b-\mathrm{i}\sqrt{-\Delta}}{a}x = c_2.$$

例 2.2 求二阶方程

$$x^2u_{xx} - y^2u_{yy} + 2u_x + 3u_y + 6u = x^3 \tag{1.13}$$

的特征曲线.

解 由特征方程 (1.10) 可知, 方程 (1.13) 的特征方程为

$$\frac{\mathrm{d}y}{\mathrm{d}x} = \frac{y}{x} \quad 或 \quad \frac{\mathrm{d}y}{\mathrm{d}x} = -\frac{y}{x}. \tag{1.14}$$

求解特征方程 (1.14) 可获得两簇实特征曲线:

$$\frac{y}{x} = C_1 \quad 或 \quad xy = C_2.$$

例 2.3 求二阶方程

$$x^2u_{xx} + 4xyu_{xy} + 4y^2u_{yy} + xu_x + yu_y = xy^3 \tag{1.15}$$

的特征曲线.

解 由特征方程 (1.10) 可知, 方程(1.15) 的特征方程为

$$\frac{\mathrm{d}y}{\mathrm{d}x} = \frac{2y}{x}. \tag{1.16}$$

求解特征方程 (1.16) 可获得一簇实特征曲线:

$$\frac{y}{x^2} = C_1.$$

对于拟线性方程, 由关系式 (1.10) 即可看出, 一条曲线 $\varGamma$ 能否成为方程 (1.1) 的特征曲线, 不仅与 $\varGamma$ 的形状有关, 而且还与 $\varGamma$ 上给出的初始数据有关, 即与方程的解有关 (为什么?). 由此也可以看出关于非线性偏微分方程的研究要比线性偏微分方程困难得多.

1.2 多个自变量的情形

这里我们仅对含有 n ($\geqslant 2$) 个自变量的二阶线性方程进行讨论, 它的一般形式可写为

$$\sum_{i,j=1}^{n} a_{ij}\frac{\partial^2 u}{\partial x_i \partial x_j}+\sum_{i=1}^{n} b_i\frac{\partial u}{\partial x_i}+cu=f, \tag{1.17}$$

其中 a_{ij}, b_i, c 和 f 为 $x_1, x_2, \cdots, x_n$ 的已知函数, 且在 $\mathbb{R}^n$ 中的某区域 $\varOmega$ 内连续可微, 并有 $a_{ij}=a_{ji}$.

设 S 是 $\mathbb{R}^n$ 空间中的一个曲面, 它的表达式为

$$G(x_1, x_2, \cdots, x_n)=0. \tag{1.18}$$

若在其上给定初始数据

$$\begin{cases} u|_{G=0}=\varphi_0(x_1, x_2, \cdots, x_n), \\ \left.\dfrac{\partial u}{\partial x_1}\right|_{G=0}=\varphi_1(x_1, x_2, \cdots, x_n), \\ \cdots\cdots\cdots\cdots \\ \left.\dfrac{\partial u}{\partial x_n}\right|_{G=0}=\varphi_n(x_1, x_2, \cdots, x_n), \end{cases} \tag{1.19}$$

就得到定解问题 (1.17)—(1.19). 现在问题的提法是: 若在曲面 S 上给定函数 u 及其一阶偏导数的值 (1.19), 能否利用这些值和方程 (1.17) 来唯一确定函数 u 的各二阶偏导数在 S 上的值?

为此, 我们先讨论曲面 S 为超平面的情形, 不妨设它的表达式为

$$S: \quad x_n=x_n^0, \tag{1.20}$$

这时定解条件为

$$\begin{cases} u|_{x_n=x_n^0} = \varphi_0(x_1, x_2, \cdots, x_{n-1}, x_n^0), \\ \left.\dfrac{\partial u}{\partial x_1}\right|_{x_n=x_n^0} = \varphi_1(x_1, x_2, \cdots, x_{n-1}, x_n^0), \\ \cdots\cdots\cdots\cdots \\ \left.\dfrac{\partial u}{\partial x_n}\right|_{x_n=x_n^0} = \varphi_n(x_1, x_2, \cdots, x_{n-1}, x_n^0). \end{cases} \tag{1.21}$$

易知, 定解条件必须满足如下**相容性条件**:

$$\begin{cases} \dfrac{\partial \varphi_0}{\partial x_i} = \varphi_i, \quad i = 1, 2, \cdots, n-1, \\ \dfrac{\partial \varphi_j}{\partial x_i} = \dfrac{\partial \varphi_i}{\partial x_j}, \quad i, j = 1, 2, \cdots, n-1. \end{cases}$$

由此可见, 定解条件 (1.21) 中的初始数据 φ_1, φ_2, $\cdots$, φ_{n-1} 完全由初始数据 φ_0 决定, 因此定解问题的提法为

$$\begin{cases} \displaystyle\sum_{i,j=1}^{n} a_{ij} \frac{\partial^2 u}{\partial x_i \partial x_j} + \sum_{i=1}^{n} b_i \frac{\partial u}{\partial x_i} + cu = f, \\ u|_{x_n=x_n^0} = \overline{\varphi}_0(x_1, x_2, \cdots, x_{n-1}), \\ \left.\dfrac{\partial u}{\partial x_n}\right|_{x_n=x_n^0} = \overline{\varphi}_1(x_1, x_2, \cdots, x_{n-1}). \end{cases} \tag{1.22}$$

不难看出, 利用 (1.22) 式中的定解条件可求出除 $\dfrac{\partial^2 u}{\partial x_n^2}$ 外的所有二阶偏导数在曲面 S 上的值.

关于 $\dfrac{\partial^2 u}{\partial x_n^2}$ 在曲面 S 上的值, 只有依靠 (1.22) 式中的方程来求得. 改写该方程为

$$a_{nn} \frac{\partial^2 u}{\partial x_n^2} = f - 2\sum_{i=1}^{n-1} a_{in} \frac{\partial^2 u}{\partial x_i \partial x_n} - \sum_{i,j=1}^{n-1} a_{ij} \frac{\partial^2 u}{\partial x_i \partial x_j} - \sum_{i=1}^{n} b_i \frac{\partial u}{\partial x_i} - cu.$$

于是在曲面 S 上有

$$a_{nn} \frac{\partial^2 u}{\partial x_n^2} = f - 2\sum_{i=1}^{n-1} a_{in} \frac{\partial \overline{\varphi}_1}{\partial x_i} - \sum_{i,j=1}^{n-1} a_{ij} \frac{\partial^2 \overline{\varphi}_0}{\partial x_i \partial x_j} - \sum_{i=1}^{n-1} b_i \frac{\partial \overline{\varphi}_0}{\partial x_i} - b_n \overline{\varphi}_1 - c\overline{\varphi}_0. \tag{1.23}$$

从上式不难看出, 确定 $\dfrac{\partial^2 u}{\partial x_n^2}$ 的值的关键就在于其系数 a_{nn} 在 S 上是否为零.

若在曲面 S 上 $a_{nn}\neq 0$, 则定解问题 (1.22) 可在 S 上唯一确定 u 的各二阶偏导数的值. 若在 S 上有 $a_{nn}=0$, 则一般来说, 定解问题 (1.22) 无解; 若要有解, 则定解条件中的 $\overline{\varphi}_0$ 和 $\overline{\varphi}_1$ 必须满足如下**相容性条件**:

$$2\sum_{i=1}^{n-1}a_{in}\frac{\partial\overline{\varphi}_1}{\partial x_i}+\sum_{i,j=1}^{n-1}a_{ij}\frac{\partial^2\overline{\varphi}_0}{\partial x_i\partial x_j}+\sum_{i=1}^{n-1}b_i\frac{\partial\overline{\varphi}_0}{\partial x_i}+b_n\overline{\varphi}_1+c\overline{\varphi}_0=f. \tag{1.24}$$

现在我们来讨论一般的曲面 S, 即考虑定解问题 (1.17)—(1.19). 设 $P(x_1^0,x_2^0,\cdots,x_n^0)$ 是曲面 S 上的任意一点, 且在点 P 有 $\sum\limits_{i=1}^{n}\left(\dfrac{\partial G}{\partial x_i}\right)^2\neq 0$. 不妨假定

$$\frac{\partial G}{\partial x_n}(x_1^0,x_2^0,\cdots,x_n^0)\neq 0.$$

作拉直变换

$$\begin{cases}\xi_1=x_1,\\ \xi_2=x_2,\\ \cdots\cdots\cdots\cdots\\ \xi_{n-1}=x_{n-1},\\ \xi_n=G(x_1,x_2,\cdots,x_n),\end{cases} \tag{1.25}$$

于是

$$\begin{cases}\dfrac{\partial u}{\partial\xi_i}=\dfrac{\partial u}{\partial x_i}-\dfrac{\partial G}{\partial x_i}\Big(\dfrac{\partial G}{\partial x_n}\Big)^{-1}\dfrac{\partial u}{\partial x_n}, \qquad i=1,2,\cdots,n-1,\\ \dfrac{\partial u}{\partial\xi_n}=\Big(\dfrac{\partial G}{\partial x_n}\Big)^{-1}\dfrac{\partial u}{\partial x_n},\end{cases} \tag{1.26}$$

且方程 (1.17) 在可逆变换 (1.25) 下仍变为一个二阶线性方程 (为什么?)

$$\sum_{i,j=1}^{n}A_{ij}\frac{\partial^2 u}{\partial\xi_i\partial\xi_j}+\sum_{i=1}^{n}B_i\frac{\partial u}{\partial\xi_i}+cu=F. \tag{1.27}$$

改写上式为

$$A_{nn}\frac{\partial^2 u}{\partial\xi_n^2}=F-2\sum_{i=1}^{n-1}A_{in}\frac{\partial^2 u}{\partial\xi_i\partial\xi_n}-\sum_{i,j=1}^{n-1}A_{ij}\frac{\partial^2 u}{\partial\xi_i\partial\xi_j}-\sum_{i=1}^{n}B_i\frac{\partial u}{\partial\xi_i}-cu, \tag{1.28}$$

其中

$$A_{nn}=\sum_{i,j=1}^{n}a_{ij}\frac{\partial G}{\partial x_i}\frac{\partial G}{\partial x_j}, \qquad A_{in}=\sum_{j=1}^{n}a_{ij}\frac{\partial G}{\partial x_j}.$$

此外, 容易看出: 曲面 $S: G(x_1, x_2, \cdots, x_n) = 0$ 在可逆自变量变换 (1.25) 下变为超平面 $S': \xi_n = 0$, 且由 (1.26) 式我们可求出 u 及其一阶偏导数 $\dfrac{\partial u}{\partial \xi_i}$ $(i = 1, 2, \cdots, n)$ 在 $\xi_n = 0$ 上的值. 记

$$\begin{cases} u|_{\xi_n=0} = \widetilde{\varphi}_0(\xi_1, \xi_2, \cdots, \xi_{n-1}), \\ \left.\dfrac{\partial u}{\partial \xi_n}\right|_{\xi_n=0} = \widetilde{\varphi}_1(\xi_1, \xi_2, \cdots, \xi_{n-1}), \end{cases} \tag{1.29}$$

于是我们得到定解问题 (1.28), (1.29). 由前面已讨论的情形知, 在曲面 $\xi_n = 0$ 上利用定解条件 (1.29) 可求出除 $\dfrac{\partial^2 u}{\partial \xi_n^2}$ 以外的一切二阶偏导数的值. 为了求出 $\dfrac{\partial^2 u}{\partial \xi_n^2}$ 在 $S': \xi_n = 0$ 上的值, 我们要求在 $S': \xi_n = 0$ 上

$$A_{nn} = \sum_{i,j=1}^{n} a_{ij} \frac{\partial G}{\partial x_i} \frac{\partial G}{\partial x_j} \neq 0.$$

这时, 我们称曲面 S 为方程 (1.17) 的**非特征曲面**. 否则, 即

$$\sum_{i,j=1}^{n} a_{ij} \frac{\partial G}{\partial x_i} \frac{\partial G}{\partial x_j} = 0, \tag{1.30}$$

这时, 我们称曲面 S 为方程 (1.17) 的**特征曲面**. 不难看出, 沿着特征曲面 S, 不能唯一确定 u 关于 $x_1, x_2, \cdots, x_n$ 的各二阶偏导数的值.

若记曲面 S 的法线方向余弦为

$$\cos \beta_i = \frac{\dfrac{\partial G}{\partial x_i}}{\pm\sqrt{\left(\dfrac{\partial G}{\partial x_1}\right)^2 + \left(\dfrac{\partial G}{\partial x_2}\right)^2 + \cdots + \left(\dfrac{\partial G}{\partial x_n}\right)^2}} = \alpha_i, \qquad i = 1, 2, \cdots, n,$$

对方程 (1.30) 乘 $\dfrac{1}{\left(\pm\sqrt{\left(\dfrac{\partial G}{\partial x_1}\right)^2 + \left(\dfrac{\partial G}{\partial x_2}\right)^2 + \cdots + \left(\dfrac{\partial G}{\partial x_n}\right)^2}\right)^2}$, 得到

$$\sum_{i,j=1}^{n} a_{ij} \alpha_i \alpha_j = 0. \tag{1.31}$$

我们称方程 (1.30) 或 (1.31) 为偏微分方程 (1.17) 的**特征方程**; 称方程 (1.31) 在点 $P(x_1^0, x_2^0, \cdots, x_n^0)$ 处的解 $l = (\alpha_1, \alpha_2, \cdots, \alpha_n)$ 为偏微分方程 (1.17) 在点 P 的

特征方向; 如果曲面 $S: G=0$ 上每一点的法向均为特征方向, 则称 S: $G=0$ 为偏微分方程 (1.17) 的**特征曲面**.

例 2.4 求 n 维热传导方程

$$u_t - a^2(u_{x_1x_1} + u_{x_2x_2} + \cdots + u_{x_nx_n}) = 0 \tag{1.32}$$

的特征曲面.

解法一 设 $G(x_1, x_2, \cdots, x_n, t) = 0$ 是方程 (1.32) 的特征曲面, 则

$$-a^2\left(G_{x_1}^2 + G_{x_2}^2 + \cdots + G_{x_n}^2\right) = 0,$$

由此导出 $G_{x_i} = 0,\ i = 1, 2, \cdots, n$.

于是函数 $G(x_1, x_2, \cdots, x_n, t)$ 仅与 t 有关, 特别地, 取 $G(x_1, x_2, \cdots, x_n, t) = t - t_0$, t_0 为任意常数, 我们就得到方程 (1.32) 的特征曲面是 $t = t_0$ 的一个超平面.

解法二 方程 (1.32) 的特征方程可写为

$$\alpha_1^2 + \alpha_2^2 + \cdots + \alpha_n^2 = 0.$$

由于 α_i 是其特征方向 l 与 Ox_i 轴夹角的余弦, 因此应有

$$\alpha_0^2 + \alpha_1^2 + \alpha_2^2 + \cdots + \alpha_n^2 = 1,$$

其中 α_0 是特征方向 l 与 Ot 轴夹角的余弦, 从而得出

$$\alpha_0^2 = 1 \quad 即 \quad \cos\beta_0 = \pm 1.$$

所以特征方向与 t 轴的夹角为 0 或 π, 这样方程 (1.32) 的特征曲面就是 t=c (c 为常数) 的一个超平面.

例 2.5 求 n 维波动方程

$$u_{tt} - a^2(u_{x_1x_1} + u_{x_2x_2} + \cdots + u_{x_nx_n}) = 0 \tag{1.33}$$

的特征曲面.

解 设 $G(x_1, x_2, \cdots, x_n, t) = 0$ 是方程 (1.33) 的特征曲面, 则

$$G_t^2 - a^2(G_{x_1}^2 + G_{x_2}^2 + \cdots + G_{x_n}^2) = 0. \tag{1.34}$$

这是一个一阶的完全非线性偏微分方程, 不难求出它的一个隐式解为

$$G(x_1, x_2, \cdots, x_n, t) = (x_1 - x_1^0)^2 + (x_2 - x_2^0)^2 + \cdots + (x_n - x_n^0)^2 - a^2(t - t_0)^2 = 0,$$

其中 $(x_1^0, x_2^0, \cdots, x_n^0, t_0)$ 是区域 $\mathbb{R}^n \times \mathbb{R}_+$ 中的任意给定点. 因此, 所求特征曲面为

$$(x_1 - x_1^0)^2 + (x_2 - x_2^0)^2 + \cdots + (x_n - x_n^0)^2 = a^2(t - t_0)^2, \qquad 0 \leqslant t \leqslant t_0,$$

它是区域 $\mathbb{R}^n \times \mathbb{R}_+$ 中以 $(x_1^0, x_2^0, \cdots, x_n^0, t_0)$ 为顶点的一个锥面.

例 2.6 求 n 维 Laplace 方程

$$u_{x_1x_1} + u_{x_2x_2} + \cdots + u_{x_nx_n} = 0 \tag{1.35}$$

的特征曲面.

解法一 设 $G(x_1, x_2, \cdots, x_n) = 0$ 是方程 (1.35) 的特征曲面, 则

$$G_{x_1}^2 + G_{x_2}^2 + \cdots + G_{x_n}^2 = 0,$$

由此导出 $G_{x_i} = 0,\ i = 1, 2, \cdots, n$.

这表明方程 (1.35) 不存在正规特征曲面.

解法二 方程 (1.35) 的特征方程可写为

$$\alpha_1^2 + \alpha_2^2 + \cdots + \alpha_n^2 = 0.$$

这表明方程 (1.35) 没有特征方向, 因此不存在正规特征曲面.

习题 2-1

1. 求下列方程的特征线:

(1) $u_{xy} + au_x + bu_y + cu = f$;

(2) $yu_{xx} + u_{yy} = 0$;

(3) $x^2u_{xx} - y^2u_{yy} = 0$;

(4) $u_{xx} + 4u_{xy} + 13u_{yy} = u^2$.

2. 写出下列方程的特征方程及特征方向:

(1) $u_{x_1x_1} + u_{x_2x_2} = u_{x_3x_3} + u_{x_4x_4}$;

(2) $u_t = u_{xx} - u_{yy}$;

(3) $u_{xy} + u_{yz} + u_{xz} = 0$.

3. 求波动方程

$$u_{tt} = u_{xx} + u_{yy}$$

过直线 $l:\begin{cases} x = 2t, \\ y = 0 \end{cases}$ 的特征平面.

4. 对每个 $\alpha \in \mathbb{R}$, 求方程

$$u_{xx} + 2u_{yy} + 2\alpha u_{yz} + \alpha^2 u_{zz} + u_z + u = 1$$

的特征曲面.

5. 证明经过可逆的自变量变换后, 特征曲面仍变为特征曲面.

§2 二阶方程的分类

2.1 两个自变量的情形

一般的含有两个自变量的线性偏微分方程可写成如下形式:

$$au_{xx} + 2bu_{xy} + cu_{yy} + du_x + eu_y + gu = f, \tag{2.1}$$

其中 a, b, c, d, e, g 和 f 都是 x, y 的已知函数, 且在 O-xy 平面上的某区域 Ω 内具有二阶连续偏导数. 假设在 Ω 内的每一点处, a, b, c 都不同时为零.

在对方程 (2.1) 进行分类之前, 我们先回顾平面二次曲线

$$ax^2 + 2bxy + cy^2 + dx + ey + f = 0 \tag{2.2}$$

的分类, 这将对方程 (2.1) 的分类有很重要的启示作用.

我们知道二次曲线是依据判别式 $\Delta = b^2 - ac$ 的符号来进行分类的, 即当 $\Delta > 0$ 时, 我们称二次曲线 (2.2) 为双曲线; 当 $\Delta = 0$ 时, 称为抛物线; 当 $\Delta < 0$ 时, 称为椭圆线. 之所以能以此作为分类依据, 是因为判别式 Δ 的符号在可逆线性变换下具有不变性. 事实上, 任意选取一个可逆的线性变换

$$\begin{cases} x = \alpha_1\xi + \beta_1\eta, \\ y = \alpha_2\xi + \beta_2\eta, \end{cases} \tag{2.3}$$

其中 $J = \begin{vmatrix} \alpha_1 & \beta_1 \\ \alpha_2 & \beta_2 \end{vmatrix} \neq 0$, 则二次曲线的方程 (2.2) 变为如下形式:

$$A\xi^2 + 2B\xi\eta + C\eta^2 + D\xi + E\eta + F = 0. \tag{2.4}$$

通过直接计算, 可得到方程 (2.2) 的判别式 $\Delta = b^2 - ac$ 与方程 (2.4) 的判别式 $\Delta' = B^2 - AC$ 之间有如下关系:

$$\Delta' = J^2\Delta. \tag{2.5}$$

(2.5) 式表明, 在任意选取的可逆线性变换 (2.3) 下, 二次曲线判别式的符号保持不变.

仿照平面二次曲线的分类, 我们首先试图对方程 (2.1) 作可逆自变量变换

$$\begin{cases} \xi = \varphi(x, y), \\ \eta = \psi(x, y), \end{cases} \tag{2.6}$$

记 Jacobi 行列式

$$J_1 = \begin{vmatrix} \varphi_x & \varphi_y \\ \psi_x & \psi_y \end{vmatrix}, \tag{2.7}$$

则 $J_1 \neq 0$. 在可逆自变量变换 (2.6) 下, 方程 (2.1) 变为如下形式:

$$A\frac{\partial^2 u}{\partial \xi^2} + 2B\frac{\partial^2 u}{\partial \xi \partial \eta} + C\frac{\partial^2 u}{\partial \eta^2} + D\frac{\partial u}{\partial \xi} + E\frac{\partial u}{\partial \eta} + Gu = F, \tag{2.8}$$

其中

$$A(\xi, \eta) = a\varphi_x^2 + 2b\varphi_x\varphi_y + c\varphi_y^2, \tag{2.9}$$

$$B(\xi, \eta) = a\varphi_x\psi_x + b(\varphi_x\psi_y + \varphi_y\psi_x) + c\varphi_y\psi_y, \tag{2.10}$$

$$C(\xi, \eta) = a\psi_x^2 + 2b\psi_x\psi_y + c\psi_y^2. \tag{2.11}$$

设 $\Delta = b^2 - ac$ 为方程 (2.1) 的判别式, $\Delta' = B^2 - AC$ 为方程 (2.8) 的判别式. 经简单计算易知

$$\Delta' = J_1^2\Delta, \tag{2.12}$$

这表明在可逆自变量变换下, 方程判别式的符号保持不变.

注 2.1 在可逆自变量变换 (2.6) 下, 二阶线性偏微分方程 (2.1) 仍化为二阶线性偏微分方程 (2.8). 事实上, 由

$$\begin{vmatrix} \varphi_x^2 & 2\varphi_x\varphi_y & \varphi_y^2 \\ \varphi_x\psi_x & \varphi_x\psi_y + \varphi_y\psi_x & \varphi_y\psi_y \\ \psi_x^2 & 2\psi_x\psi_y & \psi_y^2 \end{vmatrix} = J_1^3 \neq 0$$

知 $A(\xi,\eta)$, $B(\xi,\eta)$, $C(\xi,\eta)$ 不同时为零.

利用判别式的符号在可逆自变量变换下的不变性, 我们来对方程 (2.1) 进行分类.

定义 2.1 设 $\Omega\subset\mathbb{R}^2$ 是一个区域, $(x_0,y_0)\in\Omega$.

(i) 若 $\Delta(x_0,y_0)>0$, 则称方程 (2.1) 在点 (x_0,y_0) 处为**双曲型偏微分方程**; 若在 Ω 内的每一点处, 方程 (2.1) 都是双曲型的, 则称方程 (2.1) 在 Ω 内为双曲型偏微分方程;

(ii) 若 $\Delta(x_0,y_0)=0$, 则称方程 (2.1) 在点 (x_0,y_0) 处为**抛物型偏微分方程**; 若在 Ω 内的每一点处, 方程 (2.1) 都是抛物型的, 则称方程 (2.1) 在 Ω 内为抛物型偏微分方程;

(iii) 若 $\Delta(x_0,y_0)<0$, 则称方程 (2.1) 在点 (x_0,y_0) 处为**椭圆型偏微分方程**; 若在 Ω 内的每一点处, 方程 (2.1) 都是椭圆型的, 则称方程 (2.1) 在 Ω 内为椭圆型偏微分方程.

注 2.2 根据连续性, 由 Δ 在一点大于零或小于零可推得 Δ 在该点的某邻域中也是如此. 所以方程为双曲型或椭圆型的性质总是在一个区域中成立的, 即若方程 (2.1) 在点 (x_0,y_0) 是双曲型或椭圆型的, 则它必在点 (x_0,y_0) 的某邻域内是双曲型或椭圆型的. 但是, Δ 在一点等于零并不能告诉我们它在这一点的邻域中的符号. 因此, 我们又有:

定义 2.2 若方程 (2.1) 在区域 Ω 的一个子区域上为双曲型的, 在 Ω 的另一个子区域上为椭圆型的, 则称方程 (2.1) 在区域 Ω 中为**混合型方程**; 若方程 (2.1) 在区域 Ω 的一个子区域上为双曲型的, 在 Ω 的其余点 (不一定构成子区域) 上为抛物型的, 则称方程 (2.1) 在区域 Ω 中为**退化双曲型方程**; 若方程 (2.1) 在区域 Ω 的一个子区域上为椭圆型的, 在 Ω 的其余点 (不一定构成子区域) 上为抛物型的, 则称方程 (2.1) 在区域 Ω 中为**退化椭圆型方程**.

由 (2.12) 式我们知道, 在可逆自变量变换 (2.6) 下, 方程的类型保持不变, 即可逆自变量变换 (2.6) 将双曲型偏微分方程 (抛物型偏微分方程, 椭圆型偏微分方程) 仍变为双曲型偏微分方程 (抛物型偏微分方程, 椭圆型偏微分方程). 因此, 为了求解方程 (2.1), 我们常常需要找一个可逆的自变量变换, 将方程 (2.1) 化成简单形式, 即**标准形**.

下面我们分别给出双曲型、抛物型和椭圆型偏微分方程的标准形. 为了简便, 我们不妨假设方程 (2.1) 的系数都是常数, 即

$$au_{xx}+2bu_{xy}+cu_{yy}+du_x+eu_y+gu=f(x,y), \tag{2.13}$$

其中 a, b, c, d, e, g 都是常数, 且不妨假设 $a \neq 0$, 由于判别式 $\Delta = b^2 - ac$ 是常数, 所以方程 (2.13) 在区域中所有点处都是同一类型的.

(i) 当 $\Delta > 0$ 时, 从 $A(\xi,\eta)$, $B(\xi,\eta)$ 和 $C(\xi,\eta)$ 的表达式 (2.9)—(2.11) 可以观察到, 只要在自变量变换 (2.6) 中 $\varphi(x,y)=0$ 和 $\psi(x,y)=0$ 为方程 (2.1) 的两簇特征线, 则 $A(\xi,\eta)=0$, $C(\xi,\eta)=0$. 而此时方程 (2.13) 确实存在两簇不同的实特征线

$$\varphi(x,y) = y - \lambda_1 x = c_1,$$

$$\psi(x,y) = y - \lambda_2 x = c_2,$$

其中 $\lambda_1 = \dfrac{b+\sqrt{\Delta}}{a}$, $\lambda_2 = \dfrac{b-\sqrt{\Delta}}{a}$, 且 c_1, c_2 为任意常数.

为此, 不妨利用这两簇实特征线, 作可逆自变量变换

$$\begin{cases} \xi = \varphi(x,y) = y - \lambda_1 x, \\ \eta = \psi(x,y) = y - \lambda_2 x, \end{cases} \tag{2.14}$$

这时方程 (2.13) 变成

$$u_{\xi\eta} = Du_\xi + Eu_\eta + Gu + F(\xi,\eta), \tag{2.15}$$

其中 D, E 和 G 都是常数. 我们称这一形式为双曲型方程的**第一标准形**.

若再引入新的自变量变换

$$\begin{cases} \overline{x} = \xi + \eta, \\ \overline{y} = \xi - \eta, \end{cases}$$

则方程 (2.15) 又可化成

$$u_{\overline{x}\,\overline{x}} - u_{\overline{y}\,\overline{y}} = D_1 u_{\overline{x}} + E_1 u_{\overline{y}} + G_1 u + F_1(\overline{x},\overline{y}), \tag{2.16}$$

其中 D_1, E_1 和 G_1 都是常数. 我们称这一形式为双曲型方程的**第二标准形**.

(ii) 当 $\Delta = 0$ 时, 正如 (i) 的分析, 我们也期望尽可能运用方程 (2.13) 的实特征线作可逆的自变量变换, 但此时方程 (2.13) 只有一簇实特征线 $\varphi(x,y) = y - \dfrac{b}{a}x$, 不妨在自变量变换 (2.6) 中取 $\varphi(x,y)=0$ 为特征线, 此时 $A(\xi,\eta)=0$, 且对任意的一阶连续可微函数 $\psi(x,y)$ 都有

$$B(\xi,\eta) = a\left(-\frac{b}{a}\psi_x\right) + b\left(-\frac{b}{a}\psi_y + \psi_x\right) + c\psi_y = \frac{ac-b^2}{a}\psi_y = 0. \tag{2.17}$$

为了计算的简单, 不妨作可逆的自变量变换

$$\begin{cases} \xi = \varphi(x,y) = y - \dfrac{b}{a}x, \\ \eta = \psi(x,y) = y, \end{cases}$$

这时方程 (2.13) 就可化成

$$u_{\eta\eta} = D_2 u_\xi + E_2 u_\eta + G_2 u + F_2(\xi,\eta), \tag{2.18}$$

其中 D_2, E_2 和 G_2 都是常数. 方程 (2.18) 称为抛物型方程的**标准形**.

(iii) 当 $\Delta < 0$ 时, 这时没有实的特征曲线, 因此我们不考虑直接作特征自变量变换. 受二次曲线中椭圆线的标准形 $\xi^2 + \eta^2 = D_3\xi + E_3\eta + F_3$ 的启示, 我们希望在自变量变换 (2.6) 中寻找合适的 $\varphi(x,y)$ 和 $\psi(x,y)$, 以至于从表达式 (2.9)—(2.11) 得到 $A(\xi,\eta)$, $B(\xi,\eta)$ 和 $C(\xi,\eta)$ 满足:

$$A(\xi,\eta) = C(\xi,\eta), \qquad B(\xi,\eta) = 0,$$

即

$$\begin{cases} a\varphi_x^2 + 2b\varphi_x\varphi_y + c\varphi_y^2 = a\psi_x^2 + 2b\psi_x\psi_y + c\psi_y^2, \\ a\varphi_x\psi_x + b(\varphi_x\psi_y + \varphi_y\psi_x) + c\varphi_y\psi_y = 0. \end{cases} \tag{2.19}$$

方程组 (2.19) 的求解虽然较复杂, 但我们可以从抛物型方程 (即 $\Delta = 0$) 的情形的计算过程得到启示, 只要取 $\varphi(x,y) = y - \dfrac{b}{a}x$, $\psi(x,y)$ 是与 y 无关的函数, 由 (2.17) 式就可保证 (2.19) 式的第二个方程成立, 即 $B(\xi,\eta) = 0$. 此时 (2.19) 式的第一个方程化为如下形式:

$$a\psi_x^2 = \frac{ac - b^2}{a}.$$

于是得到可逆自变量变换

$$\begin{cases} \xi = y - \dfrac{b}{a}x, \\ \eta = \dfrac{\sqrt{ac - b^2}}{a}x, \end{cases} \tag{2.20}$$

这时方程 (2.13) 变成

$$u_{\xi\xi} + u_{\eta\eta} = D_4 u_\xi + E_4 u_\eta + G_4 u + F_4(\xi,\eta), \tag{2.21}$$

其中 D_4, E_4 和 G_4 都是常数. 我们称方程 (2.21) 为椭圆型方程的**标准形**.

注 2.3 由第二章 §1 的例 2.1 可知, 变换 (2.20) 中的 $\varphi(x,y)$ 和 $\psi(x,y)$ 实际上就是椭圆型方程复特征线的实部和虚部. 因此, 在将椭圆型方程化为标准形时可先求出它的复特征线, 然后分别以复特征线的实部和虚部作自变量变换.

下面我们通过几个例题来介绍如何对方程进行分类并化为标准形.

例 2.7 判断方程

$$4u_{xx}+5u_{xy}+u_{yy}+u_x+u_y+2=0$$

的类型并将它化成标准形.

解 因为判别式 $\Delta=b^2-ac=\dfrac{9}{4}>0$, 故方程为双曲型的, 它的特征方程为

$$\frac{\mathrm{d}y}{\mathrm{d}x}=1,\qquad \frac{\mathrm{d}y}{\mathrm{d}x}=\frac{1}{4},$$

求得特征线为

$$y-x=c_1,\qquad y-\frac{x}{4}=c_2,$$

其中 c_1, c_2 为任意常数. 作变换

$$\begin{cases}\xi=y-x,\\ \eta=y-\dfrac{x}{4},\end{cases}$$

可将方程化成双曲型第一标准形

$$u_{\xi\eta}-\frac{1}{3}u_\eta-\frac{8}{9}=0.$$

若再作变换

$$\begin{cases}s=\xi-\eta,\\ t=\xi+\eta,\end{cases}$$

则方程就可化成双曲型第二标准形

$$u_{ss}-u_{tt}-\frac{1}{3}u_s+\frac{1}{3}u_t+\frac{8}{9}=0.$$

例 2.8 判断方程

$$u_{xx}+u_{xy}+u_{yy}+u_x=0$$

的类型并将它化成标准形.

解 由于判别式 $\Delta=b^2-ac=-\dfrac{3}{4}<0$, 故方程为椭圆型的, 这时由特征方程给出两簇复特征线

$$y-\left(\frac{1}{2}+\frac{\sqrt{3}}{2}\mathrm{i}\right)x=c_1,\qquad y-\left(\frac{1}{2}-\frac{\sqrt{3}}{2}\mathrm{i}\right)x=c_2.$$

作自变量变换

$$\begin{cases} \xi = y - \dfrac{1}{2}x, \\ \eta = \dfrac{\sqrt{3}}{2}x, \end{cases}$$

于是方程就可化成标准形

$$u_{\xi\xi} + u_{\eta\eta} - \frac{2}{3}u_\xi + \frac{2}{\sqrt{3}}u_\eta = 0.$$

以上关于方程的分类及将方程化成标准形的问题, 虽然我们只对二阶线性常系数方程做了比较详细的讨论, 但对变系数方程 (2.1) 同样是成立的. 这里要特别指出的是, 对变系数方程来说, 它的类型与点的位置有关, 即可能在区域的某一部分点上为这种类型而在另一部分点上为另一种类型.

例 2.9　判断 Tricomi (特里科米) 方程

$$u_{yy} - yu_{xx} = 0 \tag{2.22}$$

的类型并将它化成标准形.

解　方程的判别式为 $\Delta = y$. 因此当 $y > 0$ 时, 方程是双曲型的; 当 $y < 0$ 时, 方程是椭圆型的; 当 $y = 0$ 时, 方程是抛物型的. 下面我们将 Tricomi 方程 (2.22) 化成标准形.

情形 I: 当 $y > 0$ 时, 方程 (2.22) 的特征方程为

$$\frac{\mathrm{d}y}{\mathrm{d}x} = \frac{1}{\sqrt{y}}, \qquad \frac{\mathrm{d}y}{\mathrm{d}x} = -\frac{1}{\sqrt{y}},$$

所以在上半平面 $y > 0$ 内, 两簇特征线为

$$3x + 2y^{\frac{3}{2}} = c_1, \qquad 3x - 2y^{\frac{3}{2}} = c_2,$$

其中 c_1, c_2 为任意常数, 这时利用变换

$$\begin{cases} \xi = 3x - 2y^{\frac{3}{2}}, \\ \eta = 3x + 2y^{\frac{3}{2}}, \end{cases}$$

就可将方程 (2.22) 化成双曲型第一标准形

$$u_{\xi\eta} - \frac{1}{6}\frac{u_\xi - u_\eta}{\xi - \eta} = 0.$$

情形 II: 当 $y<0$ 时, 作变换

$$\begin{cases}\xi = x, \\ \eta = \dfrac{2}{3}(-y)^{\frac{3}{2}},\end{cases}$$

就可将方程 (2.22) 化成标准形

$$u_{\xi\xi}+u_{\eta\eta}+\frac{1}{3\eta}u_\eta=0.$$

情形 III: 当 $y=0$ 时, 方程的标准形为 $u_{yy}=0$.

例 **2.10**　判断方程

$$x^2u_{xx}+2xyu_{xy}+y^2u_{yy}+xu_x+3yu_y=0$$

的类型并将它化成标准形.

解　由于判别式 $\Delta=b^2-ac=x^2y^2-x^2y^2=0$, 所以方程处处都为抛物型的. 这时特征方程为

$$\frac{\mathrm{d}y}{\mathrm{d}x}=\frac{y}{x},$$

可以看出特征线为一簇直线

$$\frac{y}{x}=c,$$

因此作变换

$$\begin{cases}\xi = \dfrac{y}{x}, \\ \eta = y,\end{cases}$$

就可将原方程化成标准形

$$\eta^2u_{\eta\eta}+2\xi u_\xi+3\eta u_\eta=0,$$

在 $y\neq 0$ 即 $\eta\neq 0$ 时, 我们有

$$u_{\eta\eta}=-\frac{2\xi}{\eta^2}u_\xi-\frac{3}{\eta}u_\eta.$$

2.2　多个自变量的情形

我们仅考虑主部具有常系数的多个自变量的二阶线性偏微分方程:

$$\sum_{i,j=1}^{n}a_{ij}\frac{\partial^2u}{\partial x_i\partial x_j}+\sum_{i=1}^{n}b_i(x_1,x_2,\cdots,x_n)\frac{\partial u}{\partial x_i}+c(x_1,x_2,\cdots,x_n)u=f(x_1,x_2,\cdots,x_n), \tag{2.23}$$

其中 $a_{ij} = a_{ji}$ 为常数. 现在将利用特征概念对方程 (2.23) 进行分类. 我们知道方程 (2.23) 的特征方程可写为

$$\sum_{i,j=1}^{n} a_{ij}\alpha_i\alpha_j = 0,$$

记

$$\mathcal{D} = \sum_{i,j=1}^{n} a_{ij}\alpha_i\alpha_j, \tag{2.24}$$

我们称它为方程 (2.23) 的**特征二次型**.

根据线性代数的知识, 可通过一个非奇异线性变换

$$\begin{pmatrix} \alpha_1 \\ \alpha_2 \\ \vdots \\ \alpha_n \end{pmatrix} = \boldsymbol{B} \begin{pmatrix} \beta_1 \\ \beta_2 \\ \vdots \\ \beta_n \end{pmatrix},$$

将特征二次型 (2.24) 化成标准形

$$\mathcal{D} = \sum_{i=1}^{n} \lambda_i \beta_i^2, \tag{2.25}$$

其中系数 λ_i 取值 $0, -1$ 或 1, 即存在可逆矩阵 $\boldsymbol{B}$, 使得 $\boldsymbol{B}^{\mathrm{T}}\boldsymbol{A}\boldsymbol{B} = \boldsymbol{\Lambda}$, 其中 $\boldsymbol{\Lambda} = \mathrm{diag}(\lambda_1, \lambda_2, \cdots, \lambda_n)$, 且

$$\boldsymbol{A} = \begin{pmatrix} a_{11} & a_{12} & \cdots & a_{1n} \\ a_{21} & a_{22} & \cdots & a_{2n} \\ \vdots & \vdots & & \vdots \\ a_{n1} & a_{n2} & \cdots & a_{nn} \end{pmatrix}, \quad \boldsymbol{B} = \begin{pmatrix} b_{11} & b_{12} & \cdots & b_{1n} \\ b_{21} & b_{22} & \cdots & b_{2n} \\ \vdots & \vdots & & \vdots \\ b_{n1} & b_{n2} & \cdots & b_{nn} \end{pmatrix}. \tag{2.26}$$

作自变量变换

$$\begin{pmatrix} y_1 \\ y_2 \\ \vdots \\ y_n \end{pmatrix} = \boldsymbol{B}^{\mathrm{T}} \begin{pmatrix} x_1 \\ x_2 \\ \vdots \\ x_n \end{pmatrix}$$

或

$$\begin{pmatrix} x_1 \\ x_2 \\ \vdots \\ x_n \end{pmatrix} = (\boldsymbol{B}^{\mathrm{T}})^{-1} \begin{pmatrix} y_1 \\ y_2 \\ \vdots \\ y_n \end{pmatrix}, \tag{2.27}$$

则 (2.23) 式可化成 (见附录 II)

$$\sum_{i=1}^{n}\lambda_i\frac{\partial^2 u}{\partial y_i^2}+\sum_{i=1}^{n}B_i(y_1,y_2,\cdots,y_n)\frac{\partial u}{\partial y_i}+C(y_1,y_2,\cdots,y_n)u=F(y_1,y_2,\cdots,y_n),\tag{2.28}$$

我们称方程 (2.28) 为方程 (2.23) 的**标准形**.

定义 2.3　若方程 (2.28) 中的 n 个系数 λ_i $(i=1,2,\cdots,n)$ 全是 1 或全是 -1, 则称方程 (2.23) 为**椭圆型偏微分方程**; 若 λ_i 中有一个为 1, $n-1$ 个为 -1, 或者一个为 -1, $n-1$ 个为 1, 则称方程 (2.23) 为**双曲型偏微分方程**; 若 λ_i 全不为零, 但取 1 或 -1 的个数都超过 1, 这时我们称方程 (2.23) 为**超双曲型偏微分方程**; 若 λ_i 中有一个为零, 其余全为 1 或全为 -1, 则称方程 (2.23) 为**抛物型偏微分方程**.

按照以上所给的分类标准, 考虑我们在第一章中导出的几个经典方程, 它们的类型应是: 波动方程属于双曲型, 热传导方程属于抛物型, Laplace 方程属于椭圆型.

注 2.4　上面列出的分类只包含了一部分情形, 还有许多情形未包含在内. 若考虑到在一个区域中主部的系数是自变量的函数的情形的话, 则方程的分类问题是相当复杂的.

注 2.5　对主部系数是自变量的函数的情形, 即使在一个区域中方程类型不变, 一般也不一定能通过可逆的自变量变换将含多个自变量的二阶方程化成标准形, 仅在一些特殊情形下 (如常系数的方程等) 可以将方程的主部化成高维波动方程或高维 Laplace 方程的情形.

例 2.11　将方程

$$u_{xx}-4u_{xy}+2u_{xz}+4u_{yy}+u_{zz}+2u_x+u_y-3u=0$$

化成标准形.

解　此方程所对应的特征二次型为

$$\mathcal{D}=\alpha_1^2-4\alpha_1\alpha_2+2\alpha_1\alpha_3+4\alpha_2^2+\alpha_3^2,$$

现在我们将这个二次型化成标准形. 因为

$$\begin{aligned}&\alpha_1^2-4\alpha_1\alpha_2+2\alpha_1\alpha_3+4\alpha_2^2+\alpha_3^2\\=&(\alpha_1-2\alpha_2+\alpha_3)^2+4\alpha_2\alpha_3\\=&(\alpha_1-2\alpha_2+\alpha_3)^2+(\alpha_2+\alpha_3)^2-(\alpha_2-\alpha_3)^2,\end{aligned}$$

若令

$$\begin{cases} \beta_1 = \alpha_1 - 2\alpha_2 + \alpha_3, \\ \beta_2 = \alpha_2 + \alpha_3, \\ \beta_3 = \alpha_2 - \alpha_3, \end{cases}$$

即作线性变换

$$\begin{cases} \alpha_1 = \beta_1 + \dfrac{1}{2}\beta_2 + \dfrac{3}{2}\beta_3, \\ \alpha_2 = \dfrac{1}{2}(\beta_2 + \beta_3), \\ \alpha_3 = \dfrac{1}{2}(\beta_2 - \beta_3), \end{cases}$$

就可将上述二次型化成如下的标准形:

$$\mathcal{D} = \beta_1^2 + \beta_2^2 - \beta_3^2,$$

因此所给方程是一个双曲型偏微分方程. 进一步, 由于此线性变换的系数矩阵为

$$\boldsymbol{B} = \begin{pmatrix} 1 & \dfrac{1}{2} & \dfrac{3}{2} \\ 0 & \dfrac{1}{2} & \dfrac{1}{2} \\ 0 & \dfrac{1}{2} & -\dfrac{1}{2} \end{pmatrix},$$

故所作自变量变换为

$$\begin{pmatrix} \xi \\ \eta \\ \zeta \end{pmatrix} = \begin{pmatrix} 1 & \dfrac{1}{2} & \dfrac{3}{2} \\ 0 & \dfrac{1}{2} & \dfrac{1}{2} \\ 0 & \dfrac{1}{2} & -\dfrac{1}{2} \end{pmatrix}^{\mathrm{T}} \begin{pmatrix} x \\ y \\ z \end{pmatrix},$$

即

$$\begin{cases} \xi = x, \\ \eta = \dfrac{1}{2}x + \dfrac{1}{2}y + \dfrac{1}{2}z, \\ \zeta = \dfrac{3}{2}x + \dfrac{1}{2}y - \dfrac{1}{2}z, \end{cases}$$

它可将所给的偏微分方程化成标准形:

$$u_{\xi\xi} + u_{\eta\eta} - u_{\zeta\zeta} + 2u_\xi + \frac{3}{2}u_\eta + \frac{7}{2}u_\zeta - 3u = 0.$$

习题 2-2

1. 将下列方程分类, 并化成标准形:

(1) $u_{xx}+2u_{xy}-3u_{yy}+2u_x+6u_y=0$;

(2) $u_{xx}+4u_{xy}+5u_{yy}+u_x+2u_y=0$;

(3) $x^2u_{xx}+4xyu_{xy}+4y^2u_{yy}+5xu_x+12yu_y=0$;

(4) $u_{xx}-2\cos xu_{xy}-(3+\sin^2x)u_{yy}-yu_y+u_x=0$;

(5) $u_{xx}+yu_{yy}+\dfrac{1}{2}u_y=0$;

(6) $y^mu_{xx}+u_{yy}+au_x+bu_y+cu=0$, m 为正常数;

(7) $yu_{xx}+(x+y)u_{xy}+xu_{yy}+2u_y=0$;

(8) $u_{xx}+(x+y)^2u_{yy}+xu_x=0$.

2. 讨论下列方程属于哪种类型, 并化成标准形:

(1) $u_{xx}+2u_{xy}+2u_{yy}+2u_{yz}+2u_{zz}+u_x+u_z=0$;

(2) $u_{xx}+2u_{xy}+2u_{yy}+4u_{yz}+5u_{zz}+3u_x+u_y=0$;

(3) $u_{xx}+2u_{yy}+3u_{zz}+u_{xy}+u_{yz}+u_{xz}-u_x=0$;

(4) $u_{x_1x_1}+2\sum\limits_{k=2}^{n}u_{x_kx_k}-2\sum\limits_{k=1}^{p}u_{x_kx_{k+1}}=0,\quad p=n-1$ 或 n;

(5) $u_{x_1x_1}-2\sum\limits_{k=2}^{n}(-1)^ku_{x_{k-1}x_k}=0$.

3. 设 λ 是参数, 试讨论方程

$$(\lambda+x)u_{xx}+2xyu_{xy}-y^2u_{yy}=0$$

的类型, 并指出它们对 λ 的依赖关系.

4. 试找出一个未知函数变换, 将常系数线性方程

$$u_{xx}+u_{yy}+u_{zz}+au_x+bu_y+cu_z+du=f$$

中的所有一阶微商项消去.

5. 证明 n 个自变量的常系数双曲型方程或椭圆型方程一定可以经过自变量及未知函数变换化成

$$\frac{\partial^2 u}{\partial \xi_1^2}-\sum_{k=2}^{n}\frac{\partial^2 u}{\partial \xi_k^2}+cu=f,$$

或

$$\sum_{k=1}^{n}\frac{\partial^2 u}{\partial \xi_k^2}+cu=f.$$

6. 判断方程

$$\sum_{i,j=1}^{n}(\delta_{ij}-x_i x_j)\frac{\partial^2 u}{\partial x_i \partial x_j}+2\sum_{i=1}^{n}x_i\frac{\partial u}{\partial x_i}+cu=f$$

的类型, 其中

$$\delta_{ij}=\begin{cases}1, & i=j,\\ 0, & i\neq j.\end{cases}$$

7. 是否存在形如

$$\sum_{i,j=1}^{n}a_{ij}(x_1,x_2,\cdots,x_n)u_{x_i x_j}=0,\quad a_{ij}\in C(\mathbb{R}^n)$$

的方程, 它在非空集合 $D\subseteq\mathbb{R}^n$ 上是椭圆型的, 而在 D 的补集 (含于 $\mathbb{R}^n$) 上是双曲型的?

第二章小结

第三章

分离变量法

分离变量法亦称 Fourier 法, 它是解混合问题的一个最普遍的基本方法, 适用于波动方程、热传导方程、Laplace 方程以及某些形式更复杂的方程和方程组. 所谓分离变量法, 实际上是寻找方程的某些特解. 正如我们所知, 特解对于偏微分方程的研究尤为重要, 有些特解的属性能代表偏微分方程本身的属性, 如我们后面将要学习的行波等. 分离变量法就是通过构造具有变量分离形式的特解, 以期达到求解的目的. 实际上, 分离变量法的动机来源于物理学中的如下事实: 机械振动或电磁振动 (波动方程的解) 总可以分解为具有各种频率和振幅的简谐振动的叠加, 而每个简谐振动具有形式

$$\mathrm{e}^{\mathrm{i}\omega(t+sx)} = \mathrm{e}^{\mathrm{i}\omega t}\mathrm{e}^{\mathrm{i}s\omega x},$$

这正是物理上的驻波. 这就表明波动方程的解可写成驻波的叠加, 而每个驻波都是只含变量 x 的函数和只含变量 t 的函数的乘积, 即具有变量分离的形式. 在这一章我们将介绍分离变量法的求解方法, 并分别以波动方程、热传导方程和 Laplace 方程为例, 阐述分离变量法的解题过程.

§1 分离变量法的求解方法

正如前面提到的那样, 分离变量法的关键是寻找具有变量分离形式的特解. 偏微分方程的解作为一个多元函数, 其变量既然已被分离, 那么它的研究将简化为对单变量函数的研究, 于是偏微分方程的边值问题将化为常微分方程的边值问题.

为了突显求解方法的基本要领, 我们将仅以具有 Dirichlet 边值条件的弦振动方程的混合问题和具有 Neumann 边值条件的一维热传导方程的混合问题的求解

为例, 介绍分离变量法.

1.1 具有 Dirichlet 边值条件的混合问题

在这一节中我们将以弦振动方程为例介绍如何用分离变量法求解具有 Dirichlet 边值条件的混合问题, 这一方法对于具有 Dirichlet 边值条件的其他类型方程的混合问题的求解也是适用的.

考虑具有 Dirichlet 边值条件的弦振动方程的如下混合问题:

$$\begin{cases} u_{tt}-a^2u_{xx}=0, \quad 0<x<l, \quad t>0, & (1.1)\\ u|_{t=0}=\varphi(x), \quad u_t|_{t=0}=\psi(x), \quad 0\leqslant x\leqslant l, & (1.2)\\ u|_{x=0}=0, \quad u|_{x=l}=0, \quad t\geqslant 0, & (1.3)\end{cases}$$

其中 $\varphi(0)=\varphi(l)=0,\ \psi(0)=\psi(l)=0$ 是**相容性条件**.

下面我们用分离变量法来求解混合问题 (1.1)—(1.3). 首先, 我们设法找到所有具有变量分离形式

$$u(x,t)=X(x)T(t) \tag{1.4}$$

的非零特解.

将 (1.4) 式代入方程 (1.1), 有

$$X(x)T''(t)=a^2X''(x)T(t),$$

此处 $X(x)T(t)\neq 0$, 分离变量即得

$$\frac{X''(x)}{X(x)}=\frac{1}{a^2}\frac{T''(t)}{T(t)}. \tag{1.5}$$

因为等式 (1.5) 的左端仅与 x 有关, 右端仅与 t 有关, 因此存在常数 λ 使得

$$\frac{X''(x)}{X(x)}=\frac{1}{a^2}\frac{T''(t)}{T(t)}=-\lambda,$$

于是得到变量被分离后的两个常微分方程

$$X''(x)+\lambda X(x)=0, \tag{1.6}$$

$$T''(t)+\lambda a^2T(t)=0. \tag{1.7}$$

现在我们可以通过解这两个常微分方程来定出函数 $X(x)$ 和 $T(t)$, 由边值条件 (1.3) 得

$$u(0,t)=X(0)T(t)=0,$$

$$u(l,t) = X(l)T(t) = 0.$$

由于我们所要求的 $u(x,t)$ 是非零解, 故 $T(t) \neq 0$, 从而推知函数 $X(x)$ 应满足附加条件

$$X(0) = 0, \qquad X(l) = 0. \tag{1.8}$$

于是, 我们需要求解如下边值问题:

$$\begin{cases} X''(x) + \lambda X(x) = 0, \quad 0 < x < l, \\ X(0) = X(l) = 0. \end{cases} \tag{1.9}$$

为此, 我们首先给出如下定义:

定义 3.1 使常微分方程边值问题 (1.9) 具有非平凡解的那些 λ 值称为这个边值问题的**特征值**; 相应的非平凡解 $X(x)$ 称为对应于这个特征值的**特征函数**; 寻找边值问题 (1.9) 的所有特征值和特征函数的问题称为**特征值问题**或 **Sturm-Liouville** (**施图姆-刘维尔**) **问题**.

下面我们分三种情形讨论 Sturm-Liouville 问题 (1.9) 的求解:

(1) 当 $\lambda < 0$ 时, 方程 (1.6) 的通解为

$$X(x) = c_1 \mathrm{e}^{\sqrt{-\lambda}x} + c_2 \mathrm{e}^{-\sqrt{-\lambda}x},$$

其中 c_1, c_2 是任意常数, 要使它满足边值条件 (1.8), 就必须有

$$\begin{cases} c_1 + c_2 = 0, \\ c_1 \mathrm{e}^{\sqrt{-\lambda}l} + c_2 \mathrm{e}^{-\sqrt{-\lambda}l} = 0. \end{cases}$$

由此解得 $c_1 = c_2 = 0$, 从而 $X(x) \equiv 0$. 此时特征值问题 (1.9) 没有非平凡解.

(2) 当 $\lambda = 0$ 时, 方程 (1.6) 的通解为

$$X(x) = c_1 + c_2 x,$$

由边值条件 (1.8) 得

$$c_1 = 0, \qquad c_1 + c_2 l = 0,$$

所以 $c_1 = c_2 = 0$, 从而 $X(x) \equiv 0$. 此时, 特征值问题 (1.9) 也没有非平凡解.

(3) 当 $\lambda > 0$ 时, 方程 (1.6) 的通解为

$$X(x) = c_1 \cos\sqrt{\lambda}x + c_2 \sin\sqrt{\lambda}x,$$

要使它满足边值条件 (1.8), 必须

$$c_1 = 0, \qquad c_1 \cos\sqrt{\lambda}l + c_2 \sin\sqrt{\lambda}l = 0,$$

由这两个等式推得

$$c_2 \sin\sqrt{\lambda}l = 0.$$

如果 $c_2 = 0$, 那么 $X(x) \equiv 0$, 因此为了获得非平凡解, 必须要求 $c_2 \neq 0$, 且

$$\sin\sqrt{\lambda}l = 0,$$

即

$$\sqrt{\lambda} = \frac{k\pi}{l},$$

其中 k 是一个任意的正整数. 所以, 只有当 λ 取值为

$$\lambda_k = \left(\frac{k\pi}{l}\right)^2, \qquad k = 1, 2, \cdots \tag{1.10}$$

时, 特征值问题 (1.9) 才有非平凡解. 这些离散的 λ_k 就是特征值问题 (1.9) 的特征值, 与这些特征值 λ_k 相对应的函数

$$X_k(x) = c_k \sin\frac{k\pi x}{l}, \qquad k = 1, 2, \cdots \tag{1.11}$$

就是特征值 λ_k 所对应的特征函数.

对于 λ_k, 方程 (1.7) 的通解可写成

$$T_k(t) = a_k \cos\frac{k\pi a}{l}t + b_k \sin\frac{k\pi a}{l}t, \qquad k = 1, 2, \cdots,$$

其中 a_k 和 b_k 都是任意常数, 于是对任意的 $A_k = c_k a_k$ 和 $B_k = c_k b_k$, 函数

$$u_k(x,t) = X_k(x)T_k(t) = \left(A_k \cos\frac{k\pi a}{l}t + B_k \sin\frac{k\pi a}{l}t\right)\sin\frac{k\pi x}{l}$$

满足方程 (1.1) 和边值条件 (1.3).

由于方程 (1.1) 和边值条件 (1.3) 都是线性齐次的, 根据叠加原理, 任何有限个 $u_k(x,t)$ 的线性组合也满足方程 (1.1) 和边值条件 (1.3). 考虑无穷级数

$$u(x,t) = \sum_{k=1}^{\infty}\left(A_k \cos\frac{k\pi a}{l}t + B_k \sin\frac{k\pi a}{l}t\right)\sin\frac{k\pi}{l}x, \tag{1.12}$$

由级数理论知, 当级数 (1.12) 及它对 x 和 t 逐项微分两次后所得的级数都一致收敛时, 其和函数 $u(x,t)$ 将仍是方程 (1.1) 满足边值条件 (1.3) 的解. 现在的问题是

设法确定常数 A_k 和 B_k 使级数 (1.12) 及它对 x 和 t 逐项微分两次后所得的级数都一致收敛, 且和函数满足初值条件 (1.2).

这里先对级数 (1.12) 关于 t 形式求导, 得

$$\frac{\partial u}{\partial t}(x,t)=\sum_{k=1}^{\infty}\frac{k\pi a}{l}\Big(-A_k\sin\frac{k\pi a}{l}t+B_k\cos\frac{k\pi a}{l}t\Big)\sin\frac{k\pi}{l}x. \tag{1.13}$$

利用初值条件 (1.2), 在 (1.12) 式和 (1.13) 式中令 $t=0$ 得

$$\begin{cases}\varphi(x)=\displaystyle\sum_{k=1}^{\infty}A_k\sin\frac{k\pi}{l}x,\\ \psi(x)=\displaystyle\sum_{k=1}^{\infty}B_k\frac{k\pi a}{l}\sin\frac{k\pi}{l}x.\end{cases}$$

由此可知, 如果函数 $\varphi(x)$ 和 $\psi(x)$ 在区间 $[0,l]$ 上都能展成 Fourier 正弦级数, 那么系数 A_k 和 B_k 就可由下式确定:

$$\begin{cases}A_k=\dfrac{2}{l}\displaystyle\int_0^l\varphi(x)\sin\frac{k\pi x}{l}\mathrm{d}x,\\ B_k=\dfrac{2}{k\pi a}\displaystyle\int_0^l\psi(x)\sin\frac{k\pi x}{l}\mathrm{d}x.\end{cases} \tag{1.14}$$

下面我们来证明, 当初始数据 $\varphi(x)$ 和 $\psi(x)$ 满足一定的条件时, 以由 (1.14) 式确定的 A_k 和 B_k 为系数的级数 (1.12) 就是混合问题 (1.1)—(1.3) 的解.

为此, 我们只要能证得级数 (1.12) 及它对 x 和 t 逐项微分两次后所得级数都一致收敛就行了.

引理 3.1 设函数 $f(x)$ 在区间 $[0,l]$ 上有直到 m 阶的连续导数, $m+1$ 阶导数分段连续, 且当 p 为偶数时

$$f^{(p)}(0)=f^{(p)}(l)=0.$$

若把函数 $f(x)$ 展开成正弦级数

$$f(x)\sim\sum_{k=1}^{\infty}a_k\sin\frac{k\pi}{l}x,$$

则级数

$$\sum_{k=1}^{\infty}k^m|a_k|$$

是收敛的.

证 由假设知, 函数 $f^{(m+1)}(x)$ 可在区间 $[0,l]$ 上展为 Fourier 级数. 当 m 为奇数时, 展开式为

$$f^{(m+1)}(x) \sim \sum_{k=1}^{\infty} a_k^{(m+1)} \sin \frac{k\pi}{l} x,$$

其中

$$\begin{aligned}
a_k^{(m+1)} &= \frac{2}{l}\int_0^l f^{(m+1)}(x)\sin\frac{k\pi}{l}x\mathrm{d}x \\
&= \frac{2}{l}\left[f^{(m)}(x)\sin\frac{k\pi}{l}x\right]_0^l - \frac{2}{l}\frac{k\pi}{l}\int_0^l f^{(m)}(x)\cos\frac{k\pi}{l}x\mathrm{d}x \\
&= -\frac{2}{l}\frac{k\pi}{l}\left[f^{(m-1)}(x)\cos\frac{k\pi}{l}x\right]_0^l - \frac{2}{l}\left(\frac{k\pi}{l}\right)^2\int_0^l f^{(m-1)}(x)\sin\frac{k\pi}{l}x\mathrm{d}x \\
&= \cdots \\
&= (-1)^{\frac{m+1}{2}}\left(\frac{k\pi}{l}\right)^{m+1}\frac{2}{l}\int_0^l f(x)\sin\frac{k\pi}{l}x\mathrm{d}x \\
&= (-1)^{\frac{m+1}{2}}\left(\frac{k\pi}{l}\right)^{m+1} a_k, \qquad k = 1, 2, \cdots;
\end{aligned}$$

当 m 为偶数时, 展开式为

$$f^{(m+1)}(x) \sim \frac{a_0^{(m+1)}}{2} + \sum_{k=1}^{\infty} a_k^{(m+1)}\cos\frac{k\pi}{l}x,$$

同样可以推得

$$a_k^{(m+1)} = (-1)^{\frac{m}{2}}\left(\frac{k\pi}{l}\right)^{m+1} a_k, \qquad k = 1, 2, \cdots.$$

根据 Bessel (贝塞尔) 不等式, 有

$$\begin{cases}
\displaystyle\sum_{k=1}^{\infty}\left(a_k^{(m+1)}\right)^2 \leqslant \frac{2}{l}\int_0^l [f^{(m+1)}(x)]^2\mathrm{d}x, & m \text{ 为奇数}, \\
\displaystyle\frac{1}{2}\left(a_0^{(m+1)}\right)^2 + \sum_{k=1}^{\infty}\left(a_k^{(m+1)}\right)^2 \leqslant \frac{2}{l}\int_0^l [f^{(m+1)}(x)]^2\mathrm{d}x, & m \text{ 为偶数},
\end{cases}$$

由此可见, 无论 m 是奇数还是偶数, 都有

$$\sum_{k=1}^{\infty}\left|a_k^{(m+1)}\right|^2 < \infty,$$

即

$$\sum_{k=1}^{\infty} k^{2m+2}|a_k|^2 < \infty.$$

利用 Cauchy 不等式, 得

$$\sum_{k=1}^{\infty} k^m|a_k| = \sum_{k=1}^{\infty} \left(k^{m+1}\frac{|a_k|}{k}\right) \leqslant \sum_{k=1}^{\infty} k^{2m+2}|a_k|^2 + \sum_{k=1}^{\infty} \frac{1}{k^2} < \infty,$$

所以级数 $\sum\limits_{k=1}^{\infty} k^m|a_k|$ 收敛.

引理证毕.

定理 3.1 设在区间 $[0,l]$ 上, 函数 $\varphi(x)$ 二次连续可微且三阶导数分段连续, 函数 $\psi(x)$ 连续可微且二阶导数分段连续, 在端点同时满足**相容性条件**

$$\varphi(0) = \varphi(l) = \varphi''(0) = \varphi''(l) = \psi(0) = \psi(l) = 0,$$

则由级数 (1.12) 定义的函数 $u(x,t)$ 有二阶连续偏导数, 且是混合问题 (1.1)—(1.3) 的解.

证 由引理 3.1 知, 级数

$$\sum_{k=1}^{\infty} k^2|A_k|, \qquad \sum_{k=1}^{\infty} k^2|B_k|$$

都是收敛的, 因而级数 (1.12) 关于 x 和 t 逐项微分二次后所得的级数也都是一致收敛的, 而且分别收敛于函数 $u(x,t)$ 的相应导数, 所以级数 (1.12) 所定义的函数 $u(x,t)$ 是定解问题 (1.1)—(1.3) 的解.

定理证毕.

1.2 具有 Neumann 边值条件的混合问题

在这一节中我们将以一维热传导方程为例介绍如何用分离变量法求解具有 Neumann 边值条件的混合问题, 这一方法对于具有 Neumann 边值条件的其他类型方程的混合问题的求解也是适用的.

考虑具有 Neumann 边值条件的热传导方程的如下混合问题:

$$\begin{cases} u_t - a^2u_{xx} = 0, \quad 0 < x < l, \quad t > 0, & (1.15)\\ u|_{t=0} = \varphi(x), \quad 0 \leqslant x \leqslant l, & (1.16)\\ u_x|_{x=0} = 0, \quad u_x|_{x=l} = 0, \quad t \geqslant 0. & (1.17)\end{cases}$$

下面我们用分离变量法来求解混合问题 (1.15)—(1.17). 假设解具有如下变量分离形式:

$$u(x,t) = X(x)T(t).$$

代入方程 (1.15), 得

$$X(x)T'(t) = a^2 X''(x)T(t),$$

此处 $X(x)T(t) \neq 0$, 分离变量即得

$$\frac{X''(x)}{X(x)} = \frac{T'(t)}{a^2 T(t)} = -\lambda,$$

其中 λ 为常数, 于是有

$$X''(x) + \lambda X(x) = 0, \tag{1.18}$$

$$T'(t) + a^2 \lambda T(t) = 0. \tag{1.19}$$

先考虑方程 (1.18). 由边值条件 (1.17) 推知, $X(x)$ 应满足边值条件

$$X'(0) = 0, \qquad X'(l) = 0. \tag{1.20}$$

现在我们来求解特征值问题 (1.18), (1.20). 分三种情形进行讨论.

(1) 当 $\lambda < 0$ 时, 方程 (1.18) 的通解为

$$X(x) = c_1 \mathrm{e}^{\sqrt{-\lambda}x} + c_2 \mathrm{e}^{-\sqrt{-\lambda}x},$$

其中 c_1, c_2 是任意常数, 要使它满足边值条件 (1.20), 就必须有

$$\begin{cases} c_1\sqrt{-\lambda} - c_2\sqrt{-\lambda} = 0, \\ c_1\sqrt{-\lambda}\mathrm{e}^{\sqrt{-\lambda}l} - c_2\sqrt{-\lambda}\mathrm{e}^{-\sqrt{-\lambda}l} = 0. \end{cases}$$

由此解得 $c_1 = c_2 = 0$, 从而 $X(x) \equiv 0$. 此时特征值问题 (1.18), (1.20) 没有非平凡解.

(2) 当 $\lambda = 0$ 时, 方程 (1.18) 的通解为

$$X(x) = c_1 + c_2 x,$$

由边值条件 (1.20) 得

$$c_2 = 0.$$

取 $c_1 = 1$, 我们可以得到特征值问题 (1.18), (1.20) 的一个非平凡解

$$X_0(x) \equiv 1,$$

对应的特征值为 $\lambda_0=0$. 对于 $\lambda_0=0$, 方程 (1.19) 的通解可以写成 $T_0(t)=\dfrac{A_0}{2}$, 其中 A_0 为常数. 此时, 函数

$$u_0(x,t)=X_0(x)T_0(t)=\frac{A_0}{2}$$

满足方程 (1.15) 和边值条件 (1.17).

(3) 当 $\lambda>0$ 时, 方程 (1.18) 的通解为

$$X(x)=c_1\cos\sqrt{\lambda}x+c_2\sin\sqrt{\lambda}x,$$

要使它满足边值条件 (1.20), 必须

$$c_2=0,\qquad -c_1\sin\sqrt{\lambda}l+c_2\cos\sqrt{\lambda}l=0,$$

由这两个等式推得

$$c_1\sin\sqrt{\lambda}l=0,$$

即

$$\sqrt{\lambda}=\frac{k\pi}{l},\qquad k=1,2,\cdots.$$

所以, 只有当 λ 取值为

$$\lambda_k=\left(\frac{k\pi}{l}\right)^2,\qquad k=1,2,\cdots \tag{1.21}$$

时, 特征值问题 (1.18), (1.20) 才有非平凡解. 这些离散的 λ_k 就是特征值问题 (1.18), (1.20) 的特征值, 与这些特征值 λ_k 相对应的函数

$$X_k(x)=B_k\cos\frac{k\pi x}{l},\qquad k=1,2,\cdots$$

就是特征值 λ_k 所对应的特征函数.

对于这些 λ_k, 方程 (1.19) 的通解可写成

$$T_k(t)=C_k\mathrm{e}^{-(\frac{k\pi a}{l})^2t},\qquad k=1,2,\cdots,$$

其中 C_k 是任意常数. 于是对任意的 $A_k=B_kC_k$, 函数

$$u_k(x,t)=X_k(x)T_k(t)=A_k\mathrm{e}^{-(\frac{k\pi a}{l})^2t}\cos\frac{k\pi x}{l},\qquad k=1,2,\cdots$$

满足方程 (1.15) 和边值条件 (1.17).

为了求出问题 (1.15)—(1.17) 的解, 考虑级数

$$u(x,t)=\frac{A_0}{2}+\sum_{k=1}^{\infty}A_k\mathrm{e}^{-(\frac{k\pi a}{l})^2t}\cos\frac{k\pi x}{l}, \tag{1.22}$$

我们希望它满足初值条件

$$u(x,0)=\frac{A_0}{2}+\sum_{k=1}^{\infty}A_k\cos\frac{k\pi x}{l}=\varphi(x),$$

这时只要 $\varphi(x)$ 可在 $[0,l]$ 上展成以

$$A_k=\frac{2}{l}\int_0^l\varphi(x)\cos\frac{k\pi x}{l}\mathrm{d}x,\qquad k=0,1,2,\cdots \tag{1.23}$$

为系数的 Fourier 余弦级数即可. 现在将 (1.23) 式代入 (1.22) 式, 我们就得到混合问题 (1.15)—(1.17) 的**形式解**为

$$u(x,t)=\frac{1}{l}\int_0^l\varphi(\xi)\mathrm{d}\xi+\sum_{k=1}^{\infty}\left(\frac{2}{l}\int_0^l\varphi(\xi)\cos\frac{k\pi\xi}{l}\mathrm{d}\xi\right)\mathrm{e}^{-(\frac{k\pi a}{l})^2t}\cos\frac{k\pi x}{l}. \tag{1.24}$$

下面我们证明由 (1.24) 定义的函数 $u(x,t)$ 确实是问题 (1.15)—(1.17) 的解.

定理 3.2 设 $\varphi\in C^1([0,l])$, 且 $\varphi'(0)=\varphi'(l)=0$, 则由级数 (1.24) 定义的函数 $u(x,t)$ 就是混合问题 (1.15)—(1.17) 的解.

证 先证明形式解 (1.24) 满足方程 (1.15). 由于 $\varphi\in C^1([0,l])$, 从而有界, 于是存在正常数 M 使得 $|A_k|\leqslant M$, 故对任意的 $t_0>0$, 当 $t\geqslant t_0$ 时, 有

$$\left|A_k\mathrm{e}^{-(\frac{k\pi a}{l})^2t}\cos\frac{k\pi x}{l}\right|\leqslant M\mathrm{e}^{-(\frac{k\pi a}{l})^2t_0},$$

而数项级数 $\sum\limits_{k=0}^{\infty}\mathrm{e}^{-(\frac{k\pi a}{l})^2t_0}$ 收敛, 因此, 级数 (1.24) 在区域 $0\leqslant x\leqslant l,\ t>0$ 内内闭一致收敛且绝对收敛, 所以函数 $u(x,t)$ 在区域 Ω 内是连续的.

级数 (1.22) 对 t 逐项微分, 得

$$u_t=-\sum_{k=1}^{\infty}A_k\left(\frac{k\pi a}{l}\right)^2\mathrm{e}^{-(\frac{k\pi a}{l})^2t}\cos\frac{k\pi x}{l}, \tag{1.25}$$

而级数 (1.22) 对 x 逐项微分两次后所得级数为

$$u_{xx}=-\sum_{k=1}^{\infty}A_k\left(\frac{k\pi}{l}\right)^2\mathrm{e}^{-(\frac{k\pi a}{l})^2t}\cos\frac{k\pi x}{l}. \tag{1.26}$$

易知当 $t\geqslant t_0$ 时, 有

$$\left|-A_k\left(\frac{k\pi b}{l}\right)^2\mathrm{e}^{-(\frac{k\pi a}{l})^2t}\cos\frac{k\pi x}{l}\right|\leqslant M\left(\frac{k\pi b}{l}\right)^2\mathrm{e}^{-(\frac{k\pi a}{l})^2t_0},$$

其中 $b=a$ 或 1. 由于数项级数 $\sum\limits_{k=1}^{\infty}\left(\frac{k\pi b}{l}\right)^2\mathrm{e}^{-(\frac{k\pi a}{l})^2t_0}$ 收敛, 所以级数 (1.25) 和

(1.26) 在区域 $0 \leqslant x \leqslant l,\ t > 0$ 内内闭一致收敛且绝对收敛, 从而级数 (1.22) 是逐项可微的. 由 (1.25) 式和 (1.26) 式立即得到

$$u_t - a^2 u_{xx} = 0.$$

其次证明由 (1.24) 式所确定的函数 $u(x,t)$ 满足定解条件. 关于初值条件, 在定理的假设下,

$$\varphi(x) = \frac{A_0}{2} + \sum_{k=1}^{\infty} A_k \cos\frac{k\pi x}{l}, \qquad 0 \leqslant x \leqslant l$$

是一致且绝对收敛的. 根据 Abel (阿贝尔) 判别法, 这个级数的项与单调下降且一致有界的序列 $\mathrm{e}^{-\left(\frac{k\pi a}{l}\right)^2 t}$ 的项的乘积所构成的级数对 t 是一致收敛的. 所以级数 (1.24) 在区域 $0 \leqslant x \leqslant l,\ t \geqslant 0$ 上是一致收敛的. 于是函数 $u(x,t)$ 在区域 $\overline{\Omega} = \{0 \leqslant x \leqslant l,\ 0 \leqslant t \leqslant \overline{T}\}$ 上连续, 即满足初值条件

$$u(x,0) = \varphi(x), \qquad 0 \leqslant x \leqslant l\,.$$

关于边值条件, 由于函数 $u_x(x,t)$ 在 $\overline{\Omega}$ 上连续, 故函数 $u_x(x,t)$ 在 $x=0$ 和 $x=l$ 处都是连续的. 因而对所有的 $t \geqslant 0$, 都成立

$$u_x(0,t) = 0, \qquad u_x(l,t) = 0.$$

定理证毕.

注 3.1 当 $t > 0$ 时, 由 (1.24) 式给出的第二边值问题的解 $u(x,t)$ 关于 x, t 实际上是无穷次连续可微的.

综上所述, 分离变量法的解题步骤可以分成三步:

第一步: 设 $u(x,t) = X(x)T(t)$ 满足方程和边值条件, 从而定出 $X(x)$ 所满足的 Sturm-Liouville 问题, 以及 $T(t)$ 满足的常微分方程.

第二步: 解 Sturm-Liouville 问题, 求出全部特征值和特征函数, 并求出相应的 $T(t)$ 的表达式.

第三步: 将所有变量分离形式的特解叠加起来, 并利用初值条件定出所有待定常数.

习题 3-1

1. 求下列特征值问题的特征值和特征函数:

(1) $\begin{cases} X''(x) + \lambda X(x) = 0, & 0 < x < l, \\ X(0) = X'(l) = 0; \end{cases}$

(2) $\begin{cases} X''(x)+\lambda X(x)=0, \quad 0<x<l, \\ X'(0)=X(l)=0; \end{cases}$

(3) $\begin{cases} X''(x)+\lambda X(x)=0, \quad 0<x<l, \\ X(0)=X'(l)+hX(l)=0 \quad (h \text{ 为正常数}). \end{cases}$

§2 求解实例

本节将通过几个实例介绍如何利用分离变量法求解偏微分方程的混合问题, 这几个实例包含了波动方程、热传导方程和 Laplace 方程的求解, 具有很好的代表性, 希望通过这几个案例的学习, 读者能真正掌握分离变量法的求解方法和求解步骤.

例 3.1 用分离变量法求解如下弦振动方程的混合问题:

$$\begin{cases} u_{tt}-u_{xx}=0, \quad 0<x<1, \quad t>0, & (2.1) \\ u|_{t=0}=\sin\dfrac{3}{2}\pi x, \quad u_t|_{t=0}=\sin\dfrac{5}{2}\pi x, \quad 0\leqslant x\leqslant 1, & (2.2) \\ u|_{x=0}=0, \quad u_x|_{x=1}=0, \quad t\geqslant 0. & (2.3) \end{cases}$$

解 为了用分离变量法求解混合问题 (2.1)—(2.3), 我们先求方程 (2.1) 满足边值条件 (2.3) 的具有如下变量分离形式的解:

$$u(x,t)=X(x)T(t). \tag{2.4}$$

将 (2.4) 式代入方程 (2.1), 得

$$\frac{X''(x)}{X(x)}=\frac{T''(t)}{T(t)}=-\lambda,$$

其中 λ 是一个常数. 于是得到

$$X''(x)+\lambda X(x)=0 \tag{2.5}$$

及

$$T''(t)+\lambda T(t)=0. \tag{2.6}$$

由边值条件 (2.3) 可知

$$X(0)T(t)=0, \quad X'(1)T(t)=0.$$

于是

$$X(0)=X'(1)=0. \tag{2.7}$$

下面解特征值问题 (2.5), (2.7):

(1) 当 $\lambda<0$ 时, 方程 (2.5) 的通解为

$$X(x)=c_1\mathrm{e}^{-\sqrt{-\lambda}x}+c_2\mathrm{e}^{\sqrt{-\lambda}x},$$

代入边值条件得 $c_1=c_2=0$. 这时特征值问题 (2.5), (2.7) 只有平凡解.

(2) 当 $\lambda=0$ 时, 方程 (2.5) 的通解为

$$X(x)=c_1x+c_2,$$

代入边值条件得 $c_1=c_2=0$. 这时特征值问题 (2.5), (2.7) 也只有平凡解.

(3) 当 $\lambda>0$ 时, 方程 (2.5) 的通解为

$$X(x)=c_1\cos\sqrt{\lambda}x+c_2\sin\sqrt{\lambda}x,$$

代入边值条件得 $c_1=0,\ c_2\sqrt{\lambda}\cos\sqrt{\lambda}=0$. 于是求得特征值为

$$\lambda_k=\left(k+\frac{1}{2}\right)^2\pi^2,\qquad k=0,1,2\cdots.$$

对应的特征函数为

$$X_k(x)=c_k\sin\left(k+\frac{1}{2}\right)\pi x,\qquad k=0,1,2\cdots.$$

对特征值 λ_k, 解方程 (2.6) 得

$$T_k(t)=a_k\cos\left(k+\frac{1}{2}\right)\pi t+b_k\sin\left(k+\frac{1}{2}\right)\pi t,$$

其中 a_k 和 b_k 都是任意常数, 于是对任意的 $A_k=c_ka_k$ 和 $B_k=c_kb_k$, 函数

$$u_k(x,t)=\left(A_k\cos\left(k+\frac{1}{2}\right)\pi t+B_k\sin\left(k+\frac{1}{2}\right)\pi t\right)\sin\left(k+\frac{1}{2}\right)\pi x,\quad k=0,1,2\cdots$$

满足方程 (2.1) 和边值条件 (2.3).

作级数

$$u(x,t)=\sum_{k=0}^{\infty}\left(A_k\cos\left(k+\frac{1}{2}\right)\pi t+B_k\sin\left(k+\frac{1}{2}\right)\pi t\right)\sin\left(k+\frac{1}{2}\right)\pi x.$$

代入初值条件 (2.2), 得

$$\sum_{k=0}^{\infty}A_k\sin\left(k+\frac{1}{2}\right)\pi x=\sin\frac{3}{2}\pi x,$$

$$\sum_{k=0}^{\infty} B_k \left(k+\frac{1}{2}\right)\pi \sin\left(k+\frac{1}{2}\right)\pi x = \sin\frac{5}{2}\pi x,$$

由此推出

$$A_0 = 0, \quad A_1 = 1, \quad A_2 = A_3 = \cdots = 0,$$

$$B_0 = B_1 = 0, \quad B_2 = \frac{2}{5\pi}, \quad B_3 = B_4 = \cdots = 0.$$

所以混合问题 (2.1)—(2.3) 的解为

$$u(x,t) = \cos\frac{3}{2}\pi t \sin\frac{3}{2}\pi x + \frac{2}{5\pi}\sin\frac{5}{2}\pi t \sin\frac{5}{2}\pi x.$$

例 3.2 用分离变量法求解如下二维波动方程的混合问题:

$$\begin{cases} u_{tt} - a^2(u_{xx}+u_{yy}) = 0, \quad 0<x<p, \quad 0<y<q, \quad t>0, & (2.8) \\ u|_{t=0} = \varphi(x,y), \quad u_t|_{t=0} = \psi(x,y), \quad 0 \leqslant x \leqslant p, \quad 0 \leqslant y \leqslant q, & (2.9) \\ u|_{x=0} = u|_{x=p} = 0, \quad 0 \leqslant y \leqslant q, \quad t \geqslant 0, & (2.10) \\ u|_{y=0} = u|_{y=q} = 0, \quad 0 \leqslant x \leqslant p, \quad t \geqslant 0, & (2.11) \end{cases}$$

其中 $a>0$, $p>0$, $q>0$ 为常数.

解 为了用分离变量法求解混合问题 (2.8)—(2.11), 我们先求满足边值条件 (2.10), (2.11) 的方程 (2.8) 的具有如下变量分离形式的解:

$$u(x,y,t) = v(x,y)T(t). \tag{2.12}$$

将 (2.12) 式代入方程 (2.8), 得

$$\frac{v_{xx}+v_{yy}}{v(x,y)} = \frac{T''(t)}{a^2T(t)} = -\mu,$$

其中 μ 为常数. 于是得到

$$v_{xx}+v_{yy}+\mu v = 0 \tag{2.13}$$

及

$$T''(t) + a^2\mu T(t) = 0, \tag{2.14}$$

此时边值条件 (2.10), (2.11) 变为

$$\begin{cases} v|_{x=0} = 0, \quad v|_{x=p} = 0, \\ v|_{y=0} = 0, \quad v|_{y=q} = 0. \end{cases} \tag{2.15}$$

现在来求问题 (2.13), (2.15) 的特征值和特征函数, 为此, 将方程 (2.13) 再进行变量分离, 令

$$v(x,y) = X(x)Y(y), \tag{2.16}$$

将 (2.16) 式代入方程 (2.13), 得

$$-\frac{X''(x)}{X(x)}=\frac{Y''(y)}{Y(y)}+\mu=\lambda,$$

其中 λ 为常数. 由此得到两个常微分方程

$$\begin{cases} X''(x)+\lambda X(x)=0, \\ Y''(y)+(\mu-\lambda)Y(y)=0. \end{cases} \tag{2.17}$$

由 (2.16) 式可知, 边值条件 (2.15) 变为

$$\begin{cases} X(0)=0, \quad X(p)=0, \\ Y(0)=0, \quad Y(q)=0. \end{cases} \tag{2.18}$$

由此我们得到两个特征值问题:

$$\begin{cases} X''(x)+\lambda X(x)=0, \\ X(0)=0, \quad X(p)=0 \end{cases} \tag{2.19}$$

和

$$\begin{cases} Y''(y)+(\mu-\lambda)Y(y)=0, \\ Y(0)=0, \quad Y(q)=0. \end{cases} \tag{2.20}$$

它们的特征值分别为 $\lambda_m=\left(\frac{m\pi}{p}\right)^2$, $m=1,2,\cdots$; $\mu_{m,n}-\lambda_m=\left(\frac{n\pi}{q}\right)^2$, $n=1,2,\cdots$, 对应的特征函数为

$$X_m(x)=\sin\frac{m\pi x}{p}, \qquad Y_n(y)=\sin\frac{n\pi y}{q}, \qquad m,\ n=1,2,\cdots. \tag{2.21}$$

由此可见问题 (2.13), (2.15) 的特征值为

$$\mu_{m,n}=k_{m,n}^2=\left(\frac{m^2}{p^2}+\frac{n^2}{q^2}\right)\pi^2, \qquad m,\ n=1,2,\cdots, \tag{2.22}$$

其中 $k_{m,n}>0$, 对应的特征函数为

$$v_{m,n}(x,y)=\sin\frac{m\pi x}{p}\sin\frac{n\pi y}{q}. \tag{2.23}$$

关于方程 (2.14), 我们知道对每一个特征值 $\mu_{m,n}=k_{m,n}^2$, 它的通解具有形式

$$T_{m,n}(t)=A_{m,n}\cos ak_{m,n}t+B_{m,n}\sin ak_{m,n}t, \tag{2.24}$$

其中 $A_{m,n}$ 和 $B_{m,n}$ 都是任意常数.

最后由 (2.12), (2.23) 和 (2.24) 三式知, 方程 (2.8) 满足边值条件 (2.10), (2.11) 的解具有形式:

$$u_{m,n}(x,y,t)=(A_{m,n}\cos ak_{m,n}t+B_{m,n}\sin ak_{m,n}t)\sin\frac{m\pi x}{p}\sin\frac{n\pi y}{q},\ m,n=1,2,\cdots.$$

为了使它们满足初值条件 (2.9), 作级数

$$\begin{aligned}u(x,y,t)&=\sum_{m,n=1}^{\infty}u_{m,n}(x,y,t)\\&=\sum_{m,n=1}^{\infty}(A_{m,n}\cos ak_{m,n}t+B_{m,n}\sin ak_{m,n}t)\sin\frac{m\pi x}{p}\sin\frac{n\pi y}{q}.\end{aligned}\tag{2.25}$$

若级数 (2.25) 及它对 x,y 和 t 的二次逐项微分所得的级数都是一致收敛的, 则其和函数显然满足方程 (2.8) 及边值条件 (2.10), (2.11). 为了满足初值条件 (2.9), 必须使

$$\begin{cases}\varphi(x,y)=\displaystyle\sum_{m,n=1}^{\infty}A_{m,n}\sin\frac{m\pi x}{p}\sin\frac{n\pi y}{q},\\ \psi(x,y)=\displaystyle\sum_{m,n=1}^{\infty}ak_{m,n}B_{m,n}\sin\frac{m\pi x}{p}\sin\frac{n\pi y}{q}.\end{cases}\tag{2.26}$$

由此可知, 如果函数 $\varphi(x,y)$ 和 $\psi(x,y)$ 都能展开成二重 Fourier 正弦级数, 那么它们的系数 $A_{m,n}$ 和 $B_{m,n}$ 就可由下式确定:

$$\begin{cases}A_{m,n}=\dfrac{4}{pq}\displaystyle\int_0^p\int_0^q\varphi(x,y)\sin\frac{m\pi x}{p}\sin\frac{n\pi y}{q}\mathrm{d}y\mathrm{d}x,\\ B_{m,n}=\dfrac{4}{ak_{m,n}pq}\displaystyle\int_0^p\int_0^q\psi(x,y)\sin\frac{m\pi x}{p}\sin\frac{n\pi y}{q}\mathrm{d}y\mathrm{d}x.\end{cases}\tag{2.27}$$

将 (2.27) 式确定的系数代入级数 (2.25), 就得到混合问题 (2.8)—(2.11) 的解.

例 3.3 用分离变量法求解如下热传导方程的混合问题:

$$\begin{cases}u_t-a^2u_{xx}=0,\quad 0<x<l,\quad t>0, & (2.28)\\ u|_{t=0}=\varphi(x),\quad 0\leqslant x\leqslant l, & (2.29)\\ u|_{x=0}=0,\quad (u_x+hu)|_{x=l}=0,\quad t\geqslant 0, & (2.30)\end{cases}$$

其中 h 为正常数.

解 假设解具有如下变量分离形式:

$$u(x,t)=X(x)T(t).$$

代入方程 (2.28), 得

$$X''(x)+\lambda X(x)=0,\tag{2.31}$$

$$T'(t) + a^2\lambda T(t) = 0, \tag{2.32}$$

其中 λ 为常数. 先考虑方程 (2.31). 由边值条件 (2.30) 推知, $X(x)$ 应满足边值条件

$$X(0) = 0, \qquad X'(l) + hX(l) = 0. \tag{2.33}$$

对于特征值问题 (2.31), (2.33), 与 §1 类似地讨论可得

(1) 当 $\lambda \leqslant 0$ 时, 只有平凡解 $X(x) \equiv 0$;

(2) 当 $\lambda > 0$ 时, 方程 (2.31) 的通解为

$$X(x) = A\cos\sqrt{\lambda}x + B\sin\sqrt{\lambda}x. \tag{2.34}$$

利用边值条件 $X(0) = 0$, 得 $A = 0$. 于是由 (2.33) 式的第二个边值条件得到

$$B\left(\sqrt{\lambda}\cos\sqrt{\lambda}l + h\sin\sqrt{\lambda}l\right) = 0. \tag{2.35}$$

为了得到非平凡解 ($X(x) \not\equiv 0$), 必须要求 $B \neq 0$, 且 λ 满足

$$\sqrt{\lambda}\cos\sqrt{\lambda}l + h\sin\sqrt{\lambda}l = 0, \tag{2.36}$$

即 λ 应是下述超越方程的正解:

$$\tan\sqrt{\lambda}l = -\frac{\sqrt{\lambda}}{h}. \tag{2.37}$$

令

$$\mu = \sqrt{\lambda}l, \tag{2.38}$$

则 (2.37) 式变为

$$\tan\mu = -\frac{\mu}{lh}. \tag{2.39}$$

而方程 (2.39) 的解是 O-μy 平面上的曲线 $y = \tan\mu$ 和直线 $y = -\dfrac{\mu}{lh}$ 交点的横坐标, 如图 3–1.

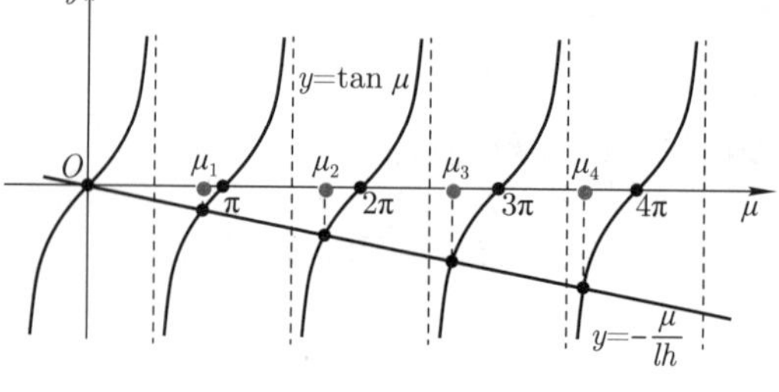

图 3–1

由图 3–1 知, 方程 (2.39) 有可列无穷多个正根 $\mu_k > 0$ $(k = 1, 2, \cdots)$, 满足 $\left(k - \dfrac{1}{2}\right)\pi < \mu_k < k\pi$. 因此, 特征值问题 (2.31), (2.33) 存在无穷多个特征值

$$\lambda_k = \left(\frac{\mu_k}{l}\right)^2, \qquad k = 1, 2, \cdots \tag{2.40}$$

及相应的特征函数

$$X_k(x) = B_k \sin\sqrt{\lambda_k}x = B_k \sin\frac{\mu_k}{l}x, \qquad k = 1, 2, \cdots. \tag{2.41}$$

把 $\lambda = \lambda_k$ 代入方程 (2.32), 可解得

$$T_k(t) = C_k \mathrm{e}^{-a^2\lambda_k t}, \qquad k = 1, 2, \cdots. \tag{2.42}$$

于是对任意的 $A_k = B_k C_k$ 得到一列可分离变量的特解

$$u_k(x, t) = A_k \mathrm{e}^{-a^2\lambda_k t} \sin\sqrt{\lambda_k}x, \qquad k = 1, 2, \cdots. \tag{2.43}$$

由于方程 (2.28) 及边值条件 (2.30) 都是线性齐次的, 故可利用叠加原理构造级数形式的解

$$u(x, t) = \sum_{k=1}^{\infty} A_k \mathrm{e}^{-a^2\lambda_k t} \sin\sqrt{\lambda_k}x. \tag{2.44}$$

下面来决定系数 A_k, 使得由 (2.44) 式定义的函数 $u(x, t)$ 满足初值条件 (2.29).

由 (2.29) 式, 为使在 $t = 0$ 时 $u(x, t)$ 取得初值 $\varphi(x)$, 应成立

$$\varphi(x) = \sum_{k=1}^{\infty} A_k \sin\sqrt{\lambda_k}x. \tag{2.45}$$

由此可知, 如果函数 $\varphi(x)$ 能展开成正弦级数, 那么它们的系数 A_k 就可由下式确定:

$$A_k = \frac{1}{M_k}\int_0^l \varphi(\xi)\sin\sqrt{\lambda_k}\xi \mathrm{d}\xi,$$

其中 $M_k = \displaystyle\int_0^l \sin^2\sqrt{\lambda_k}\xi \mathrm{d}\xi = \frac{l}{2} + \frac{h}{2(h^2 + \lambda_k)}$.

将它代入 (2.44) 式, 就得到混合问题 (2.28)—(2.30) 的形式解为

$$u(x, t) = \sum_{k=1}^{\infty} \frac{1}{M_k}\left(\int_0^l \varphi(\xi)\sin\sqrt{\lambda_k}\xi \mathrm{d}\xi\right) \mathrm{e}^{-a^2\lambda_k t} \sin\sqrt{\lambda_k}x. \tag{2.46}$$

可以证明, 只要函数 $\varphi(x)$ 满足一定的条件, 由表达式 (2.46) 定义的函数 $u(x, t)$ 确实是定解问题 (2.28)—(2.30) 的解.

前面已经介绍了用分离变量法求解波动方程和热传导方程的混合问题, 对于某些特殊区域 (如长方体、圆等) 上的 Laplace 方程的边值问题也可用分离变量法求解. 下面仅举两个例子加以说明.

例 3.4 用分离变量法求解如下 Laplace 方程的 Dirichlet 边值问题:

$$\begin{cases} \Delta_3 u = u_{xx} + u_{yy} + u_{zz} = 0, \quad 0 < x,\ y,\ z < \pi, & (2.47) \\ u|_{x=0} = u|_{x=\pi} = 0, \quad 0 \leqslant y,\ z \leqslant \pi, & (2.48) \\ u|_{y=0} = u|_{y=\pi} = 0, \quad 0 \leqslant x,\ z \leqslant \pi, & (2.49) \\ u|_{z=0} = \varphi(x,y), \quad u|_{z=\pi} = 0, \quad 0 \leqslant x,\ y \leqslant \pi. & (2.50) \end{cases}$$

解 假设解具有如下变量分离形式:

$$u(x,y,z) = X(x)Y(y)Z(z), \tag{2.51}$$

将 (2.51) 式代入方程 (2.47) 得

$$X''(x)Y(y)Z(z) + X(x)Y''(y)Z(z) + X(x)Y(y)Z''(z) = 0,$$

此处 $X(x)Y(y)Z(z) \neq 0$, 两端同除以 $X(x)Y(y)Z(z)$, 得到

$$\frac{X''(x)}{X(x)} + \frac{Y''(y)}{Y(y)} = -\frac{Z''(z)}{Z(z)},$$

于是有

$$\frac{X''(x)}{X(x)} + \frac{Y''(y)}{Y(y)} = -\frac{Z''(z)}{Z(z)} = -\mu$$

及

$$\frac{X''(x)}{X(x)} = -\mu - \frac{Y''(y)}{Y(y)} = -\lambda,$$

其中 μ, λ 都是常数. 于是, 我们得到方程

$$X''(x) + \lambda X(x) = 0, \tag{2.52}$$

$$Y''(y) + (\mu - \lambda)Y(y) = 0, \tag{2.53}$$

$$Z''(z) - \mu Z(z) = 0. \tag{2.54}$$

再利用边值条件 (2.48), (2.49) 得到与 $X(x)$ 和 $Y(y)$ 相对应的特征值问题

$$\begin{cases} X''(x) + \lambda X(x) = 0, \\ X(0) = X(\pi) = 0 \end{cases}$$

和

$$\begin{cases} Y''(y)+(\mu-\lambda)Y(y)=0, \\ Y(0)=Y(\pi)=0. \end{cases}$$

它们的特征值分别为 $\lambda_m=m^2\ (m=1,2,\cdots)$ 和 $\mu_{m,n}-\lambda_m=n^2\ (n=1,2,\cdots)$, 对应的特征函数依次为 $\sin mx$ 和 $\sin ny$.

由于 $\mu_{m,n}=m^2+n^2$, 解方程 (2.54) 得通解

$$Z_{m,n}(z)=A_{m,n}\mathrm{e}^{-\sqrt{m^2+n^2}z}+B_{m,n}\mathrm{e}^{\sqrt{m^2+n^2}z},$$

其中 $A_{m,n}$, $B_{m,n}$ 是任意常数. 再利用边值条件 $Z(\pi)=0$, 消去一个任意常数得

$$Z_{m,n}(z)=C_{m,n}\left\{\mathrm{sh}\left(\sqrt{m^2+n^2}(\pi-z)\right)\right\},$$

其中 $C_{m,n}=2A_{m,n}\mathrm{e}^{-\sqrt{m^2+n^2}\pi}$.

从而求得满足齐次边值条件的 Laplace 方程的解为

$$u(x,y,z)=\sum_{m=1}^{\infty}\sum_{n=1}^{\infty}A_{m,n}\mathrm{sh}\left(\sqrt{m^2+n^2}(\pi-z)\right)\sin mx\ \sin ny.$$

再利用非齐次边值条件 $u|_{z=0}=\varphi(x,y)$, 得

$$\varphi(x,y)=\sum_{m=1}^{\infty}\sum_{n=1}^{\infty}A_{m,n}\mathrm{sh}\left(\sqrt{m^2+n^2}\pi\right)\sin mx\ \sin ny,$$

其中 Fourier 系数由

$$A_{m,n}\mathrm{sh}\left(\sqrt{m^2+n^2}\pi\right)=\frac{4}{\pi^2}\int_0^{\pi}\int_0^{\pi}\varphi(x,y)\sin mx\ \sin ny\ \mathrm{d}x\mathrm{d}y$$

确定. 这样我们就得到 Dirichlet 问题 (2.47)—(2.50) 的形式解为

$$u(x,y,z)$$

$$=\sum_{m=1}^{\infty}\sum_{n=1}^{\infty}\frac{4\mathrm{sh}\left(\sqrt{m^2+n^2}(\pi-z)\right)}{\pi^2\mathrm{sh}\left(\sqrt{m^2+n^2}\pi\right)}\sin mx\ \sin ny\int_0^{\pi}\int_0^{\pi}\varphi(\xi,\eta)\sin\ m\xi\ \sin\ n\eta\,\mathrm{d}\xi\mathrm{d}\eta. \tag{2.55}$$

可以证明, 只要函数 $\varphi(x,y)$ 满足一定的条件, 由表达式 (2.55) 定义的函数 $u(x,y,z)$ 确实是定解问题 (2.47)—(2.50) 的解.

例 3.5 求二维 Laplace 方程在单位圆内的解, 使它在圆周上取给定的已知函数值 $f(\theta)$.

解 先用极坐标变换 $\begin{cases} x=r\cos\theta, \\ y=r\sin\theta, \end{cases}$ 改写二维 Laplace 方程成为下面的形式:

$$\frac{\partial^2 u}{\partial r^2}+\frac{1}{r}\frac{\partial u}{\partial r}+\frac{1}{r^2}\frac{\partial^2 u}{\partial\theta^2}=0, \tag{2.56}$$

边值条件为

$$u(1,\theta)=f(\theta). \tag{2.57}$$

现在寻找方程 (2.56) 可分离变量的解 $u(r,\theta)=R(r)\Theta(\theta)\neq 0$, 将它代入方程 (2.56), 得到

$$R''(r)\Theta(\theta)+\frac{R'(r)}{r}\Theta(\theta)+\frac{R(r)}{r^2}\Theta''(\theta)=0,$$

即

$$\frac{r^2R''(r)+rR'(r)}{R(r)}=-\frac{\Theta''(\theta)}{\Theta(\theta)}=\lambda\ \ (\lambda \text{ 为常数}).$$

从而得到

$$\Theta''(\theta)+\lambda\Theta(\theta)=0,$$

$$r^2R''(r)+rR'(r)-\lambda R(r)=0.$$

由于 u 的单值性, $\Theta(\theta)$ 必须是 θ 的以 2π 为周期的周期函数, 又由于 λ 只能等于 k^2, 从而可取

$$\Theta_k(\theta)=a_k\cos k\theta+b_k\sin k\theta,$$

故 $R_k(r)$ 满足 $r^2R_k''(r)+rR_k'(r)-k^2R_k(r)=0$, 这是一个 Euler (欧拉) 方程, 它的解为

$$R_k(r)=\begin{cases}c_{1,k}r^k+c_{2,k}r^{-k}, & k\neq 0,\\ c_{1,0}+c_{2,0}\ln r, & k=0.\end{cases}$$

要使解 u 在原点不出现奇性, 必须 $c_{2,0}$ 与 $c_{2,k}$ 都为零, 从而

$$u_k(r,\theta)=\begin{cases}r^k(a_k\cos k\theta+b_k\sin k\theta), & k\neq 0,\\ \dfrac{a_0}{2}, & k=0,\end{cases}$$

即

$$u(r,\theta)=\frac{a_0}{2}+\sum_{k=1}^{\infty}r^k(a_k\cos k\theta+b_k\sin k\theta). \tag{2.58}$$

下面我们将利用初值条件 (2.57) 来确定系数 a_0, a_k, b_k. 由 (2.57), (2.58) 式得

$$f(\theta)=\frac{a_0}{2}+\sum_{k=1}^{\infty}(a_k\cos k\theta+b_k\sin k\theta).$$

因此, a_0, a_k, b_k 恰为将 $f(\theta)$ 展开成 Fourier 级数时的系数, 即

$$\begin{cases}a_0=\dfrac{1}{\pi}\displaystyle\int_0^{2\pi}f(\varphi)\mathrm{d}\varphi,\\ a_k=\dfrac{1}{\pi}\displaystyle\int_0^{2\pi}f(\varphi)\cos k\varphi\mathrm{d}\varphi,\\ b_k=\dfrac{1}{\pi}\displaystyle\int_0^{2\pi}f(\varphi)\sin k\varphi\mathrm{d}\varphi.\end{cases}$$

进一步, 级数 (2.58) 可以化成有限积分的形式. 事实上, 将 a_0, a_k, b_k 的表达式代入 (2.58) 式, 可得

$$\begin{aligned}u(r,\theta)=&\frac{1}{2\pi}\int_0^{2\pi}f(\varphi)\mathrm{d}\varphi+\sum_{k=1}^{\infty}\frac{r^k}{\pi}\Big(\int_0^{2\pi}f(\varphi)\cos k\varphi\mathrm{d}\varphi\cos k\theta+\\&\int_0^{2\pi}f(\varphi)\sin k\varphi\mathrm{d}\varphi\sin k\theta\Big)\\=&\frac{1}{2\pi}\int_0^{2\pi}\Big(1+2\sum_{k=1}^{\infty}r^k(\cos k\theta\cos k\varphi+\sin k\theta\sin k\varphi)\Big)f(\varphi)\mathrm{d}\varphi\\=&\frac{1}{2\pi}\int_0^{2\pi}\Big(1+2\sum_{k=1}^{\infty}r^k\cos k(\theta-\varphi)\Big)f(\varphi)\mathrm{d}\varphi.\end{aligned}$$

注意到当 $r<1$ 时,

$$1+2\sum_{k=1}^{\infty}r^k\cos k\omega=1+2\mathrm{Re}\left(\sum_{k=1}^{\infty}r^k\mathrm{e}^{\mathrm{i}k\omega}\right)=1+2\mathrm{Re}\left(\frac{r\mathrm{e}^{\mathrm{i}\omega}}{1-r\mathrm{e}^{\mathrm{i}\omega}}\right)=\frac{1-r^2}{1+r^2-2r\cos\omega}.$$

所以

$$u(r,\theta)=\frac{1}{2\pi}\int_0^{2\pi}\frac{(1-r^2)f(\varphi)}{1+r^2-2r\cos(\theta-\varphi)}\mathrm{d}\varphi. \tag{2.59}$$

(2.59) 式也称为 **Poisson 公式**.

可以证明, 只要函数 $f(\theta)$ 满足一定的条件, 由表达式 (2.59) 定义的函数 $u(r,\theta)$ 确实满足 Laplace 方程与例 3.5 中的边值条件 (请读者自己完成).

习题 3-2

1. 求解弦振动方程的下列混合问题:

(1) $\begin{cases}u_{tt}-u_{xx}=0, & 0<x<2,\quad t>0,\\ u|_{t=0}=\sin\pi x, \quad u_t|_{t=0}=0, & 0\leqslant x\leqslant 2,\\ u|_{x=0}=u|_{x=2}=0, & t\geqslant 0;\end{cases}$

(2) $\begin{cases}u_{tt}-u_{xx}=0, & 0<x<l,\quad t>0,\\ u|_{t=0}=x^2-2lx, \quad u_t|_{t=0}=0, & 0\leqslant x\leqslant l,\\ u_x|_{x=0}=u|_{x=l}=0, & t\geqslant 0;\end{cases}$

(3) $\begin{cases}u_{tt}-a^2u_{xx}=0, & 0<x<\pi,\quad t>0,\\ u|_{t=0}=x^3, \quad u_t|_{t=0}=0, & 0\leqslant x\leqslant \pi,\\ u|_{x=0}=u_x|_{x=\pi}=0, & t\geqslant 0;\end{cases}$

(4) $\begin{cases} u_{tt}-a^2u_{xx}=0, & 0<x<l, \quad t>0, \\ u|_{t=0}=x^2(x-l)^2, \quad u_t|_{t=0}=0, & 0\leqslant x\leqslant l, \\ u_x|_{x=0}=u_x|_{x=l}=0, & t\geqslant 0. \end{cases}$

2. 求解热传导方程的下列混合问题:

(1) $\begin{cases} u_t-u_{xx}=0, & 0<x<1, \quad t>0, \\ u|_{t=0}=\begin{cases} x, & 0\leqslant x\leqslant \dfrac{1}{2}, \\ 1-x, & \dfrac{1}{2}<x\leqslant 1, \end{cases} \\ u|_{x=0}=u|_{x=1}=0, & t\geqslant 0; \end{cases}$

(2) $\begin{cases} u_t-a^2u_{xx}=0, & 0<x<1, \quad t>0, \\ u|_{t=0}=5\cos\dfrac{3\pi}{2}x, & 0\leqslant x\leqslant 1, \\ u_x|_{x=0}=u|_{x=1}=0, & t\geqslant 0; \end{cases}$

(3) $\begin{cases} u_t-u_{xx}=0, & 0<x<1, \quad t>0, \\ u|_{t=0}=3+\cos\pi x+4\cos 2\pi x, & 0\leqslant x\leqslant 1, \\ u_x|_{x=0}=u_x|_{x=1}=0, & t\geqslant 0. \end{cases}$

3. 求解下列混合问题:

(1) $\begin{cases} u_{tt}-u_{xx}+2u_t+u=0, & 0<x<\pi, \quad t>0, \\ u|_{t=0}=\pi x-x^2, \quad u_t|_{t=0}=0, & 0\leqslant x\leqslant \pi, \\ u|_{x=0}=u|_{x=\pi}=0, & t\geqslant 0; \end{cases}$

(2) $\begin{cases} u_{tt}-u_{xx}+2u_t+u=0, & 0<x<\pi, \quad t>0, \\ u|_{t=0}=0, \quad u_t|_{t=0}=x^2(x-\pi), & 0\leqslant x\leqslant \pi, \\ u_x|_{x=0}=u|_{x=\pi}=0, & t\geqslant 0. \end{cases}$

4. 求解下列混合问题:

(1) $\begin{cases} u_{tt}-(u_{xx}+u_{yy})=0, & 0<x,\ y<\pi, \quad t>0, \\ u|_{t=0}=3\sin x\cdot\sin 2y, \quad u_t|_{t=0}=5\sin 3x\cdot\sin 4y, & 0\leqslant x,\ y\leqslant \pi, \\ u|_{x=0,\pi}=u|_{y=0,\pi}=0, & t\geqslant 0; \end{cases}$

(2) $\begin{cases} u_{tt}-a^2(u_{xx}+u_{yy})=0, & 0<x<p, \quad 0<y<q, \quad t>0, \\ u|_{t=0}=Axy(x-p)(y-q), \quad u_t|_{t=0}=0, & 0\leqslant x\leqslant p, \quad 0\leqslant y\leqslant q, \\ u|_{x=0,p}=u|_{y=0,q}=0, & t\geqslant 0. \end{cases}$

5. 求解混合问题:

$$\begin{cases} u_{tt}+a^2u_{xxxx}=0, & 0<x<l, \quad t>0, \\ u|_{t=0}=x(x-l), \quad u_t|_{t=0}=0, & 0\leqslant x\leqslant l, \\ u|_{x=0}=u|_{x=l}=u_{xx}|_{x=0}=u_{xx}|_{x=l}=0, & t\geqslant 0. \end{cases}$$

6. 研究圆柱形区域或两侧绝热的圆板上的热传导问题. 设侧边的温度保持为常数, 此时热传导问题可以归结为求解下述定解问题:

$$\begin{cases} u_t-(u_{xx}+u_{yy})=0, \\ u|_{t=0}=\varphi(x,y), \\ u|_{x^2+y^2=R^2}=0, \qquad R>0 \text{ 为常数}. \end{cases}$$

7. 求矩形区域 D: $0<x<a$, $0<y<b$ 上 Laplace 方程满足边值条件

$$\begin{cases} u|_{y=0}=u|_{y=b}=0, \qquad u|_{x=0}=0, \\ u|_{x=a}=\begin{cases} y, & 0\leqslant y<\dfrac{b}{2}, \\ b-y, & \dfrac{b}{2}\leqslant y\leqslant b \end{cases} \end{cases}$$

的解.

8. 在上述矩形区域 D 中求 Laplace 方程 Neumann 问题的解:

$$\begin{cases} \Delta_2 u=0, \qquad (x,y)\in D, \\ u_y|_{y=0}=g(x), \qquad u_y|_{y=b}=h(x), \qquad 0\leqslant x\leqslant a, \\ u_x|_{x=0}=u_x|_{x=a}=0, \qquad 0\leqslant y\leqslant b, \end{cases}$$

其中 $g(x)$ 和 $h(x)$ 满足

$$\int_a^b (g(x)-h(x))\mathrm{d}x=0.$$

9. 求解定解问题:

$$\begin{cases} \Delta_2 u=0, \qquad 1<r<2, \qquad 0<\theta<\pi, \\ u|_{r=1}=\sin\theta, \qquad u|_{r=2}=0, \\ u|_{\theta=0}=u|_{\theta=\pi}=0. \end{cases}$$

10. 求解边值问题:

$$\begin{cases} u_{xx}+u_{yy}=0, \quad 0<x<1, \quad 0<y<\infty, \\ u|_{x=0}=u|_{x=1}=0, \quad u|_{y=0}=x(1-x), \\ \lim\limits_{y\to\infty} u=0. \end{cases}$$

11. 求解半圆盘区域上的边值问题:

$$\begin{cases} \Delta_2 u=0, \quad 0<r<R, \quad 0<\theta<\pi, \\ u_r|_{r=R}=\theta(\pi-\theta), \quad 0\leqslant\theta\leqslant\pi, \\ u|_{\theta=0}=u|_{\theta=\pi}=0, \quad 0\leqslant r\leqslant R. \end{cases}$$

12. 利用分离变量法求解下述问题:

$$\begin{cases} u_{tt}-u_{xx}=0, \quad 0<x<\pi, \quad t>0, \\ u|_{t=0}=\varphi(x), \quad u_t|_{t=0}=\psi(x), \quad 0\leqslant x\leqslant\pi, \\ (-u_x+u)|_{x=0}=(u_x+u)|_{x=\pi}=0, \quad t\geqslant 0, \end{cases}$$

其中 $\varphi\in C^4([0,\pi])$, $\psi\in C^3([0,\pi])$, 且 φ, ψ 都在 0, π 附近为零.

第三章小结

第四章

齐次化方法

本章主要介绍两类齐次化方法: 1. 将非齐次方程的求解化为齐次方程的求解方法, 这一方法被称为 **Duhamel 原理** (亦称**齐次化原理**); 2. 将非齐次边值条件化为齐次边值条件, 包括将非齐次 Dirichlet 边值条件化为齐次 Dirichlet 边值条件, 以及将非齐次 Neumann 边值条件化为齐次 Neumann 边值条件.

§1 方程的齐次化方法: Duhamel 原理

在这一节我们将介绍 Duhamel 原理, 它能将非齐次方程定解问题的求解转化为齐次方程定解问题的求解. 它不仅适用于常微分方程, 也适用于偏微分方程, 不仅适用于双曲型方程, 也适用于抛物型方程等其他发展方程. Duhamel 原理又称为齐次化原理, 在物理上解释为 "瞬时冲量变速度". 首先, 我们介绍常微分方程的 Duhamel 原理, 然后仅以波动方程为例介绍偏微分方程的 Duhamel 原理.

1.1 常微分方程的 Duhamel 原理

我们知道, 一阶线性齐次常微分方程的 Cauchy 问题

$$\begin{cases} \dfrac{\mathrm{d}x(t)}{\mathrm{d}t} = ax(t), \quad t > \tau, \quad \tau > 0, \\ x(\tau) = x_\tau \end{cases} \tag{1.1}$$

的解为

$$x(t;\tau) = x_\tau \mathrm{e}^{a(t-\tau)}. \tag{1.2}$$

一阶线性非齐次常微分方程的 Cauchy 问题

$$\begin{cases} \dfrac{\mathrm{d}x(t)}{\mathrm{d}t} = ax(t) + f(t), \quad t > 0, \\ x(0) = x_0 \end{cases} \tag{1.3}$$

的解为

$$x(t)=\mathrm{e}^{at}x_0+\int_0^t \mathrm{e}^{a(t-\tau)}f(\tau)\mathrm{d}\tau:=x_1(t)+x_2(t). \tag{1.4}$$

由 $x_2(t)$ 的表达式及 (1.2) 式, 我们可以作如下猜测:

若 $w(t;\tau)$ 为下列**齐次方程**具有非齐次初值条件的 Cauchy 问题

$$\begin{cases}\dfrac{\mathrm{d}w(t)}{\mathrm{d}t}=aw(t), \quad t>\tau,\\ w(\tau)=f(\tau)\end{cases} \tag{1.5}$$

的解, 则**非齐次方程**的 Cauchy 问题

$$\begin{cases}\dfrac{\mathrm{d}x_2(t)}{\mathrm{d}t}=ax_2(t)+f(t), \quad t>0,\\ x(0)=0\end{cases} \tag{1.6}$$

的解可写为

$$x_2(t)=\int_0^t w(t;\tau)\mathrm{d}\tau. \tag{1.7}$$

这种将非齐次方程的定解问题 (1.6) 的求解转化为齐次方程的定解问题 (1.5) 来处理的方法称为 **Duhamel 原理**或称为**齐次化原理**, 这种方法对于求解复杂的偏微分方程非常有用. 为了更好地理解齐次化原理, 我们联系所考察方程的物理意义来作一些分析和说明.

假设在水平直线上有一质量为 m 的物体, 在外力 $F(t)$ 的作用下做变速直线运动. 取速度方向为正方向, 大小设为 $x(t)$. 进一步假设沿着物体的运动方向存在一个与速度方向相反, 大小与速度成比例的阻力, 阻力系数为 μ, 则阻力为 $-\mu x(t)$. 故由 Newton (牛顿) 第二定律, 可知速度 $x(t)$ 满足如下常微分方程定解问题:

$$\begin{cases}m\dfrac{\mathrm{d}x(t)}{\mathrm{d}t}=-\mu x(t)+F(t), \quad t>0,\\ x(0)=0.\end{cases} \tag{1.8}$$

两边同时除以常数 m, 可得

$$\begin{cases}\dfrac{\mathrm{d}x(t)}{\mathrm{d}t}=-\dfrac{\mu}{m}x(t)+\dfrac{F(t)}{m}, \quad t>0,\\ x(0)=0.\end{cases} \tag{1.9}$$

记 $a=-\dfrac{\mu}{m}$, $f(t)=\dfrac{F(t)}{m}$, 则定解问题 (1.9) 中的方程就为定解问题 (1.6) 中的方程.

从方程的推导过程可知, 自由项 $f(t)$ 表示时刻 t 单位质量受到的外力, $x(t)$ 表示速度. 用分割 $P: 0=t_0<t_1<\cdots<t_{n-1}<t_n=t$ 将 $[0,t]$ 区间分割成 n 个小区间, 在第 i 个小区间 $[t_{i-1},t_i]$ 中, $f(t)$ 可以近似地看作与时间 t 无关,

从而以 $f(t_{i-1})$ 来代替. 由于 $f(t_{i-1}) = \dfrac{F(t_{i-1})}{m}$, 而 $F(t_{i-1})$ 表示外力, 所以由动量定理可知, $F(t_{i-1})\Delta t_i = m\Delta v_i$, 即 $\Delta v_i = f(t_{i-1})\Delta t_i$, 其中 $\Delta t_i = t_i - t_{i-1}$, $\Delta v_i = v_i - v_{i-1}$, 这表明速度在时间段 $[t_{i-1}, t_i]$ 内的改变量为 $f(t_{i-1})\Delta t_i$, 这也可以理解为对物体在时间段 $[t_{i-1}, t_i]$ 内施加外力 $F(t_{i-1})$, 相当于在 $t = t_{i-1}$ 时刻给予初始速度 $f(t_{i-1})\Delta t_i$, 它的运动由下面的带有非齐次初值条件的齐次方程来描述

$$\begin{cases} \dfrac{\mathrm{d}\tilde{w}(t)}{\mathrm{d}t} = a\tilde{w}(t), \qquad t_{i-1} < t < t_i, \\ \tilde{w}(t_{i-1}) = f(t_{i-1})\Delta t_i, \end{cases} \tag{1.10}$$

其解记为 $\tilde{w}(t; t_{i-1}, \Delta t_i)$. 按照叠加原理, $f(t)$ 所产生的总效果可以看成是无数个这种瞬时速度作用的叠加. 这样定解问题 (1.6) 的解应表示成

$$x_2(t) = \lim_{\|P\|\to 0} \sum_{i=1}^{n} \tilde{w}(t; t_{i-1}, \Delta t_i),$$

其中 $\|P\| = \max\limits_{1\leqslant i\leqslant n}\{\Delta t_i\}$ 表示分割的细度. 由于定解问题 (1.10) 中的方程为线性方程, 则 $\tilde{w}(t; t_{i-1}, \Delta t_i)$ 与 Δt_i 成正比, 即若记 $w(t; t_{i-1})$ 为齐次方程的定解问题

$$\begin{cases} \dfrac{\mathrm{d}w(t)}{\mathrm{d}t} = aw(t), \qquad t_{i-1} < t < t_i, \\ w(t_{i-1}) = f(t_{i-1}) \end{cases} \tag{1.11}$$

的解, 则

$$\tilde{w}(t; t_{i-1}, \Delta t_i) = w(t; t_{i-1})\Delta t_i.$$

于是

$$\begin{aligned} x_2(t) &= \lim_{\|P\|\to 0} \sum_{i=1}^{n} \tilde{w}(t; t_{i-1}, \Delta t_i) = \lim_{\|P\|\to 0} \sum_{i=1}^{n} w(t; t_{i-1})\Delta t_i \\ &= \int_0^t w(t; \tau)\mathrm{d}\tau. \end{aligned}$$

这里 $w(t; \tau)$ 为齐次方程带有非齐次初值条件的定解问题

$$\begin{cases} \dfrac{\mathrm{d}w(t)}{\mathrm{d}t} = aw(t), \qquad t > \tau, \\ w(\tau) = f(\tau) \end{cases} \tag{1.12}$$

的解. 进一步地, 我们考虑二阶常系数线性常微分方程的 Duhamel 原理.

事实上, 我们知道二阶线性齐次常微分方程的 Cauchy 问题

$$\begin{cases} \dfrac{\mathrm{d}^2x(t)}{\mathrm{d}t^2} - a^2x(t) = 0, \qquad t > \tau, \quad \tau > 0, \\ x(\tau) = 0, \qquad x'(\tau) = x_\tau \end{cases} \tag{1.13}$$

的解为

$$x(t;\tau)=\frac{x_\tau}{2a}\left(\mathrm{e}^{a(t-\tau)}-\mathrm{e}^{-a(t-\tau)}\right).$$

我们还知道二阶线性非齐次常微分方程的 Cauchy 问题

$$\begin{cases}\dfrac{\mathrm{d}^2x(t)}{\mathrm{d}t^2}-a^2x(t)=f(t), \quad t>0,\\ x(0)=0, \quad x'(0)=0\end{cases} \tag{1.14}$$

的解为

$$x(t)=\int_0^t\frac{f(\tau)}{2a}\left(\mathrm{e}^{a(t-\tau)}-\mathrm{e}^{-a(t-\tau)}\right)\mathrm{d}\tau. \tag{1.15}$$

由此, 我们可以作如下猜测:

若 $w(t;\tau)$ 为**齐次方程**具有非齐次初值条件的 Cauchy 问题

$$\begin{cases}\dfrac{\mathrm{d}^2w(t)}{\mathrm{d}t^2}-a^2w(t)=0, \quad t>\tau, \quad \tau>0,\\ w(\tau)=0, \quad w'(\tau)=f(\tau)\end{cases} \tag{1.16}$$

的解, 则**非齐次方程**定解问题 (1.14) 的解可写为

$$x(t)=\int_0^t w(t;\tau)\mathrm{d}\tau. \tag{1.17}$$

1.2 波动方程的 Duhamel 原理

1.2.1 Cauchy 问题

在上半空间 $\mathbb{R}^n\times[0,\infty)$ 上考虑 n 维波动方程的 Cauchy 问题:

$$\begin{cases}\Box u \overset{\text{def}}{=\!=} \dfrac{\partial^2u}{\partial t^2}-a^2\Delta u=f(x_1,x_2,\cdots,x_n,t), \quad (x_1,x_2,\cdots,x_n)\in\mathbb{R}^n, \quad t>0,\\ u(x_1,x_2,\cdots,x_n,0)=0, \quad (x_1,x_2,\cdots,x_n)\in\mathbb{R}^n,\\ u_t(x_1,x_2,\cdots,x_n,0)=0, \quad (x_1,x_2,\cdots,x_n)\in\mathbb{R}^n,\end{cases} \tag{1.18}$$

其中 $\Delta u=u_{x_1x_1}+u_{x_2x_2}+\cdots+u_{x_nx_n}$.

按照常微分方程齐次化原理的思想, 我们希望将非齐次方程的 Cauchy 问题 (1.18) 的求解转化为齐次方程的 Cauchy 问题来处理, 这就是偏微分方程的 **Duhamel 原理**或**齐次化原理**.

定理 4.1 (Duhamel 原理) 若函数 $w(x_1,x_2,\cdots,x_n,t;\tau)$ 是定解问题

$$\begin{cases}w_{tt}-a^2\Delta w=0, \quad (x_1,x_2,\cdots,x_n)\in\mathbb{R}^n, \quad t>\tau,\\ w|_{t=\tau}=0, \quad w_t|_{t=\tau}=f(x_1,x_2,\cdots,x_n,\tau), \quad (x_1,x_2,\cdots,x_n)\in\mathbb{R}^n\end{cases} \tag{1.19}$$

的解, 则函数

$$u(x_1,x_2,\cdots,x_n,t)=\int_0^t w(x_1,x_2,\cdots,x_n,t;\tau)\mathrm{d}\tau \tag{1.20}$$

就是问题 (1.18) 的解.

证 由 (1.20) 式容易看出

$$u(x_1,x_2,\cdots,x_n,0)=0,$$

$$\begin{aligned}\frac{\partial u}{\partial t}&=w(x_1,x_2,\cdots,x_n,t;\tau)|_{\tau=t}+\int_0^t\frac{\partial w(x_1,x_2,\cdots,x_n,t;\tau)}{\partial t}\mathrm{d}\tau\\&=\int_0^t\frac{\partial w(x_1,x_2,\cdots,x_n,t;\tau)}{\partial t}\mathrm{d}\tau,\end{aligned}$$

因此

$$\frac{\partial u}{\partial t}(x_1,x_2,\cdots,x_n,0)=0.$$

另一方面

$$\begin{aligned}\frac{\partial^2 u}{\partial t^2}&=\left.\frac{\partial w(x_1,x_2,\cdots,x_n,t;\tau)}{\partial t}\right|_{\tau=t}+\int_0^t\frac{\partial^2 w(x_1,x_2,\cdots,x_n,t;\tau)}{\partial t^2}\mathrm{d}\tau\\&=f(x_1,x_2,\cdots,x_n,t)+a^2\int_0^t\Delta w(x_1,x_2,\cdots,x_n,t;\tau)\mathrm{d}\tau\\&=f(x_1,x_2,\cdots,x_n,t)+a^2\Delta\int_0^t w(x_1,x_2,\cdots,x_n,t;\tau)\mathrm{d}\tau\\&=f(x_1,x_2,\cdots,x_n,t)+a^2\Delta u.\end{aligned}$$

定理证毕.

现在我们以一维波动方程为例对 Duhamel 原理作进一步分析: 由于所考察的定解问题来源于物理模型, 我们首先联系所考察方程的物理意义来作说明. 从方程的推导过程可知, 自由项 $f(x,t)$ 表示时刻 t 在 x 处单位质量受到的外力, 而 $\dfrac{\partial u}{\partial t}$ 表示速度. 用分割 $P:0=t_0<t_1<\cdots<t_{n-1}<t_n=t$ 将区间 $[0,t]$ 分割成 n 个小区间, 在第 i 个小区间 $[t_{i-1},t_i]$ 中, $f(x,t)$ 可以看作与时间 t 无关, 从而以 $f(x,t_{i-1})$ 来代替. 由于 $f(x,t_{i-1})=\dfrac{F(x,t_{i-1})}{\rho}$, 而 $F(x,t_{i-1})$ 表示外力, 所以由动量定理可知, $F(x,t_{i-1})\Delta t_i=\rho\Delta v_i$, 即 $\Delta v_i=f(x,t_{i-1})\Delta t_i$, 其中 $\Delta t_i=t_i-t_{i-1}$, $\Delta v_i=v_i-v_{i-1}$, 常数 ρ 为密度, 这表明速度在时间段 $[t_{i-1},t_i]$ 内的改变量为 $f(x,t_{i-1})\Delta t_i$, 这也可以理解为对物体在时间段 $[t_{i-1},t_i]$ 内施加外力 $F(x,t_{i-1})$, 相当于在 $t=t_{i-1}$ 时刻给予初始速度 $f(x,t_{i-1})\Delta t_i$, 它所产生的振动可以由下面的带有非齐次初值条件的齐次方程的 Cauchy 问题来描述:

$$
\begin{cases}
\dfrac{\partial^2 \tilde{w}}{\partial t^2} - a^2 \dfrac{\partial^2 \tilde{w}}{\partial x^2} = 0, & x \in \mathbb{R}, \quad t_{i-1} < t < t_i, \\
\tilde{w}|_{t=t_{i-1}} = 0, & x \in \mathbb{R}, \\
\left.\dfrac{\partial \tilde{w}}{\partial t}\right|_{t=t_{i-1}} = f(x, t_{i-1})\Delta t_i, & x \in \mathbb{R},
\end{cases}
\tag{1.21}
$$

其解记为 $\tilde{w}(x,t;t_{i-1},\Delta t_i)$. 按照叠加原理, $f(x,t)$ 所产生的总效果可以看成无数个这种瞬时速度作用的叠加. 这样定解问题 (1.18) 的解应表示成

$$
u(x,t) = \lim_{\|P\|\to 0} \sum_{i=1}^{n} \tilde{w}(x,t;t_{i-1},\Delta t_i),
$$

其中 $\|P\| = \max\limits_{1\leqslant i\leqslant n}\{\Delta t_i\}$ 表示分割的细度. 由于 Cauchy 问题 (1.21) 中方程为线性方程, 则 $\tilde{w}(x,t;t_{i-1},\Delta t_i)$ 与 Δt_i 成正比, 即若记 $w(x,t;t_{i-1})$ 为如下齐次方程的定解问题

$$
\begin{cases}
\dfrac{\partial^2 w}{\partial t^2} - a^2 \dfrac{\partial^2 w}{\partial x^2} = 0, & x \in \mathbb{R}, \quad t_{i-1} < t < t_i, \\
w|_{t=t_{i-1}} = 0, & x \in \mathbb{R}, \\
\left.\dfrac{\partial w}{\partial t}\right|_{t=t_{i-1}} = f(x, t_{i-1}), & x \in \mathbb{R}
\end{cases}
\tag{1.22}
$$

的解, 则

$$
\tilde{w}(x,t;t_{i-1},\Delta t_i) = w(x,t;t_{i-1})\Delta t_i.
$$

于是

$$
u(x,t) = \lim_{\|P\|\to 0} \sum_{i=1}^{n} \tilde{w}(x,t;t_{i-1},\Delta t_i) = \lim_{\|P\|\to 0} \sum_{i=1}^{n} w(x,t;t_{i-1})\Delta t_i = \int_0^t w(x,t;\tau)\mathrm{d}\tau,
$$

这里 $w(x,t;\tau)$ 为带有非齐次初值条件的齐次方程的定解问题

$$
\begin{cases}
\dfrac{\partial^2 w}{\partial t^2} - a^2 \dfrac{\partial^2 w}{\partial x^2} = 0, & x \in \mathbb{R}, \quad t > \tau, \\
w|_{t=\tau} = 0, & x \in \mathbb{R}, \\
\left.\dfrac{\partial w}{\partial t}\right|_{t=\tau} = f(x, \tau), & x \in \mathbb{R}
\end{cases}
\tag{1.23}
$$

的解.

下面在上半空间 $\mathbb{R}^n \times [0,\infty)$ 上考虑 n 维波动方程的 Cauchy 问题:

$$
\begin{cases}
\Box u = \dfrac{\partial^2 u}{\partial t^2} - a^2 \Delta u = f(x_1,x_2,\cdots,x_n,t), & (x_1,x_2,\cdots,x_n) \in \mathbb{R}^n, \quad t > 0, \\
u(x_1,x_2,\cdots,x_n,0) = \varphi(x_1,x_2,\cdots,x_n), & (x_1,x_2,\cdots,x_n) \in \mathbb{R}^n, \\
u_t(x_1,x_2,\cdots,x_n,0) = \psi(x_1,x_2,\cdots,x_n), & (x_1,x_2,\cdots,x_n) \in \mathbb{R}^n.
\end{cases}
\tag{1.24}
$$

由于定解问题 (1.24) 是线性的, 因此我们可以考虑如下两个定解问题:

$$\begin{cases} \Box u_1 = 0, \\ u_1(x_1, x_2, \cdots, x_n, 0) = \varphi(x_1, x_2, \cdots, x_n), \\ u_{1t}(x_1, x_2, \cdots, x_n, 0) = \psi(x_1, x_2, \cdots, x_n) \end{cases} \tag{1.25}$$

和

$$\begin{cases} \Box u_2 = f(x_1, x_2, \cdots, x_n, t), \\ u_2(x_1, x_2, \cdots, x_n, 0) = 0, \\ u_{2t}(x_1, x_2, \cdots, x_n, 0) = 0. \end{cases} \tag{1.26}$$

由线性叠加原理, 易见 Cauchy 问题 (1.24) 的解 u 可表为

$$u = u_1 + u_2, \tag{1.27}$$

其中 u_1 和 u_2 分别是 Cauchy 问题 (1.25) 和 (1.26) 的解.

另一方面, 定解问题 (1.25) 又可分成如下两个定解问题:

$$\begin{cases} \Box u_1^{(1)} = 0, \\ u_1^{(1)}(x_1, x_2, \cdots, x_n, 0) = \varphi(x_1, x_2, \cdots, x_n), \\ u_{1t}^{(1)}(x_1, x_2, \cdots, x_n, 0) = 0; \end{cases} \tag{1.28}$$

$$\begin{cases} \Box u_1^{(2)} = 0, \\ u_1^{(2)}(x_1, x_2, \cdots, x_n, 0) = 0, \\ u_{1t}^{(2)}(x_1, x_2, \cdots, x_n, 0) = \psi(x_1, x_2, \cdots, x_n). \end{cases} \tag{1.29}$$

显然

$$u_1 = u_1^{(1)} + u_1^{(2)}.$$

因此求解问题 (1.24) 可转化为求解问题 (1.26), (1.28) 和 (1.29). 由定理 4.1, 定解问题 (1.26) 的解可以通过定解问题 (1.29) 的解表出. 事实上, 定解问题 (1.28) 的解也可以通过定解问题 (1.29) 的解表出.

定理 4.2 设 $u_1^{(2)} = U_\psi(x_1, x_2, \cdots, x_n, t)$ 是定解问题 (1.29) 的解 (这里 U_ψ 表示初始位移为 0, 初始速度为 ψ 的定解问题 (1.29) 的解), 则定解问题 (1.28), (1.26) 的解 $u_1^{(1)}$, u_2 可分别表示为

$$u_1^{(1)}(x_1, x_2, \cdots, x_n, t) = \frac{\partial}{\partial t} U_\varphi(x_1, x_2, \cdots, x_n, t), \tag{1.30}$$

$$u_2(x_1, x_2, \cdots, x_n, t) = \int_0^t U_{f_\tau}(x_1, x_2, \cdots, x_n, t - \tau)\mathrm{d}\tau, \tag{1.31}$$

其中 $f_\tau = f(x_1, x_2, \cdots, x_n, \tau)$.

证 先证 (1.30) 式. 事实上, 根据函数 $U_\varphi(x_1,x_2,\cdots,x_n,t)$ 的定义, 我们有

$$\begin{cases}\Box U_\varphi=0,\\ U_\varphi(x_1,x_2,\cdots,x_n,0)=0,\\ \dfrac{\partial}{\partial t}U_\varphi(x_1,x_2,\cdots,x_n,0)=\varphi(x_1,x_2,\cdots,x_n).\end{cases}$$

因此

$$\Box u_1^{(1)}=\Box\frac{\partial U_\varphi}{\partial t}=\frac{\partial}{\partial t}\Box U_\varphi=0,$$

$$u_1^{(1)}(x_1,x_2,\cdots,x_n,0)=\frac{\partial}{\partial t}U_\varphi(x_1,x_2,\cdots,x_n,0)=\varphi(x_1,x_2,\cdots,x_n),$$

$$\frac{\partial}{\partial t}u_1^{(1)}(x_1,x_2,\cdots,x_n,0)=\frac{\partial^2}{\partial t^2}U_\varphi(x_1,x_2,\cdots,x_n,0)=a^2\Delta U_\varphi(x_1,x_2,\cdots,x_n,0)=0.$$

从而 $u_1^{(1)}=\dfrac{\partial}{\partial t}U_\varphi$ 是定解问题 (1.28) 的解.

现在证明 (1.31) 式. 为了应用问题 (1.29) 的解来表达问题 (1.19) 的解, 作变换 $t'=t-\tau$, 则问题 (1.19) 变为

$$\begin{cases}w_{t't'}-a^2\Delta w=0, & t'>0,\\ w|_{t'=0}=0, & w_{t'}|_{t'=0}=f(x_1,x_2,\cdots,x_n,\tau).\end{cases}\tag{1.32}$$

设问题 (1.32) 的解为 $\overline{w}(x_1,x_2,\cdots,x_n,t';\tau)$, 则由上面的记号, 问题 (1.32) 的解可表为

$$\overline{w}(x_1,x_2,\cdots,x_n,t';\tau)=U_{f_\tau}(x_1,x_2,\cdots,x_n,t').$$

容易证明问题 (1.19) 和 (1.32) 的解之间有如下关系:

$$w(x_1,x_2,\cdots,x_n,t;\tau)=\overline{w}(x_1,x_2,\cdots,x_n,t-\tau;\tau).$$

于是问题 (1.19) 的解可写成

$$w(x_1,x_2,\cdots,x_n,t;\tau)=U_{f_\tau}(x_1,x_2,\cdots,x_n,t-\tau).\tag{1.33}$$

由 (1.33) 式及定理 4.1 立知 (1.31) 式成立.

定理证毕.

1.2.2 混合问题

为了简单起见, 我们考虑一维的情形. 在 $[0,l]\times[0,\infty)$ 上考虑一维波动方程的混合问题

$$\text{(I)}\qquad\begin{cases}u_{tt}-a^2u_{xx}=f(x,t), & 0<x<l,\quad t>0,\\ u|_{t=0}=\varphi(x), \quad u_t|_{t=0}=\psi(x), & 0\leqslant x\leqslant l,\\ u|_{x=0}=u|_{x=l}=0, & t\geqslant 0.\end{cases}$$

按照线性方程的叠加原理, 定解问题 (I) 可化成如下两个定解问题求解:

$$(\mathrm{II})\qquad \begin{cases} u_{tt}-a^2u_{xx}=0, & 0<x<l, \quad t>0, \\ u|_{t=0}=\varphi(x), \quad u_t|_{t=0}=\psi(x), & 0\leqslant x\leqslant l, \\ u|_{x=0}=u|_{x=l}=0, & t\geqslant 0; \end{cases}$$

$$(\mathrm{III})\qquad \begin{cases} u_{tt}-a^2u_{xx}=f(x,t), & 0<x<l, \quad t>0, \\ u|_{t=0}=0, \quad u_t|_{t=0}=0, & 0\leqslant x\leqslant l, \\ u|_{x=0}=u|_{x=l}=0, & t\geqslant 0. \end{cases}$$

不难证明: 若 $u_1(x,t)$, $u_2(x,t)$ 分别是定解问题 (Ⅱ), (Ⅲ) 的解, 则 $u(x,t)=u_1(x,t)+u_2(x,t)$ 是定解问题 (I) 的解.

在定解问题 (Ⅱ), (Ⅲ) 中, 问题 (Ⅱ) 是基本的, 问题 (Ⅲ) 的解可以通过问题 (Ⅱ) 的解表出.

定理 4.3 若函数 $w(x,t;\tau)$ 是混合问题

$$(\mathrm{IV})\qquad \begin{cases} w_{tt}-a^2w_{xx}=0, & 0<x<l, \quad t>\tau, \\ w|_{t=\tau}=0, \quad w_t|_{t=\tau}=f(x,\tau), & 0\leqslant x\leqslant l, \\ w|_{x=0}=0, \quad w|_{x=l}=0, & t\geqslant \tau \end{cases}$$

的解, 则函数

$$u_2(x,t)=\int_0^t w(x,t;\tau)\mathrm{d}\tau$$

就是混合问题 (Ⅲ) 的解.

证 与定理 4.1 的证明完全类似, 从略.

注 4.1 上面对第一边值问题的求解方法, 同样适用于第二边值问题及其他类型的混合问题 (比如半无界弦的振动问题等).

习题 4-1

1. 如果已知常微分方程的特定 Cauchy 问题

$$\begin{cases} -y''+y=0, & x>0, \\ y(0)=0, & y'(0)=1 \end{cases}$$

的解为 $y=Y(x)$, 试通过它写出一般 Cauchy 问题

$$\begin{cases} -y''+y=f(x), \\ y(0)=a, \quad y'(0)=b \end{cases}$$

的解的表达式.

2. 如果已知 Cauchy 问题

$$\begin{cases} y^{(k)}+a_1y^{(k-1)}+\cdots+a_ky=0, \qquad x>0, \\ y(0)=y'(0)=\cdots=y^{(k-2)}(0)=0, \\ y^{(k-1)}(0)=1, \qquad k\geqslant 2 \end{cases}$$

的解为 $y=Y(x)$, 其中 $a_1,a_2,\cdots,a_k$ 皆为常数, 试通过它写出一般 Cauchy 问题

$$\begin{cases} y^{(k)}+a_1y^{(k-1)}+\cdots+a_ky=f(x), \qquad x>0, \\ y(0)=\alpha_0,\ y'(0)=\alpha_1, \qquad \cdots, \qquad y^{(k-1)}(0)=\alpha_{k-1} \end{cases}$$

的解的表达式.

3. 证明定理 4.3.

4. 已知 Cauchy 问题

$$\begin{cases} w_{tt}-w_{xx}=0, \qquad x\in\mathbb{R}, \quad t>\tau, \\ w|_{t=\tau}=0, \qquad w_t|_{t=\tau}=2, \qquad x\in\mathbb{R} \end{cases}$$

的解为 $w(x,t;\tau)=2(t-\tau)$, 试写出 Cauchy 问题

$$\begin{cases} u_{tt}-u_{xx}=2, \qquad x\in\mathbb{R}, \quad t>0, \\ u|_{t=0}=0, \qquad u_t|_{t=0}=0, \qquad x\in\mathbb{R} \end{cases}$$

的解.

§2 边值条件的齐次化方法

在第三章介绍的分离变量法以及上一节介绍的 Duhamel 原理中, 涉及的边值条件都是齐次的, 即零边值条件, 那么一个自然的问题是如果边值条件是非齐次的, 我们如何去处理呢? 这就是本节要介绍的内容: 将非齐次边值条件化为齐次边值条件, 即**边值条件的齐次化方法**.

无论是一维波动方程的混合问题, 还是一维热传导方程的混合问题, 对于非齐次边值的情形, 先将非齐次边值条件齐次化, 然后进行求解较为方便. 对于半直线上的混合问题, 由于只有一个边值条件, 将非齐次边值条件进行齐次化是很直观的. 而对于有限区间上的混合问题, 两个边界上都要给边值条件, 这时要将非齐次边值条件进行齐次化就不是很直观了. 下面介绍将非齐次边值条件进行齐次化的方法.

2.1 Dirichlet 边值条件的齐次化

在 $[0,l]\times[0,\infty)$ 上考虑边值条件

$$u(0,t)=\mu_1(t),\qquad u(l,t)=\mu_2(t),\qquad t\geqslant 0. \tag{2.1}$$

将其进行齐次化就是需要构造一个辅助函数 $U(x,t)$, 使得新的函数

$$v(x,t)=u(x,t)-U(x,t) \tag{2.2}$$

满足边值条件

$$v(0,t)=0,\qquad v(l,t)=0,\qquad t\geqslant 0. \tag{2.3}$$

从 (2.1)—(2.3) 式分析, 辅助函数需要满足条件

$$U(0,t)=\mu_1(t),\qquad U(l,t)=\mu_2(t),\qquad t\geqslant 0. \tag{2.4}$$

对于任意固定的 $t_0\in[0,\infty)$, 连接点 $A\,(0,\mu_1(t_0))$ 和点 $B\,(l,\mu_2(t_0))$ 的光滑曲线对应的函数都满足要求, 满足这样的曲线有无穷多条, 其中最简单的曲线就是线段 AB (如图 4–1).

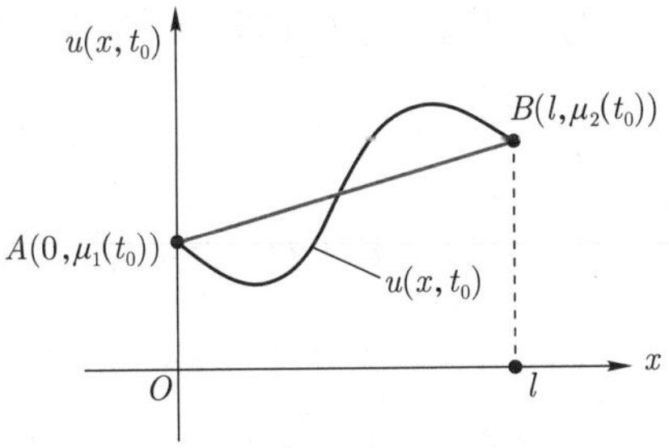

图 4–1

设 $P(x,U(x,t_0))$ 是线段 AB 上的任意动点, 由直线的点斜式方程知, 点 P 的坐标满足

$$U(x,t_0)=\mu_1(t_0)+\frac{x}{l}(\mu_2(t_0)-\mu_1(t_0)). \tag{2.5}$$

由 t_0 的任意性, 我们可选择辅助函数

$$U(x,t)=\mu_1(t)+\frac{x}{l}(\mu_2(t)-\mu_1(t)),\qquad t\geqslant 0. \tag{2.6}$$

将 (2.6) 式中的辅助函数 $U(x,t)$ 代入 (2.2) 式, 则容易验证函数 $v(x,t)$ 确实满足齐次边值条件 (2.3).

2.2 Neumann 边值条件的齐次化

在 $[0,l]\times[0,\infty)$ 上考虑边值条件

$$u_x(0,t)=\mu_1(t),\qquad u_x(l,t)=\mu_2(t),\qquad t\geqslant 0. \tag{2.7}$$

类似于 Dirichlet 边值条件的情形, 将其进行齐次化就是需要构造一个辅助函数 $W(x,t)$, 使得新的函数

$$v(x,t)=u(x,t)-W(x,t) \tag{2.8}$$

满足边值条件

$$v_x(0,t)=0,\qquad v_x(l,t)=0,\qquad t\geqslant 0. \tag{2.9}$$

将 (2.8) 式两边关于 x 微分得

$$v_x(x,t)=u_x(x,t)-W_x(x,t). \tag{2.10}$$

从 (2.7), (2.9) 和 (2.10) 三式分析, 辅助函数需要满足条件

$$W_x(0,t)=\mu_1(t),\qquad W_x(l,t)=\mu_2(t),\qquad t\geqslant 0. \tag{2.11}$$

如果令

$$X(x,t)=v_x(x,t),\ Y(x,t)=u_x(x,t),\ Z(x,t)=W_x(x,t),$$

那么 $X(x,t)$, $Y(x,t)$, $Z(x,t)$ 分别满足 Dirichlet 边值条件

$$X(0,t)=0,\qquad X(l,t)=0,\qquad t\geqslant 0; \tag{2.12}$$

$$Y(0,t)=\mu_1(t),\qquad Y(l,t)=\mu_2(t),\qquad t\geqslant 0; \tag{2.13}$$

$$Z(0,t)=\mu_1(t),\qquad Z(l,t)=\mu_2(t),\qquad t\geqslant 0. \tag{2.14}$$

对 $X(x,t)$, $Y(x,t)$, $Z(x,t)$, 完全按照 Dirichlet 边值条件的方法, 得到

$$Z(x,t)=W_x(x,t)=\mu_1(t)+\frac{x}{l}(\mu_2(t)-\mu_1(t)),\qquad t\geqslant 0. \tag{2.15}$$

对 (2.15) 式两边关于 x 积分得

$$W(x,t)=\mu_1(t)x+\frac{x^2}{2l}(\mu_2(t)-\mu_1(t))+c(t),\qquad t\geqslant 0, \tag{2.16}$$

其中 $c(t)$ 是 t 的任意可微函数.

为了简单起见, 不妨取 $c(t)\equiv 0$. 也即在 (2.8) 式中, 辅助函数 $W(x,t)$ 可以选作

$$W(x,t)=\mu_1(t)x+\frac{x^2}{2l}(\mu_2(t)-\mu_1(t)),\qquad t\geqslant 0. \tag{2.17}$$

注 4.2 对于混合边值条件的情形, 即一个边值条件为 Dirichlet 边值条件, 另一个边值条件为 Neumann 边值条件, 甚至对 Robin 边值条件的情形, 都完全可以用以上方法类似地进行讨论, 只是更为复杂, 留作习题.

注 4.3 从前面的边值条件齐次化过程可以看到, 辅助函数的选取并不唯一 (事实上, 有无穷多选取方式), 然而正如我们在后面将会讨论, 我们所考虑的定解问题的解都具有唯一性, 因此, 所求定解问题的解不依赖于齐次化过程中辅助函数的选取. 为此, 在对边值条件齐次化时, 我们不妨选取最简单的辅助函数.

习题 4-2

1. 利用函数变换将下面的边值条件齐次化:

(1) $u(0,t)=\mu_1(t),\qquad u_x(l,t)=\mu_2(t)$;

(2) $(u_x-\alpha_1 u)|_{x=0}=\mu_1(t),\qquad (u_x-\alpha_2 u)|_{x=l}=\mu_2(t),\qquad \alpha_1,\ \alpha_2$ 为常数;

(3) $u_x(1,t)=\mu_1(t),\qquad u(2,t)=\mu_2(t)$.

§3 应 用

在这一节我们主要介绍如何应用 Duhamel 原理和边值条件的齐次化方法求解具有非齐次边值条件的非齐次方程的混合问题. 为了简单起见, 我们仅讨论具有非齐次 Dirichlet 边值条件的非齐次波动方程的混合问题的求解, 对于具有非齐次 Neumann 边值条件的非齐次波动方程的混合问题以及具有非齐次边值条件的非齐次热传导方程的混合问题, 可完全类似地求解.

考虑具有非齐次 Dirichlet 边值条件的非齐次波动方程的混合问题

$$\begin{cases} u_{tt}-a^2u_{xx}=f(x,t), & 0<x<l,\quad t>0,\\ u|_{t=0}=\varphi(x),\quad u_t|_{t=0}=\psi(x), & 0\leqslant x\leqslant l,\\ u|_{x=0}=\mu_1(t),\quad u|_{x=l}=\mu_2(t), & t\geqslant 0. \end{cases}\tag{3.1}$$

为了求解问题 (3.1), 先将边值条件齐次化. 为此, 作函数变换

$$v(x,t)=u(x,t)-U(x,t),$$

其中

$$U(x,t)=\mu_1(t)+\frac{x}{l}[\mu_2(t)-\mu_1(t)],$$

则函数 $v(x,t)$ 满足如下具有齐次 Dirichlet 边值条件的混合问题:

$$\begin{cases} v_{tt}-a^2v_{xx}=f_1(x,t), & 0<x<l, \quad t>0, \\ v|_{t=0}=\varphi_1(x), \quad v_t|_{t=0}=\psi_1(x), & 0\leqslant x\leqslant l, \\ v|_{x=0}=0, \quad v|_{x=l}=0, & t\geqslant 0, \end{cases} \tag{3.2}$$

其中

$$\begin{cases} f_1(x,t)=f(x,t)-\mu_1''(t)-\dfrac{x}{l}(\mu_2''(t)-\mu_1''(t)), \\ \varphi_1(x)=\varphi(x)-\mu_1(0)-\dfrac{x}{l}(\mu_2(0)-\mu_1(0)), \\ \psi_1(x)=\psi(x)-\mu_1'(0)-\dfrac{x}{l}(\mu_2'(0)-\mu_1'(0)). \end{cases} \tag{3.3}$$

由线性叠加原理, 混合问题 (3.2) 的求解可以化成如下两个定解问题的求解:

$$\begin{cases} v_{tt}-a^2v_{xx}=0, & 0<x<l, \quad t>0, \\ v|_{t=0}=\varphi_1(x), \quad v_t|_{t=0}=\psi_1(x), & 0\leqslant x\leqslant l, \\ v|_{x=0}=0, \quad v|_{x=l}=0, & t\geqslant 0; \end{cases} \tag{3.4}$$

$$\begin{cases} v_{tt}-a^2v_{xx}=f_1(x,t), & 0<x<l, \quad t>0, \\ v|_{t=0}=0, \quad v_t|_{t=0}=0, & 0\leqslant x\leqslant l, \\ v|_{x=0}=0, \quad v|_{x=l}=0, & t\geqslant 0. \end{cases} \tag{3.5}$$

显然, 若 $v_1(x,t)$, $v_2(x,t)$ 分别是定解问题 (3.4), (3.5) 的解, 则函数 $v(x,t)=v_1(x,t)+v_2(x,t)$ 就是定解问题 (3.2) 的解. 从而定解问题 (3.1) 的解为 $u(x,t)=v_1(x,t)+v_2(x,t)+U(x,t)$.

定解问题 (3.4) 已在第三章讨论过, 可用分离变量法求解, 这里只要将定解问题 (3.5) 讨论清楚就行了.

由 §1 定理 4.3, 我们知道若函数 $w(x,t;\tau)$ 是混合问题

$$\begin{cases} w_{tt}-a^2w_{xx}=0, & 0<x<l, \quad t>\tau, \\ w|_{t=\tau}=0, \quad w_t|_{t=\tau}=f_1(x,\tau), & 0\leqslant x\leqslant l, \\ w|_{x=0}=0, \quad w|_{x=l}=0, & t\geqslant\tau \end{cases} \tag{3.6}$$

的解, 则函数

$$v_2(x,t)=\int_0^t w(x,t;\tau)\mathrm{d}\tau \tag{3.7}$$

就是混合问题 (3.5) 的解. 显然, 定解问题 (3.6) 和定解问题 (3.4) 属于同一类型. 由此我们可求出问题 (3.1) 的解 (请读者写出求解过程):

$$
\begin{aligned}
u(x,t) &= v_1(x,t)+v_2(x,t)+U(x,t)\\
&= \sum_{k=1}^{\infty}\left(A_k\cos\frac{k\pi a}{l}t+B_k\sin\frac{k\pi a}{l}t\right)\sin\frac{k\pi}{l}x+\\
&\quad \sum_{k=1}^{\infty}\int_0^t B_k(\tau)\sin\frac{k\pi a}{l}(t-\tau)\sin\frac{k\pi}{l}x\mathrm{d}\tau+\\
&\quad \mu_1(t)+\frac{x}{l}[\mu_2(t)-\mu_1(t)],
\end{aligned}
\tag{3.8}
$$

其中

$$
\begin{cases}
A_k=\dfrac{2}{l}\displaystyle\int_0^l \varphi_1(x)\sin\frac{k\pi}{l}x\mathrm{d}x,\\
B_k=\dfrac{2}{k\pi a}\displaystyle\int_0^l \psi_1(x)\sin\frac{k\pi}{l}x\mathrm{d}x,\\
B_k(\tau)=\dfrac{2}{k\pi a}\displaystyle\int_0^l f_1(x,\tau)\sin\frac{k\pi}{l}x\mathrm{d}x.
\end{cases}
\tag{3.9}
$$

不难证明, 当函数 $\varphi_1(x)$, $\psi_1(x)$, $f_1(x,t)$ 具有一定的光滑性和满足某些相容性条件 (试写出这些条件的具体形式) 时, 则由 (3.8) 式定义的函数 $u(x,t)$ 就是混合问题 (3.1) 的解.

例 4.1 求解如下弦振动方程的混合问题:

$$
\begin{cases}
u_{tt}-u_{xx}=\left(\pi x-x^2\right)t+2x, & 0<x<\pi,\quad t>0,\\
u|_{t=0}=\dfrac{\pi+x}{2},\quad u_t|_{t=0}=\pi-x, & 0\leqslant x\leqslant\pi,\\
u|_{x=0}=\pi t,\quad u|_{x=\pi}=\pi t^2+\pi, & t\geqslant 0.
\end{cases}
\tag{3.10}
$$

解 第一步: 将边值条件齐次化. 为此, 作函数变换

$$
v(x,t)=u(x,t)-\left[\pi t+x(t^2-t+1)\right],
\tag{3.11}
$$

则函数 $v(x,t)$ 满足如下齐次混合问题:

$$
\begin{cases}
v_{tt}-v_{xx}=\left(\pi x-x^2\right)t, & 0<x<\pi,\quad t>0,\\
v|_{t=0}=\dfrac{\pi-x}{2},\quad v_t|_{t=0}=0, & 0\leqslant x\leqslant\pi,\\
v|_{x=0}=v|_{x=\pi}=0, & t\geqslant 0.
\end{cases}
\tag{3.12}
$$

第二步: 由线性叠加原理, 混合问题 (3.12) 可以化成如下两个定解问题来求解:

$$
\begin{cases}
v_{1tt}-v_{1xx}=0, & 0<x<\pi,\quad t>0,\\
v_1|_{t=0}=\dfrac{\pi-x}{2},\quad v_{1t}|_{t=0}=0, & 0\leqslant x\leqslant\pi,\\
v_1|_{x=0}=v_1|_{x=\pi}=0, & t\geqslant 0;
\end{cases}
\tag{3.13}
$$

$$\begin{cases} v_{2tt}-v_{2xx}=\left(\pi x-x^2\right)t, & 0<x<\pi, \quad t>0, \\ v_2|_{t=0}=0, \quad v_{2t}|_{t=0}=0, & 0\leqslant x\leqslant \pi, \\ v_2|_{x=0}=v_2|_{x=\pi}=0, & t\geqslant 0. \end{cases} \tag{3.14}$$

第三步: 应用第三章的分离变量法, 可求得定解问题 (3.13) 的解为 (详细推导请读者自己完成)

$$v_1(x,t)=\sum_{k=1}^{\infty}\frac{1}{k}\cos(kt)\sin(kx). \tag{3.15}$$

第四步: 应用齐次化原理, 将定解问题 (3.14) 转化为下面齐次方程的混合问题来求解:

$$\begin{cases} w_{tt}-w_{xx}=0, & 0<x<\pi, \quad t>\tau, \\ w|_{t=\tau}=0, \quad w_t|_{t=\tau}=(\pi x-x^2)\tau, & 0\leqslant x\leqslant \pi, \\ w|_{x=0}=w|_{x=\pi}=0, & t\geqslant \tau. \end{cases} \tag{3.16}$$

第五步: 求解混合问题 (3.16). 令 $t'=t-\tau$, 则混合问题 (3.16) 变为

$$\begin{cases} w_{t't'}-w_{xx}=0, & 0<x<\pi, \quad t'>0, \\ w|_{t'=0}=0, \quad w_{t'}|_{t'=0}=(\pi x-x^2)\tau, & 0\leqslant x\leqslant \pi, \\ w|_{x=0}=w|_{x=\pi}=0, & t'\geqslant 0. \end{cases} \tag{3.17}$$

应用第三章的分离变量法, 可求得问题 (3.17) 的解为 (详细推导请读者自己完成)

$$w(x,t')=\sum_{k=1}^{\infty}\frac{4}{k^4\pi}\left[(-1)^{k+1}+1\right]\tau\sin(kt')\sin(kx).$$

从而, 混合问题 (3.16) 的解为

$$w(x,t;\tau)=\sum_{k=1}^{\infty}\frac{4}{k^4\pi}\left[(-1)^{k+1}+1\right]\tau\sin(k(t-\tau))\sin(kx).$$

第六步: 由齐次化原理可得混合问题 (3.14) 的解为

$$\begin{aligned} v_2(x,t)&=\int_0^t\sum_{k=1}^{\infty}\frac{4}{k^4\pi}\left[(-1)^{k+1}+1\right]\tau\sin(k(t-\tau))\sin(kx)\mathrm{d}\tau \\ &=\sum_{k=1}^{\infty}\frac{4}{k^6\pi}\left[(-1)^{k+1}+1\right](kt-\sin(kt))\sin(kx). \end{aligned}$$

所以, 混合问题 (3.10) 的解为

$$\begin{aligned} u(x,t)=\pi t+x(t^2-t+1)+\sum_{k=1}^{\infty}\frac{1}{k}\cos(kt)\sin(kx)+ \\ \sum_{k=1}^{\infty}\frac{4}{k^6\pi}\left[(-1)^{k+1}+1\right](kt-\sin(kt))\sin(kx). \end{aligned}$$

习题 4-3

1. 求解下面混合问题:

(1) $$\begin{cases} u_{tt}-16u_{xx}=\dfrac{1}{2}(\pi-x)t, & 0<x<\pi, \quad t>0, \\ u|_{t=0}=\pi-x, \quad u_t|_{t=0}=1, & 0\leqslant x\leqslant \pi, \\ u|_{x=0}=\pi+t, \quad u|_{x=\pi}=2\pi+t, & t\geqslant 0; \end{cases}$$

(2) $$\begin{cases} u_t-u_{xx}=(5+2x+4\cos 2\pi x+3\cos 5\pi x)t-x+1, & 0<x<1,\ t>0, \\ u|_{t=0}=x-1, & 0\leqslant x\leqslant 1, \\ u|_{x=0}=t-1, \quad u|_{x=1}=t^2, & t\geqslant 0. \end{cases}$$

第四章小结

第五章

双曲型方程

波动方程是最简单的二阶双曲型方程. 在学习这部分内容时, 应着重掌握以下几方面的内容: (1) 应用特征线法求解定解问题; (2) 特征线 (特征锥) 的概念, 这个概念对于了解波动方程解的性质 (如具有有限的依赖区域) 以及定解问题的求解都是重要的; (3) 先验估计 (能量积分估计), 这个估计是波动方程最重要的估计, 它能用来研究定解问题的适定性.

§1　一维波动方程

1.1　齐次波动方程的 Cauchy 问题和特征线法

最简单的一维齐次双曲型方程是关于无界弦的自由振动问题, 在忽略其边值条件的影响时, 它可归结为如下的定解问题:

$$\begin{cases} u_{tt} - a^2 u_{xx} = 0, \quad x \in \mathbb{R}, \quad t > 0, & (1.1) \\ u|_{t=0} = \varphi(x), \quad u_t|_{t=0} = \psi(x), \quad x \in \mathbb{R}, & (1.2) \end{cases}$$

其中 a 是一个正常数, 函数 $\varphi \in C^2(\mathbb{R})$, $\psi \in C^1(\mathbb{R})$ 是给定的已知函数.

在求解定解问题 (1.1), (1.2) 之前, 让我们先求解如下特殊的线性偏微分方程:

$$u_{\xi\eta} + A(\xi, \eta) u_\eta = 0. \tag{1.3}$$

经过观察, 若在方程 (1.3) 中令 $v(\xi, \eta) = u_\eta(\xi, \eta)$, 则对任意固定的 η, 方程 (1.3) 可化为关于变量 ξ 的如下常微分方程:

$$v_\xi + A(\xi, \eta) v = 0.$$

这个一阶线性常微分方程的通解为

$$v(\xi,\eta)=c(\eta)\mathrm{e}^{-\int A(\xi,\eta)\mathrm{d}\xi},$$

其中 $c(\eta)$ 是 η 的任意连续可微函数. 对上式关于 η 积分, 得到

$$u(\xi,\eta)=\int c(\eta)\mathrm{e}^{-\int A(\xi,\eta)\mathrm{d}\xi}\mathrm{d}\eta+D(\xi), \tag{1.4}$$

其中 $D(\xi)$ 是关于 ξ 的任意二阶连续可微函数.

特别地, 若 $A(\xi,\eta)\equiv 0$, 则方程 (1.3) 的通解为

$$u(\xi,\eta)=\int c(\eta)\mathrm{d}\eta+D(\xi)\xlongequal{\text{def}}F(\xi)+G(\eta), \tag{1.5}$$

其中 F 和 G 都是其变元的任意二阶连续可微函数.

注 5.1 类似地可求出线性偏微分方程 $u_{\xi\eta}+B(\xi,\eta)u_\xi=0$ 的通解为

$$u(\xi,\eta)=\int M(\xi)\mathrm{e}^{-\int B(\xi,\eta)\mathrm{d}\eta}\mathrm{d}\xi+N(\eta).$$

综上, 为了求解 Cauchy 问题 (1.1), (1.2), 不妨将方程 (1.1) 化成第一标准形. 方程 (1.1) 的特征方程是

$$\frac{\mathrm{d}x}{\mathrm{d}t}=a,\qquad \frac{\mathrm{d}x}{\mathrm{d}t}=-a,$$

由此求得特征曲线为

$$x-at=c_1,\quad x+at=c_2,$$

其中 c_1, c_2 为任意常数.

为了将方程 (1.1) 化成第一标准形, 引入自变量变换

$$\begin{cases}\xi=x-at,\\ \eta=x+at,\end{cases}$$

即把特征线当作坐标线, 则方程 (1.1) 变成

$$u_{\xi\eta}=0.$$

由 (1.5) 式得到

$$u(\xi,\eta)=F(\xi)+G(\eta).$$

代回原来的变量 x 和 t, 就可得到波动方程 (1.1) 的通解:

$$u(x,t)=F(x-at)+G(x+at). \tag{1.6}$$

现在我们利用初值条件 (1.2) 来确定任意函数 F 和 G, 由 (1.6) 式有

$$u(x,0)=F(x)+G(x)=\varphi(x), \tag{1.7}$$

$$u_t(x,0)=a\left(-F'(x)+G'(x)\right)=\psi(x), \tag{1.8}$$

对 (1.8) 式积分, 得出

$$F(x)-G(x)=-\frac{1}{a}\int_0^x\psi(\tau)\mathrm{d}\tau+c, \tag{1.9}$$

其中 c 是任意常数. 由 (1.7) 式和 (1.9) 式解出 $F(x)$ 和 $G(x)$ 为

$$F(x)=\frac{1}{2}\varphi(x)-\frac{1}{2a}\int_0^x\psi(\tau)\mathrm{d}\tau+\frac{c}{2},$$

$$G(x)=\frac{1}{2}\varphi(x)+\frac{1}{2a}\int_0^x\psi(\tau)\mathrm{d}\tau-\frac{c}{2}.$$

代入 (1.6) 式, 得到

$$u(x,t)=\frac{1}{2}[\varphi(x-at)+\varphi(x+at)]+\frac{1}{2a}\int_{x-at}^{x+at}\psi(\tau)\mathrm{d}\tau. \tag{1.10}$$

这个公式称为 Cauchy 问题 (1.1), (1.2) 的 **d'Alembert (达朗贝尔) 公式**. 由公式 (1.10) 所确定的函数通常称为 d'Alembert 解.

到目前为止, 表达式 (1.10) 还只能说是 Cauchy 问题 (1.1), (1.2) 的**形式解**. 为了使它确实是 Cauchy 问题 (1.1), (1.2) 的解, 我们需要对初值 φ, ψ 加上一定的条件.

定理 5.1 若 $\varphi\in C^2(\mathbb{R})$, $\psi\in C^1(\mathbb{R})$, 则由 d'Alembert 公式 (1.10) 表示的函数 $u(x,t)$ 是 Cauchy 问题 (1.1), (1.2) 的解.

证明请读者自己完成.

下面我们讨论 Cauchy 问题 (1.1), (1.2) 的 d'Alembert 解在最大模意义下的**稳定性**.

定理 5.2 假设对任意给定的 $\varepsilon>0$, 总可找到这样的 $\delta>0$, 当初值函数 $\varphi(x)$, $\psi(x)$ 与 $\overline{\varphi}(x)$, $\overline{\psi}(x)$ 满足不等式

$$\sup_{x\in\mathbb{R}}|\varphi(x)-\overline{\varphi}(x)|<\delta,\qquad \sup_{x\in\mathbb{R}}|\psi(x)-\overline{\psi}(x)|<\delta$$

时, 与之相对应的 Cauchy 问题的解 $u(x,t)$ 与 $\overline{u}(x,t)$, 满足

$$\sup_{x\in\mathbb{R},\ 0\leqslant t\leqslant T}|u(x,t)-\overline{u}(x,t)|<\varepsilon.$$

证 只要取 $\delta \leqslant \dfrac{\varepsilon}{1+T}$ 即可.

例 5.1 求解 Cauchy 问题

$$\begin{cases} u_{tt} - u_{xx} = 0, & x \in \mathbb{R}, \quad t > 0, \\ u|_{t=0} = \sin x, \quad u_t|_{t=0} = x^2, & x \in \mathbb{R}. \end{cases} \tag{1.11}$$

解 由 d'Alembert 公式 (1.10) 可知 Cauchy 问题 (1.11) 的解为

$$\begin{aligned} u(x,t) &= \frac{1}{2}[\sin(x+t)+\sin(x-t)] + \frac{1}{2}\int_{x-t}^{x+t} \tau^2 \mathrm{d}\tau \\ &= \sin x \cos t + x^2 t + \frac{1}{3}t^3. \end{aligned}$$

上面对常系数双曲型方程求解的特征线法, 亦适用于某些变系数双曲型方程的定解问题.

例 5.2 求解定解问题

$$\begin{cases} x^2 u_{xx} - y^2 u_{yy} = 0, & x > 0, \quad y > 1, \\ u|_{y=1} = \varphi(x), \quad u_y|_{y=1} = \psi(x), & x \geqslant 0, \end{cases} \tag{1.12}$$

其中 $\varphi(x)$ 和 $\psi(x)$ 都是已知函数.

解 容易求出问题 (1.12) 中方程的特征曲线为

$$xy - c_1, \qquad \frac{x}{y} - c_2.$$

作自变量变换

$$\xi = xy, \qquad \eta = \frac{x}{y},$$

就可把问题 (1.12) 中的方程化成第一标准形

$$u_{\xi\eta} - \frac{1}{2\xi}u_\eta = 0. \tag{1.13}$$

这个方程我们在前面已经讨论过, 实际上, 它是方程 (1.3) 的特殊形式: $A(\xi,\eta) = -\dfrac{1}{2\xi}$, 于是, 我们可得到它的通解

$$u(\xi,\eta) = \sqrt{\xi}\int \theta(\eta)\mathrm{d}\eta + \theta_1(\xi),$$

其中 $\theta_1(\xi)$ 是 ξ 的任意二阶连续可微函数. 若令 $\theta_2(\eta) = \int \theta(\eta)\mathrm{d}\eta$, 上式可写成

$$u(\xi,\eta) = \theta_1(\xi) + \sqrt{\xi}\theta_2(\eta),$$

其中 θ_1 和 θ_2 都是其变元的任意二阶连续可微函数. 代回原来的变量 x 和 y, 便得到问题 (1.12) 中方程的通解为

$$u(x,y)=\theta_1(xy)+\sqrt{xy}\,\theta_2\Big(\frac{x}{y}\Big). \tag{1.14}$$

下面我们利用问题 (1.12) 中的初值条件来确定任意函数 θ_1 和 θ_2. 首先, 容易得到下面两个等式:

$$\theta_1(x)+\sqrt{x}\,\theta_2(x)=\varphi(x), \tag{1.15}$$

$$x\theta_1'(x)+\frac{\sqrt{x}}{2}\theta_2(x)-x^{\frac{3}{2}}\theta_2'(x)=\psi(x). \tag{1.16}$$

将 (1.15) 式两端对 x 微分, 得

$$\theta_1'(x)+\frac{1}{2\sqrt{x}}\theta_2(x)+\sqrt{x}\,\theta_2'(x)=\varphi'(x).$$

用 $-x$ 乘上式再与 (1.16) 式相加, 得

$$\theta_2'(x)=\frac{1}{2\sqrt{x}}\varphi'(x)-\frac{1}{2}x^{-\frac{3}{2}}\psi(x).$$

由此推得

$$\theta_2(x)=\frac{1}{2}\int_{x_0}^{x}\frac{\varphi'(\tau)}{\sqrt{\tau}}\mathrm{d}\tau-\frac{1}{2}\int_{x_0}^{x}\frac{\psi(\tau)}{\tau^{\frac{3}{2}}}\mathrm{d}\tau+c,$$

其中 $x_0>0$, c 为任意常数. 再将 $\theta_2(x)$ 的表达式代入 (1.15) 式, 得

$$\theta_1(x)=\varphi(x)-\frac{\sqrt{x}}{2}\int_{x_0}^{x}\frac{\varphi'(\tau)}{\sqrt{\tau}}\mathrm{d}\tau+\frac{\sqrt{x}}{2}\int_{x_0}^{x}\frac{\psi(\tau)}{\tau^{\frac{3}{2}}}\mathrm{d}\tau-c\sqrt{x}.$$

于是 Cauchy 问题 (1.12) 的解可写成

$$u(x,y)=\varphi(xy)+\frac{\sqrt{xy}}{2}\int_{xy}^{\frac{x}{y}}\frac{\varphi'(\tau)}{\sqrt{\tau}}\mathrm{d}\tau-\frac{\sqrt{xy}}{2}\int_{xy}^{\frac{x}{y}}\frac{\psi(\tau)}{\tau^{\frac{3}{2}}}\mathrm{d}\tau.$$

利用分部积分法, 它又可化为

$$u(x,y)=\frac{1}{2}\varphi(xy)+\frac{y}{2}\varphi\left(\frac{x}{y}\right)+\frac{\sqrt{xy}}{4}\int_{xy}^{\frac{x}{y}}\frac{\varphi(\tau)}{\tau^{\frac{3}{2}}}\mathrm{d}\tau-\frac{\sqrt{xy}}{2}\int_{xy}^{\frac{x}{y}}\frac{\psi(\tau)}{\tau^{\frac{3}{2}}}\mathrm{d}\tau.$$

至于在什么条件下, 这个函数才是 Cauchy 问题 (1.12) 的解以及解的唯一性和稳定性问题, 这里就不详细讨论了.

1.2 d'Alembert 公式的物理意义

一维波动问题是波动现象最简单的物理模型, 讨论其解的性质, 将使我们熟悉波动现象的许多基本特性. 为了简单, 我们讨论只有初始位移的自由振动问题:

$$\begin{cases} u_{tt} - a^2 u_{xx} = 0, & x \in \mathbb{R}, \quad t > 0, \\ u|_{t=0} = \varphi(x), \quad u_t|_{t=0} = 0, & x \in \mathbb{R}, \end{cases}$$

其解由 d'Alembert 公式给出:

$$u(x,t) = \frac{1}{2}[\varphi(x-at) + \varphi(x+at)].$$

若令

$$u^+(x,t) = \frac{1}{2}\varphi(x-at),$$

则 $u^+(x,t)$ 是方程 (1.1) 的解, 因而 $u^+(x,t)$ 描述弦在 x 处 t 时刻的振动状态. 当 $t=0$ 时, $\overline{u}^+ = \frac{1}{2}\varphi(x)$, 它对应着弦的初始振动状态, 其图像如图 5–1 中的实线所示.

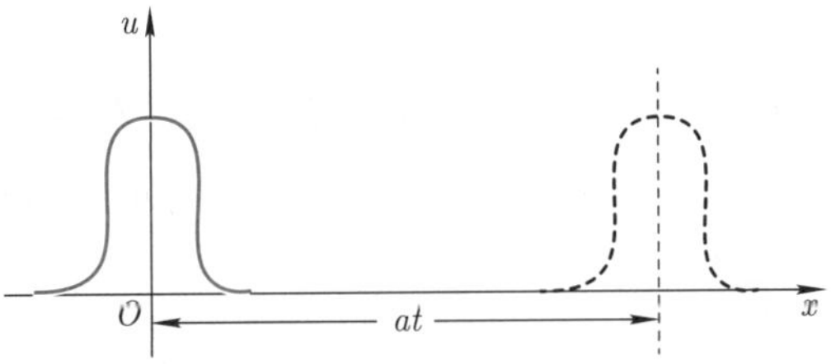

图 5–1

从初始时刻开始, 经过时间 t 以后, $u^+(x,t) = \frac{1}{2}\varphi(x-at)$, 这表明振动弦的外形保持不变, 它在 O-xu 平面上相对于初始时刻的图形向右平移了一段距离 at, 如图 5–1 中的虚线所示.

由此可以看出, 随着时间 t 的推移, 弦上质点的振动所构成的图形以速度 a 向 x 轴正方向传播. 因此, $u^+(x,t) = \frac{1}{2}\varphi(x-at)$ 表示的是以速度 a 沿 x 轴正方向传播且不改变形状的波, 我们通常称这种波为**行波 (右行波)**, 或称**正波**.

同样地, 解 $u^-(x,t) = \frac{1}{2}\varphi(x+at)$ 表示的是以速度 a 沿 x 轴负方向传播的**行波 (左行波)**, 或称**反波**.

综上所述, 自由振动弦上的任意初始扰动, 其后的影响总是以两个行波的形式沿着相反方向传播出去, 传播的速度恰好是弦振动方程中的常数 a, 而 d'Alembert 解就是这两个沿着相反方向移动的行波的叠加, 这就是 d'Alembert 公式的物理意义.

1.3 d'Alembert 公式的几何解释

容易验证, 任何形如 (1.6) 式的函数 $u(x,t)$ 都满足函数方程

$$u(x,t)-u(x+a\xi,t-\xi)-u(x-a\eta,t-\eta)+u(x+a\xi-a\eta,t-\xi-\eta)=0. \tag{1.17}$$

它的几何解释是: 对于任何以四条特征线为边的平行四边形 (如图 5–2), d'Alembert 解 u 在其相对顶点上的值的和是相等的, 即

$$u(A)+u(C)=u(B)+u(D). \tag{1.18}$$

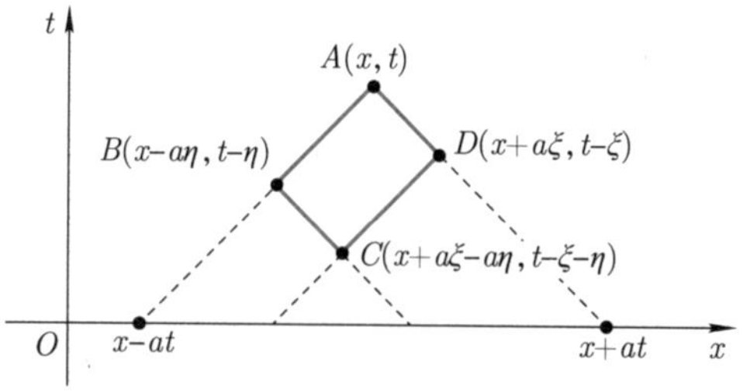

图 5–2

注 5.2 d'Alembert 公式 (1.10) 告诉我们, 如果已知 u 在平行四边形 $ABCD$ 三个顶点上的值, 则可求出第四个顶点上的值, 这将有助于我们求解波动方程的混合问题 (见注 5.3).

1.4 依赖区间、决定区域和影响区域

首先, 我们考察这样的问题: Cauchy 问题 (1.1), (1.2) 的解 $u(x,t)$ 在点 (x,t) 处的值与 x 轴上哪些点的初值条件有关? 从公式 (1.10) 可以看到, 解 u 在点 (x,t) 处的值依赖于 x 轴上区间 $[x-at,x+at]$ 上的初值条件, 而与其他点上的初值条件无关. 我们称这个区间为点 (x,t) 的**依赖区间**. 它是过点 (x,t), 斜率为 $\pm\dfrac{1}{a}$ 的两条特征线与 x 轴相交而截得的区间 (如图 5–3).

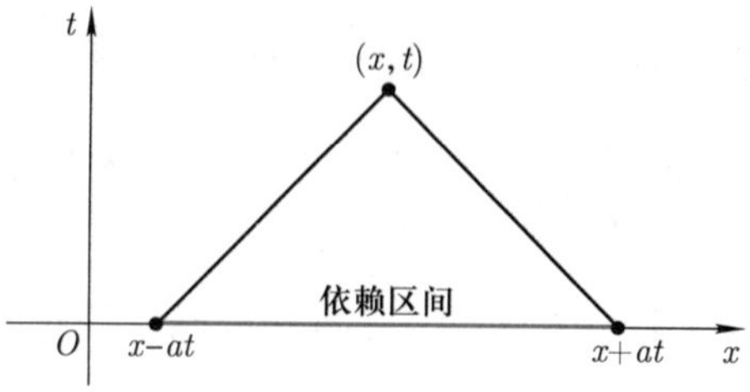

图 5–3

反之, 我们考察这样的问题: 在区间 $[x_1,x_2]$ 上给定初值数据, 它能决定平面 $O\text{-}xt$ 上哪些点的函数值? 考虑过点 $(x_1,0)$ 斜率为 $\dfrac{1}{a}$ 的特征线 $x-at=x_1$ 及过点 $(x_2,0)$ 斜率为 $-\dfrac{1}{a}$ 的特征线 $x+at=x_2$ 所围成的区域, 即由不等式

$$x_1+at \leqslant x \leqslant x_2-at, \qquad t>0$$

所确定的闭区域 D (如图 5–4). 根据确定依赖区间的方法, 容易证明, 区域 D 内任意一点 (x_0,t_0) 的依赖区间都含于区间 $[x_1,x_2]$ 内 (如图 5–4). 因此, 解 $u(x,t)$ 在 D 中每点的取值完全由区间 $[x_1,x_2]$ 上的初值确定, 而与区间 $[x_1,x_2]$ 外的初值无关, 区域 D 称为区间 $[x_1,x_2]$ 的**决定区域**.

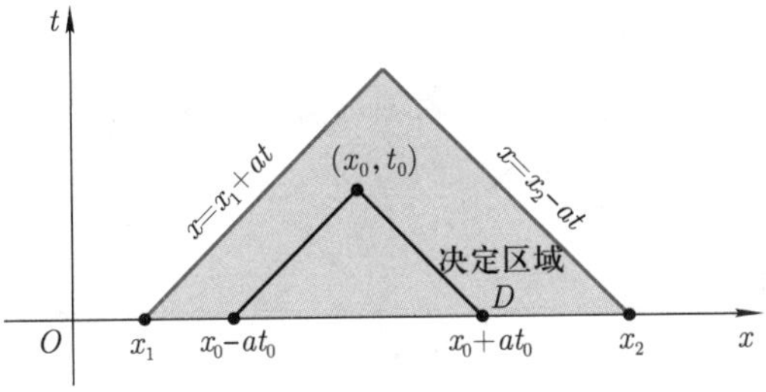

图 5–4

接下来考虑这样的问题: 若在初始时刻 $t=0$, 扰动仅在一个有限区间 $[x_1,x_2]$ 上存在, 则经过时间 t 后, 确定它所传播的范围. 根据确定依赖区域的方法, 容易证明区间 $[x_1,x_2]$ 的影响区域为: 以过点 $(x_1,0)$、斜率为 $-\dfrac{1}{a}$ 的特征线 $x+at=x_1$ 及过点 $(x_2,0)$、斜率为 $\dfrac{1}{a}$ 的特征线 $x-at=x_2$ 为边界所围成的区域, 即由不等式

$$x_1-at \leqslant x \leqslant x_2+at, \qquad t>0 \tag{1.19}$$

所确定的闭区域 G (如图 5–5).

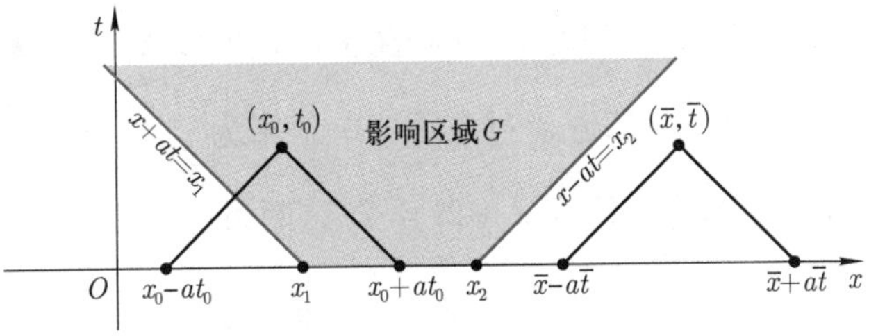

图 5–5

事实上, 对于任一 $(x_0,t_0)\in G$, 其依赖区间必有一部分含于区间 $[x_1,x_2]$ 内, 因此 $u(x_0,t_0)$ 的值一定要受到区间 $[x_1,x_2]$ 上的初始扰动的影响. 而对任一 $(\bar{x},\bar{t})\notin G$, 它的依赖区间完全在区间 $[x_1,x_2]$ 之外, 于是 $u(\bar{x},\bar{t})$ 的值不受区间 $[x_1,x_2]$ 上的初始扰动的影响. 称由 (1.19) 式所确定的闭区域 G 为区间 $[x_1,x_2]$ 的**影响区域**.

特别地, 当区间 $[x_1,x_2]$ 收缩为一点 x_0 时, 就可得到点 $(x_0,0)$ 的影响区域, 它是过此点斜率为 $\pm\dfrac{1}{a}$ 的两条特征线 $x-at=x_0$ 和 $x+at=x_0$ 所围成的角形区域 (如图 5–6).

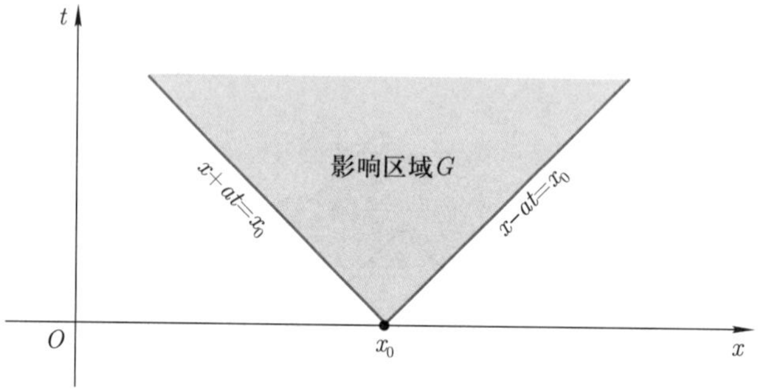

图 5–6

例 5.3 求 Cauchy 问题

$$\begin{cases} u_{tt}-4u_{xx}=0, & x\in\mathbb{R},\quad t>0, \\ u|_{t=0}=\varphi(x), & u_t|_{t=0}=\psi(x),\qquad x\in\mathbb{R} \end{cases} \tag{1.20}$$

的解关于 $O\text{-}xt$ 平面上的点 $(1,2)$ 的依赖区间, 关于 x 轴上的区间 $[3,7]$ 的决定区域和影响区域.

解 按照依赖区间、决定区域和影响区域的定义, 可直接写出答案. 为了加深初学者对这一定义的理解, 我们不妨给出详细的计算过程. 容易求出问题 (1.20) 中的方程过点 $(1,2)$ 的两条特征线为 $x-2t=-3$ 和 $x+2t=5$, 这两条特征线与 x 轴的交点坐标分别为 $(-3,0)$ 和 $(5,0)$, 于是两条特征线与 x 轴相交而截得的区间为 $[-3,5]$. 所以, Cauchy 问题 (1.20) 的解关于点 $(1,2)$ 的依赖区间为 $[-3,5]$.

容易求出问题 (1.20) 中的方程过点 $(3,0)$ 斜率为 $\dfrac{1}{2}$ 的特征线为 $x-2t=3$, 过点 $(7,0)$ 斜率为 $-\dfrac{1}{2}$ 的特征线为 $x+2t=7$, 这两条特征线与 x 轴围成的区域为

$$\{(x,t)|3+2t\leqslant x\leqslant 7-2t,\ t>0\},$$

该区域即为区间 $[3,7]$ 的决定区域.

容易求出问题 (1.20) 中的方程过点 (3,0) 斜率为 $-\dfrac{1}{2}$ 的特征线为 $x+2t=3$, 过点 (7,0) 斜率为 $\dfrac{1}{2}$ 的特征线为 $x-2t=7$, 这两条特征线与 x 轴围成的区域为

$$\{(x,t)|3-2t\leqslant x\leqslant 7+2t,\ t>0\},$$

该区域即为区间 [3,7] 的影响区域.

1.5 半直线上齐次波动方程的混合问题

现在, 我们来考虑半直线上的弦的振动问题, 即考虑一端固定的弦的自由振动问题. 不妨假设弦的左端固定在 $x=0$ 处, 此时的混合问题为

$$\begin{cases} u_{tt}-a^2u_{xx}=0, & x>0,\quad t>0, \\ u|_{t=0}=\varphi(x), \quad u_t|_{t=0}=\psi(x), & x\geqslant 0, \\ u|_{x=0}=0, \quad t\geqslant 0. \end{cases} \tag{1.21}$$

关于这个问题求解的一个想法, 就是利用波的**反射原理**对初始函数进行**延拓**, 然后化混合问题 (1.21) 为 Cauchy 问题.

人类总是通过已知的去探索未知的, 从而达到认识世界和改造世界的目的. 我们学习数学也是如此, 也总是从已知的出发去推导未知的.

为此让我们回顾一下前面已经学习过的弦振动方程 Cauchy 问题的求解. 我们知道, Cauchy 问题

$$\begin{cases} u_{tt}-a^2u_{xx}=0, & x\in\mathbb{R},\quad t>0, \\ u|_{t=0}=\Phi(x), \quad u_t|_{t=0}=\Psi(x), & x\in\mathbb{R} \end{cases} \tag{1.22}$$

的解, 可由 d'Alembert 公式给出:

$$u(x,t)=\frac{1}{2}[\Phi(x-at)+\Phi(x+at)]+\frac{1}{2a}\int_{x-at}^{x+at}\Psi(\tau)\mathrm{d}\tau. \tag{1.23}$$

显然, 有如下结论:

(i) 在 $x\in\mathbb{R},\ t>0$ 上 (1.23) 式处处满足问题 (1.22) 中的方程. 特别地, 在 $x>0,\ t>0$ 上, (1.23) 式也满足 (1.22) 问题中的方程, 这表明 (1.23) 式满足问题 (1.21) 中的方程;

(ii) (1.23) 式满足问题 (1.22) 中的初值条件. 若希望将 (1.23) 式限制在 $x\geqslant 0,\ t>0$ 上后成为问题 (1.21) 的解, 必须要求当 $x\geqslant 0$ 时, $\Phi(x)=\varphi(x)$, $\Psi(x)=\psi(x)$;

(iii) 若希望 (1.23) 式限制在 $x \geqslant 0,\ t>0$ 上后成为问题 (1.21) 的解, 还必须要求

$$u(0,t)=\frac{1}{2}[\Phi(-at)+\Phi(at)]+\frac{1}{2a}\int_{-at}^{at}\Psi(\tau)\mathrm{d}\tau=0. \tag{1.24}$$

我们知道, 使 (1.24) 式成立的一个最简单的充分条件是取 $\Phi(x)$ 与 $\Psi(x)$ 为奇函数.

基于以上分析, 得到求解混合问题 (1.21) 的步骤如下:

第一步: 构造辅助 Cauchy 问题 (1.22), 其中 $\Phi(x)$ 和 $\Psi(x)$ 满足

$$\begin{cases} \Phi(x)=\begin{cases} \varphi(x), & x\geqslant 0,\\ -\varphi(-x), & x<0, \end{cases} \\ \Psi(x)=\begin{cases} \psi(x), & x\geqslant 0,\\ -\psi(-x), & x<0, \end{cases} \end{cases} \tag{1.25}$$

则由 d'Alembert 公式知 (1.23) 式为问题 (1.22) 的解. 由以上分析知, 若将 (1.23) 式限制在 $x\geqslant 0$ 上, 则它必为混合问题 (1.21) 的解.

第二步: 将 (1.23) 式改写成 φ 与 ψ 的解析表达式.

当 $x \geqslant at$ 时,

$$u(x,t)=\frac{1}{2}[\varphi(x-at)+\varphi(x+at)]+\frac{1}{2a}\int_{x-at}^{x+at}\psi(\tau)\mathrm{d}\tau;$$

当 $0\leqslant x<at$ 时 (如图 5–7),

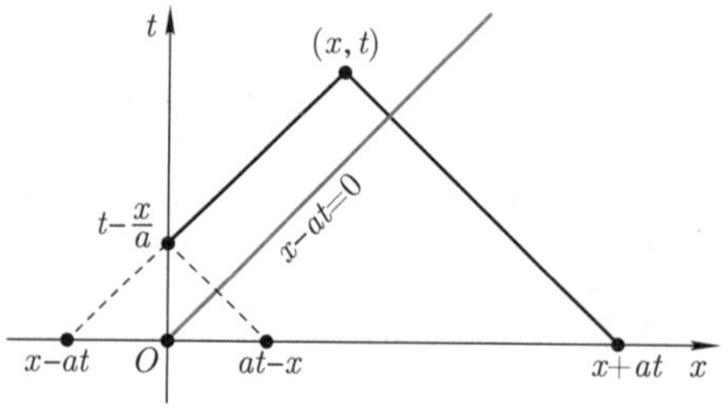

图 5–7

$$\begin{aligned} u(x,t)&=\frac{1}{2}[-\varphi(at-x)+\varphi(x+at)]+\frac{1}{2a}\left(-\int_{x-at}^{0}\psi(-\xi)\mathrm{d}\xi+\int_{0}^{x+at}\psi(\xi)\mathrm{d}\xi\right)\\ &=\frac{1}{2}[\varphi(x+at)-\varphi(at-x)]+\frac{1}{2a}\int_{at-x}^{x+at}\psi(\tau)\mathrm{d}\tau. \end{aligned}$$

注 5.3 我们也可以利用 d'Alembert 公式的几何意义来求解混合问题 (1.21). 事实上, 过原点 O 作特征线 $x-at=0$, 它将区域 $\Omega=\{(x,t)|x>0,\ t>0\}$ 分成两部分 I 和 II (如图 5–8).

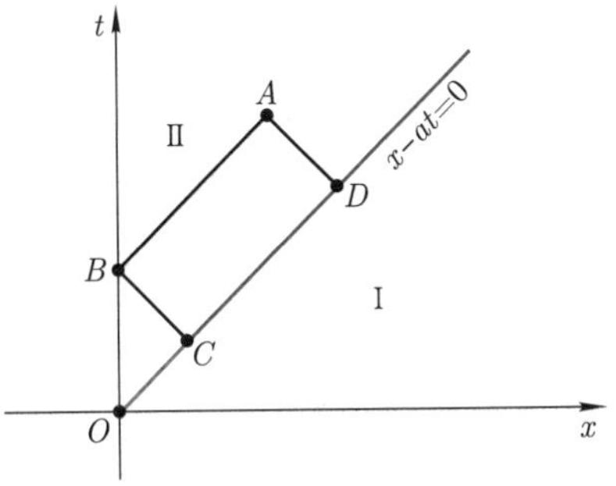

图 5–8

当点 $A(x,t)\in \mathrm{I}=\{(x,t)|x\geqslant at,\ t>0\}$ 时, 由 d'Alembert 公式 (1.10) 知, 仅用初值条件就能确定解 $u(A)$. 当 $A\in \mathrm{II}$ 时, 作顶点为 A,B,C,D 的特征平行四边形 (如图 5–8), 由 (1.18) 式有

$$u(A)=-u(C)+u(B)+u(D).$$

由于 $u(C)$, $u(D)$ 的值已经求出, 而 $u(B)$ 的值由边值条件给出, 即 $u(B)=0$, 因此我们能求出 $u(A)$ 的值.

以上是 Dirichlet 边值条件的情形, 用类似的方法, 可以求带 Neumann 边值条件的混合问题

$$\begin{cases} u_{tt}-a^2u_{xx}=0, \quad x>0, \quad t>0, \\ u|_{t=0}=\varphi(x), \quad u_t|_{t=0}=\psi(x), \quad x\geqslant 0, \\ u_x|_{x=0}=0, \quad t\geqslant 0. \end{cases} \tag{1.26}$$

与上面的情形类似, 我们将函数 $\varphi(x)$ 和 $\psi(x)$ 作偶延拓. 设

$$\begin{cases} \varPhi(x)=\begin{cases} \varphi(x), & x\geqslant 0, \\ \varphi(-x), & x<0, \end{cases} \\ \varPsi(x)=\begin{cases} \psi(x), & x\geqslant 0, \\ \psi(-x), & x<0, \end{cases} \end{cases} \tag{1.27}$$

则辅助 Cauchy 问题 (1.22) 的解为

$$u(x,t)=\frac{1}{2}[\varPhi(x-at)+\varPhi(x+at)]+\frac{1}{2a}\int_{x-at}^{x+at}\varPsi(\tau)\mathrm{d}\tau, \tag{1.28}$$

它在 $x\geqslant 0$ 上满足混合问题 (1.26) 中的初值条件. 容易验证它也满足混合问题 (1.26) 中的边值条件, 从而是混合问题 (1.26) 的解. 进一步, (1.28) 式可写成如下形式:

当 $x\geqslant at$ 时,

$$u(x,t)=\frac{1}{2}[\varphi(x-at)+\varphi(x+at)]+\frac{1}{2a}\int_{x-at}^{x+at}\psi(\tau)\mathrm{d}\tau;$$

当 $0 \leqslant x < at$ 时 (如图 5–7),

$$u(x,t)=\frac{1}{2}[\varphi(at-x)+\varphi(x+at)]+\frac{1}{2a}\left(\int_{x-at}^{0}\psi(-\tau)\mathrm{d}\tau+\int_{0}^{x+at}\psi(\tau)\mathrm{d}\tau\right)$$
$$=\frac{1}{2}[\varphi(at-x)+\varphi(x+at)]+\frac{1}{2a}\left(\int_{0}^{at-x}\psi(\tau)\mathrm{d}\tau+\int_{0}^{x+at}\psi(\tau)\mathrm{d}\tau\right).$$

例 5.4　用波的反射原理求解混合问题

$$\begin{cases} u_{tt}-u_{xx}=2, & x>0,\quad t>0, \\ u|_{t=0}=x^2, \quad u_t|_{t=0}=0, & x\geqslant 0, \\ u|_{x=0}=t^2, \quad t\geqslant 0. \end{cases} \tag{1.29}$$

解　令 $v(x,t)=u(x,t)-t^2$, 则 $v(x,t)$ 满足混合问题

$$\begin{cases} v_{tt}-v_{xx}=0, & x>0,\quad t>0, \\ v|_{t=0}=x^2, \quad v_t|_{t=0}=0, & x\geqslant 0, \\ v|_{x=0}=0, \quad t\geqslant 0. \end{cases} \tag{1.30}$$

考虑 Cauchy 问题

$$\begin{cases} v_{tt}-v_{xx}=0, & x\in\mathbb{R},\quad t>0, \\ v|_{t=0}=\Phi(x), \quad v_t|_{t=0}=0, & x\in\mathbb{R}, \end{cases} \tag{1.31}$$

其中

$$\Phi(x)=\begin{cases} x^2, & x\geqslant 0, \\ -x^2, & x<0. \end{cases}$$

由 d'Alembert 公式 (1.10) 可知 Cauchy 问题 (1.31) 的解为

$$v(x,t)=\frac{1}{2}\left[\Phi(x+t)+\Phi(x-t)\right]. \tag{1.32}$$

当 $x \geqslant t$ 时, (1.32) 式可改写成

$$v(x,t)=\frac{1}{2}(x+t)^2+\frac{1}{2}(x-t)^2=x^2+t^2.$$

当 $0 \leqslant x < t$ 时, (1.32) 式可改写成

$$v(x,t)=\frac{1}{2}(x+t)^2-\frac{1}{2}(x-t)^2=2xt.$$

从而原问题 (1.29) 的解为

$$u(x,t)=\begin{cases} x^2+2t^2, & x\geqslant t, \\ 2xt+t^2, & 0\leqslant x<t. \end{cases}$$

1.6 非齐次波动方程的 Cauchy 问题

在前面讨论的基础上, 我们就可以研究无界弦的强迫振动的 Cauchy 问题

$$\text{(I)}\qquad \begin{cases} u_{tt}-a^2u_{xx}=f(x,t), & x\in\mathbb{R},\quad t>0,\\ u|_{t=0}=\varphi(x), \quad u_t|_{t=0}=\psi(x), & x\in\mathbb{R}. \end{cases}$$

由线性叠加原理, 问题 (I) 的求解可转化成如下两个问题的求解, 即若函数 $u_1(x,t)$, $u_2(x,t)$ 分别是定解问题

$$\text{(II)}\qquad \begin{cases} u_{tt}-a^2u_{xx}=f(x,t), & x\in\mathbb{R},\quad t>0,\\ u|_{t=0}=0, \quad u_t|_{t=0}=0, & x\in\mathbb{R} \end{cases}$$

与

$$\text{(III)}\qquad \begin{cases} u_{tt}-a^2u_{xx}=0, & x\in\mathbb{R},\quad t>0,\\ u|_{t=0}=\varphi(x), \quad u_t|_{t=0}=\psi(x), & x\in\mathbb{R} \end{cases}$$

的解, 则函数 $u=u_1+u_2$ 就是定解问题 (I) 的解.

由 d'Alembert 公式, 可以求出问题 (III) 的解. 因此, 我们只需讨论问题 (II) 的求解.

下面利用齐次化原理求解问题 (II). 由第四章 §1 的定理 4.1, 我们有如下齐次化原理:

定理 5.3 (齐次化原理) 设函数 $w(x,t;\tau)\in C^2$ 是 Cauchy 问题

$$\text{(IV)}\qquad \begin{cases} w_{tt}-a^2w_{xx}=0, & x\in\mathbb{R},\quad t>\tau,\\ w|_{t=\tau}=0, \quad w_t|_{t=\tau}=f(x,\tau), & x\in\mathbb{R} \end{cases}$$

的解, 其中 τ 是参数, 则函数

$$u(x,t)=\int_0^t w(x,t;\tau)\mathrm{d}\tau \tag{1.33}$$

就是定解问题 (II) 的解.

令 $t'=t-\tau$, 利用 d'Alembert 公式 (1.10), 可写出问题 (IV) 的解为

$$w(x,t;\tau)=\frac{1}{2a}\int_{x-at'}^{x+at'}f(\xi,\tau)\mathrm{d}\xi=\frac{1}{2a}\int_{x-a(t-\tau)}^{x+a(t-\tau)}f(\xi,\tau)\mathrm{d}\xi, \tag{1.34}$$

将它代入 (1.33) 式, 得

$$u(x,t)=\frac{1}{2a}\int_0^t\int_{x-a(t-\tau)}^{x+a(t-\tau)}f(\xi,\tau)\mathrm{d}\xi\mathrm{d}\tau=\frac{1}{2a}\iint\limits_G f(\xi,\tau)\mathrm{d}\xi\mathrm{d}\tau, \tag{1.35}$$

其中 G 是 O-$\xi\tau$ 平面上过点 (x,t) 向下作两条特征线与 $O\xi$ 轴所围的三角形区域 (如图 5–9).

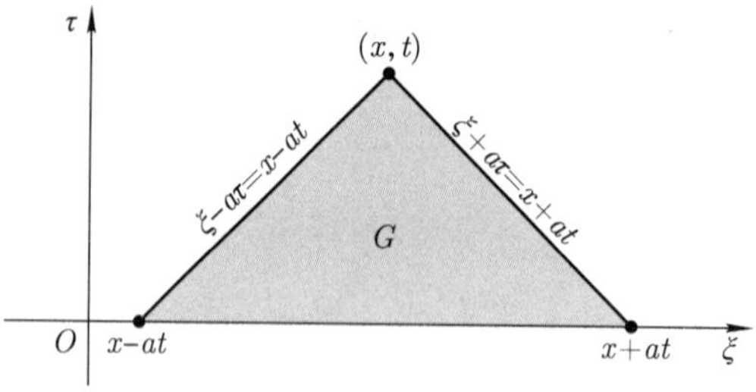

图 5–9

在下面的条件下, 容易验证由 (1.35) 式所给出的函数的确是 Cauchy 问题 (Ⅱ) 的解.

定理 5.4 若 $f \in C^1(Q)$, 这里 $Q = \{(x,t)|x \in \mathbb{R},\ t > 0\}$, 则由 (1.35) 式给出的函数 $u(x,t) \in C^2(Q)$, 且是 Cauchy 问题 (Ⅱ) 的解.

例 5.5 求解 Cauchy 问题

$$\begin{cases} u_{tt} - a^2 u_{xx} = t\cos x, & x \in \mathbb{R}, \quad t > 0, \\ u|_{t=0} = 0, \quad u_t|_{t=0} = 0, & x \in \mathbb{R}. \end{cases} \tag{1.36}$$

解 首先, 求解 Cauchy 问题

$$\begin{cases} w_{tt} - a^2 w_{xx} = 0, & x \in \mathbb{R}, \quad t > \tau, \\ w|_{t=\tau} = 0, \quad w_t|_{t=\tau} = \tau\cos x, & x \in \mathbb{R}. \end{cases} \tag{1.37}$$

令 $t' = t - \tau$, 利用 d'Alembert 公式 (1.10), 可写出问题 (1.37) 的解为

$$w(x,t;\tau) = \frac{1}{2a}\int_{x-at'}^{x+at'} \tau\cos\xi \mathrm{d}\xi = \frac{1}{2a}\int_{x-a(t-\tau)}^{x+a(t-\tau)} \tau\cos\xi \mathrm{d}\xi. \tag{1.38}$$

由齐次化原理可得 Cauchy 问题 (1.36) 的解为

$$u(x,t) = \frac{1}{2a}\int_0^t \int_{x-a(t-\tau)}^{x+a(t-\tau)} \tau\cos\xi \mathrm{d}\xi\mathrm{d}\tau = \frac{1}{a^2}t\cos x - \frac{1}{a^3}\cos x\sin at.$$

习题 5–1

1. 求方程

$$x^2 u_{xx} - y^2 u_{yy} - 2y u_y = 0$$

的通解.

2. 求解下列齐次方程的定解问题:

(1) $\begin{cases} u_{xx}+2u_{xy}-3u_{yy}=0, & x\in\mathbb{R}, \quad y>y_0, \\ u|_{y=y_0}=3x^2, \quad u_y|_{y=y_0}=0, & x\in\mathbb{R}; \end{cases}$

(2) $\begin{cases} u_{xx}+2\cos xu_{xy}-\sin^2 xu_{yy}-\sin xu_y=0, & x\in\mathbb{R}, \quad y>\sin x, \\ u|_{y=\sin x}=\varphi(x), \quad u_y|_{y=\sin x}=\psi(x), & x\in\mathbb{R}; \end{cases}$

(3) $\begin{cases} u_{tt}-a^2u_{xx}+2u_t+u=0, & x\in\mathbb{R}, \quad t>0, \\ u|_{t=0}=0, \quad u_t|_{t=0}=x, & x\in\mathbb{R}; \end{cases}$

(4) $\begin{cases} y^2u_{xy}+u_{yy}-\dfrac{2}{y}u_y=0, & x\in\mathbb{R}, \quad y>1, \\ u|_{y=1}=1-x, \quad u_y|_{y=1}=3, & x\in\mathbb{R}. \end{cases}$

3. 设 A,B,C,D 为平面上由四条特征线所围成的平行四边形 $ABCD$ 的四个顶点, u 为齐次弦振动方程的解, 证明:

$$u(A)+u(C)=u(B)+u(D).$$

4. 写出 Cauchy 问题

$$\begin{cases} u_{tt}-4u_{xx}=0, & x\in\mathbb{R}, \quad t>0, \\ u|_{t=0}=\varphi(x), \quad u_t|_{t=0}=\psi(x), & x\in\mathbb{R} \end{cases}$$

关于点 $(x,t)=(3,5)$ 的依赖区间, 区间 $[8,10]$ 的决定区域, 以及区间 $[1,6]$ 的影响区域.

5. 在上半平面 $\{(x,t)|x\in\mathbb{R},\ t>0\}$ 上给定一点 $M=(2,3)$, 对于弦振动方程 $u_{tt}=u_{xx}$ 来说, 点 M 的依赖区间是什么? 点 M 是否落在点 $(1,0)$ 的影响区域内?

6. 试证明 Cauchy 问题

$$\begin{cases} u_{tt}-u_{xx}=6(x+t), & x\in\mathbb{R}, \quad t>x, \\ u|_{t=x}=0, \quad u_t|_{t=x}=u_1(x), & x\in\mathbb{R} \end{cases}$$

有解的充要条件是 $u_1(x)-3x^2=$ 常数, 且如有解, 解不唯一. 试问: 若把初值给定在直线 $t=ax$ 上, 为什么在 $a=\pm1$ 与 $a\neq\pm1$ 的情况, 关于存在唯一性的结论不一样?

7. 求解下列半直线上的混合问题:

(1) $\begin{cases} u_{tt}-a^2u_{xx}=0, & x>0, \quad t>0, \\ u|_{t=0}=2x, \quad u_t|_{t=0}=x^2, & x\geqslant 0, \\ u|_{x=0}=0, & t\geqslant 0; \end{cases}$

(2) $\begin{cases} u_{tt} - u_{xx} = 6t, & x > 0, \quad t > 0, \\ u|_{t=0} = x^2, \quad u_t|_{t=0} = 0, & x \geqslant 0, \\ u|_{x=0} = t^3, & t \geqslant 0. \end{cases}$

8. 设 $u(x,t)$ 是半无界问题

$$\begin{cases} u_{tt} - a^2 u_{xx} = 0, & x > 0, \quad t > 0, \\ u|_{t=0} = \varphi(x), \quad u_t|_{t=0} = \psi(x), & x \geqslant 0, \\ u|_{x=0} = g(t), & t \geqslant 0 \end{cases}$$

的解, 其中

$$\varphi(x),\ \psi(x) = \begin{cases} 0, & 0 \leqslant x \leqslant 1, \\ \text{正值}, & x > 1; \end{cases}$$

$$g(t) = \begin{cases} 0, & 0 \leqslant t \leqslant 1, \\ \text{正值}, & t > 1, \end{cases}$$

试指出 $t > 0$ 时, $u(x,t) \equiv 0$ 的区域.

9. 求解 Darboux (达布) 问题

$$\begin{cases} u_{tt} - u_{xx} = 0, & 0 < x < t, \quad t > 0, \\ u|_{x=0} = \varphi(t), \quad u|_{x=t} = \psi(t), & t \geqslant 0, \end{cases}$$

其中 $\varphi(0) = \psi(0)$. 如果 $\varphi(t)$, $\psi(t)$ 都给定在 $[0,a]$ 上, 指出区间 $[0,a]$ 的影响区域.

10. 设 $u(x,t)$ 是 Cauchy 问题

$$\begin{cases} u_{tt} - a^2 u_{xx} = 0, & x \in \mathbb{R}, \quad t > 0, \\ u|_{t=0} = \varphi(x), \quad u_t|_{t=0} = \psi(x), & x \in \mathbb{R} \end{cases}$$

的解, 并且对于 $|x| \geqslant 1$, $\varphi(x) = \psi(x) = 0$. 证明: 对任意的 x_0, 存在数 t_0 与 c, 使得对所有的 $t \geqslant t_0$, 有 $u(x_0, t) = c$. 求出这些 t_0 与 c.

11. 设函数 $\varphi(x) \in C^2(\mathbb{R})$, $\psi(x) \in C^1(\mathbb{R})$, 且存在非零常数 A, B 和 $b > 0$, 使得

$$\lim_{|x|\to\infty} |x|^{-b}\varphi(x) = A, \qquad \lim_{|x|\to\infty} |x|^{1-b}\psi(x) = B,$$

证明一维波动方程的 Cauchy 问题

$$\begin{cases} u_{tt} - a^2 u_{xx} = 0, & x \in \mathbb{R}, \quad t > 0, \\ u|_{t=0} = \varphi(x), \quad u_t|_{t=0} = \psi(x), & x \in \mathbb{R} \end{cases}$$

的解 $u(x,t)$ 满足: 存在常数 C, 使得

$$\lim_{t\to\infty} t^{-b}u(x,t)=C,$$

并求出该常数 C.

12. 求解下列非齐次方程的定解问题:

(1) $\begin{cases} u_{tt}-u_{xx}=t\sin x, & x\in\mathbb{R}, \quad t>0, \\ u|_{t=0}=0, \quad u_t|_{t=0}=\sin x, & x\in\mathbb{R}; \end{cases}$

(2) $\begin{cases} u_{tt}-4u_{xx}=2, & x\in\mathbb{R}, \quad t>0, \\ u|_{t=0}=x^2, \quad u_t|_{t=0}=0, & x\in\mathbb{R}; \end{cases}$

(3) $\begin{cases} u_{tt}-9u_{xx}=120t, & x\in\mathbb{R}, \quad t>0, \\ u|_{t=0}=x^2, \quad u_t|_{t=0}=0, & x\in\mathbb{R}. \end{cases}$

§2　高维波动方程

2.1　三维齐次波动方程的 Cauchy 问题和球面平均法

考察三维齐次波动方程的 Cauchy 问题

$$\begin{cases} u_{tt}-a^2(u_{xx}+u_{yy}+u_{zz})=0, & (x,y,z)\in\mathbb{R}^3, \quad t>0, \\ u|_{t=0}=\varphi(x,y,z), \quad u_t|_{t=0}=\psi(x,y,z), & (x,y,z)\in\mathbb{R}^3, \end{cases} \tag{2.1}$$

其中 φ 和 ψ 为已知函数.

对于这一类问题的求解, 通常采用球面平均法. 为此无妨回忆一下一维的情形, 先改写一维波动方程的 d'Alembert 公式为如下形式:

$$u(x,t)=\frac{\partial}{\partial t}\Big(\frac{t}{2at}\int_{x-at}^{x+at}\varphi(\xi)\mathrm{d}\xi\Big)+\frac{t}{2at}\int_{x-at}^{x+at}\psi(\xi)\mathrm{d}\xi. \tag{2.2}$$

我们把表达式 $\dfrac{1}{2at}\displaystyle\int_{x-at}^{x+at}\omega(\xi)\mathrm{d}\xi$ 称为函数 $\omega(\xi)$ 在区间 $[x-at,x+at]$ 上的平均值, 其大小与区间的中点 x, 区间的半径 at 和函数 $\omega(\xi)$ 有关, 记作 $v_\omega(x,t)$, 于是

$$v_\omega(x,t)=\frac{1}{2at}\int_{x-at}^{x+at}\omega(\xi)\mathrm{d}\xi.$$

若令 $\omega=\varphi$, 则 $u_1(x,t)=\dfrac{\partial}{\partial t}[tv_\varphi(x,t)]$ 就是 Cauchy 问题

$$\begin{cases} u_{tt}-a^2u_{xx}=0, & x\in\mathbb{R},\quad t>0,\\ u|_{t=0}=\varphi(x), \quad u_t|_{t=0}=0, & x\in\mathbb{R}\end{cases}$$

的解; 若令 $\omega=\psi$, 则 $u_2(x,t)=tv_\psi(x,t)$ 就是 Cauchy 问题

$$\begin{cases} u_{tt}-a^2u_{xx}=0, & x\in\mathbb{R},\quad t>0,\\ u|_{t=0}=0, \quad u_t|_{t=0}=\psi(x), & x\in\mathbb{R}\end{cases}$$

的解. 于是 d'Alembert 公式就是这两个定解问题的叠加

$$u(x,t)=u_1(x,t)+u_2(x,t)=\frac{\partial}{\partial t}\left(tv_\varphi(x,t)\right)+tv_\psi(x,t).$$

下面就按这种思想, 构造 Cauchy 问题 (2.1) 的解. 我们称此种方法为**球面平均法**.

基于以上思想, 我们猜测 Cauchy 问题 (2.1) 的解为

$$u(x,y,z,t)=\frac{\partial}{\partial t}\left(tv_\varphi(x,y,z,t)\right)+tv_\psi(x,y,z,t), \tag{2.3}$$

其中 $v_\varphi(x,y,z,t)$ 和 $v_\psi(x,y,z,t)$ 分别表示 $\varphi(x,y,z)$ 和 $\psi(x,y,z)$ 在以点 $M(x,y,z)$ 为球心, at 为半径的球面 $S_{at}(M)$ 上的平均值, 即

$$\begin{cases} v_\varphi(x,y,z,t)=\dfrac{1}{4\pi a^2t^2}\displaystyle\iint\limits_{S_{at}(M)}\varphi\mathrm{d}S,\\ v_\psi(x,y,z,t)=\dfrac{1}{4\pi a^2t^2}\displaystyle\iint\limits_{S_{at}(M)}\psi\mathrm{d}S.\end{cases}$$

下面分两步来验证以上猜测. 为了书写的对称性, 我们改写 (x,y,z) 为 (x_1,x_2,x_3).

第一步: 验证 $tv_\psi(x_1,x_2,x_3,t)$ 是 Cauchy 问题

$$\begin{cases} u_{tt}-a^2(u_{x_1x_1}+u_{x_2x_2}+u_{x_3x_3})=0, & (x_1,x_2,x_3)\in\mathbb{R}^3,\quad t>0,\\ u|_{t=0}=0,\quad u_t|_{t=0}=\psi(x_1,x_2,x_3), & (x_1,x_2,x_3)\in\mathbb{R}^3\end{cases} \tag{2.4}$$

的解.

事实上, 设 (ξ_1,ξ_2,ξ_3) 是球面

$$S_{at}(M):(\xi_1-x_1)^2+(\xi_2-x_2)^2+(\xi_3-x_3)^2=a^2t^2$$

上的任一点, 根据球坐标与直角坐标的关系, 于是有

$$\xi_i=x_i+\alpha_i at,\qquad i=1,2,3,$$

其中 $\alpha_i\ (i=1,2,3)$ 是向量 $(\xi_1-x_1,\xi_2-x_2,\xi_3-x_3)$ 的方向余弦, 可以把它表为

$$\alpha_1=\sin\theta\cos\phi,\qquad \alpha_2=\sin\theta\sin\phi,\qquad \alpha_3=\cos\theta,$$

其中 θ 表示向量 $(\xi_1-x_1,\xi_2-x_2,\xi_3-x_3)$ 与 ξ_3 轴正方向的夹角, ϕ 表示向量 $(\xi_1-x_1,\xi_2-x_2,\xi_3-x_3)$ 在平面 O-$\xi_1\xi_2$ 上的投影向量与 ξ_1 轴正方向的夹角, 且 $0\leqslant\theta\leqslant\pi$, $0\leqslant\phi\leqslant 2\pi$.

则 $v_\psi(x_1,x_2,x_3,t)$ 可写为

$$\begin{aligned}v_\psi(x_1,x_2,x_3,t)&=\frac{1}{4\pi a^2t^2}\iint\limits_{S_{at}(M)}\psi(\xi_1,\xi_2,\xi_3)\mathrm{d}S\\&=\frac{1}{4\pi a^2t^2}\int_0^{2\pi}\int_0^{\pi}\psi(x_1+\alpha_1at,x_2+\alpha_2at,x_3+\alpha_3at)a^2t^2\sin\theta\mathrm{d}\theta\mathrm{d}\phi\\&=\frac{1}{4\pi}\iint\limits_{S_1(M)}\psi(x_1+\alpha_1at,x_2+\alpha_2at,x_3+\alpha_3at)\mathrm{d}\sigma,\end{aligned}\tag{2.5}$$

其中 $S_1(M)$ 表示以 M 为球心的单位球面, $\mathrm{d}\sigma=\sin\theta\mathrm{d}\theta\mathrm{d}\phi$ 表示单位球面上的面积单元, 且 $\mathrm{d}S=a^2t^2\sin\theta\mathrm{d}\theta\mathrm{d}\phi=a^2t^2\mathrm{d}\sigma$.

从而

$$\begin{aligned}\frac{\partial v_\psi}{\partial t}&=\frac{1}{4\pi}\iint\limits_{S_1(M)}a\sum_{i=1}^{3}\frac{\partial\psi(x_1+\alpha_1at,x_2+\alpha_2at,x_3+\alpha_3at)}{\partial x_i}\alpha_i\mathrm{d}\sigma\\&=\frac{1}{4\pi at^2}\iint\limits_{S_{at}(M)}\sum_{i=1}^{3}\frac{\partial\psi}{\partial x_i}\alpha_i\mathrm{d}S.\end{aligned}$$

利用散度定理 (见附录 I), 得

$$\frac{\partial v_\psi}{\partial t}=\frac{1}{4\pi at^2}\iiint\limits_{D_{at}(M)}\Delta\psi\mathrm{d}V,\tag{2.6}$$

其中 $D_{at}(M)$ 表示以 $M(x_1,x_2,x_3)$ 为球心, at 为半径的球体.

利用球坐标变换改写 (2.6) 式中的积分为

$$\iiint\limits_{D_{at}(M)}\Delta\psi\mathrm{d}V=\int_0^{at}\int_0^{2\pi}\int_0^{\pi}\Delta\psi(x_1+\alpha_1\rho,x_2+\alpha_2\rho,x_3+\alpha_3\rho)\rho^2\sin\theta\mathrm{d}\theta\mathrm{d}\phi\mathrm{d}\rho,$$

于是

$$\begin{aligned}\frac{\partial}{\partial t}\iiint\limits_{D_{at}(M)}\Delta\psi\mathrm{d}V&=a\int_0^{2\pi}\int_0^{\pi}\Delta\psi(x_1+\alpha_1at,x_2+\alpha_2at,x_3+\alpha_3at)a^2t^2\sin\theta\mathrm{d}\theta\mathrm{d}\phi\\&=a\iint\limits_{S_{at}(M)}\Delta\psi\mathrm{d}S.\end{aligned}$$

对 (2.6) 式关于 t 求导得

$$\frac{\partial^2 v_\psi}{\partial t^2} = -\frac{1}{2\pi a t^3}\iiint\limits_{D_{at}(M)} \Delta\psi \mathrm{d}V + \frac{1}{4\pi t^2}\iint\limits_{S_{at}(M)} \Delta\psi \mathrm{d}S. \tag{2.7}$$

由于

$$\frac{\partial}{\partial t}(tv_\psi) = t\frac{\partial v_\psi}{\partial t} + v_\psi, \qquad \frac{\partial^2}{\partial t^2}(tv_\psi) = 2\frac{\partial v_\psi}{\partial t} + t\frac{\partial^2 v_\psi}{\partial t^2}, \tag{2.8}$$

于是由 (2.6)—(2.8) 式得

$$\frac{\partial^2}{\partial t^2}(tv_\psi) = \frac{1}{4\pi t}\iint\limits_{S_{at}(M)} \Delta\psi \mathrm{d}S. \tag{2.9}$$

另一方面,

$$\begin{aligned}\Delta(tv_\psi) = t\Delta v_\psi &= \frac{t}{4\pi}\iint\limits_{S_1(M)} \sum_{i=1}^{3} \frac{\partial^2\psi(x_1+\alpha_1 at, x_2+\alpha_2 at, x_3+\alpha_3 at)}{\partial x_i^2}\mathrm{d}\sigma \\ &= \frac{1}{4\pi a^2 t}\iint\limits_{S_{at}(M)} \Delta\psi \mathrm{d}S.\end{aligned}$$

因此, 有

$$\frac{\partial^2}{\partial t^2}(tv_\psi) - a^2\Delta(tv_\psi) = 0.$$

这表明 $tv_\psi(x_1,x_2,x_3,t)$ 满足问题 (2.4) 中的方程.

下面验证初值条件成立.

首先易知

$$(tv_\psi)\big|_{t=0} = 0.$$

其次, 由 (2.8) 式的第一式易知

$$(tv_\psi)_t\big|_{t=0} = v_\psi\big|_{t=0} = \frac{1}{4\pi}\iint\limits_{S_1(M)} \psi(x_1,x_2,x_3)\mathrm{d}\sigma = \psi(x_1,x_2,x_3).$$

以上表明初值条件也满足.

第二步: 由第四章 §1 的 Duhamel 原理易知, $\dfrac{\partial}{\partial t}(tv_\varphi)$ 是 Cauchy 问题

$$\begin{cases} u_{tt} - a^2(u_{xx}+u_{yy}+u_{zz}) = 0, & (x,y,z)\in\mathbb{R}^3, \quad t>0, \\ u|_{t=0} = \varphi(x,y,z), \quad u_t|_{t=0} = 0, & (x,y,z)\in\mathbb{R}^3 \end{cases} \tag{2.10}$$

的解.

于是, 利用叠加原理我们可求得 Cauchy 问题 (2.1) 的解为

$$u(x,y,z,t) = \frac{\partial}{\partial t}\Big(\frac{1}{4\pi a^2 t}\iint\limits_{S_{at}(M)} \varphi \mathrm{d}S\Big) + \frac{1}{4\pi a^2 t}\iint\limits_{S_{at}(M)} \psi \mathrm{d}S, \tag{2.11}$$

公式 (2.11) 通常称为 **Poisson 公式**.

由以上讨论, 即可得到如下定理:

定理 5.5 若函数 $\varphi \in C^3(\mathbb{R}^3)$, $\psi \in C^2(\mathbb{R}^3)$, 则由 Poisson 公式 (2.11) 确定的函数 $u(x,y,z,t)$ 就是 Cauchy 问题 (2.1) 的解.

证明留给读者自己完成.

例 5.6 求解 Cauchy 问题

$$\begin{cases} u_{tt} - 8(u_{xx} + u_{yy} + u_{zz}) = 0, \quad (x,y,z) \in \mathbb{R}^3, \quad t > 0, \\ u|_{t=0} = y^2, \quad u_t|_{t=0} = z^2, \quad (x,y,z) \in \mathbb{R}^3. \end{cases} \tag{2.12}$$

解 记 $a = 2\sqrt{2}$, 球面

$$S_{at}(M) : (\xi_1 - x)^2 + (\xi_2 - y)^2 + (\xi_3 - z)^2 = 8t^2.$$

由 Poisson 公式 (2.11) 得, Cauchy 问题 (2.12) 的解为

$$\begin{aligned} u(x,y,z,t) &= \frac{\partial}{\partial t}\Big(\frac{1}{4\pi a^2 t}\iint\limits_{S_{at}(M)} \xi_2^2 \mathrm{d}S\Big) + \frac{1}{4\pi a^2 t}\iint\limits_{S_{at}(M)} \xi_3^2 \mathrm{d}S \\ &= \frac{\partial}{\partial t}\left(\frac{t}{4\pi}\int_0^{2\pi}\int_0^{\pi}(y + at\sin\theta\sin\phi)^2 \sin\theta \mathrm{d}\theta\mathrm{d}\phi\right) + \\ &\quad \frac{t}{4\pi}\int_0^{2\pi}\int_0^{\pi}(z + at\cos\theta)^2 \sin\theta \mathrm{d}\theta\mathrm{d}\phi \\ &= \frac{\partial}{\partial t}\left(ty^2 + \frac{a^2t^3}{4\pi}\int_0^{2\pi}\int_0^{\pi}\sin^3\theta\sin^2\phi\mathrm{d}\theta\mathrm{d}\phi + \frac{at^2y}{2\pi}\int_0^{2\pi}\int_0^{\pi}\sin^2\theta\sin\phi\mathrm{d}\theta\mathrm{d}\phi\right) + \\ &\quad \frac{t}{4\pi}\int_0^{2\pi}\int_0^{\pi}(z + at\cos\theta)^2 \sin\theta \mathrm{d}\theta\mathrm{d}\phi \\ &= y^2 + 8t^2 + tz^2 + \frac{8t^3}{3}. \end{aligned}$$

2.2 二维齐次波动方程的 Cauchy 问题和降维法

对于二维齐次波动方程的 Cauchy 问题

$$\begin{cases} u_{tt} - a^2(u_{xx} + u_{yy}) = 0, \quad (x,y) \in \mathbb{R}^2, \quad t > 0, \\ u|_{t=0} = \varphi(x,y), \quad u_t|_{t=0} = \psi(x,y), \quad (x,y) \in \mathbb{R}^2, \end{cases} \tag{2.13}$$

我们将试图从公式 (2.11) 出发, 利用**降维法**来求解. 为此我们把问题 (2.13) 看成是三维的特殊情形, 虽然初始数据与自变量 z 无关, 仍把它视为三维空间的函数. 这样, 就可利用前面讨论的三维波动方程的 Cauchy 问题的结果来求解二维波动方程的 Cauchy 问题.

由 Poisson 公式 (2.11) 便可写出 Cauchy 问题

$$\begin{cases} u_{tt}-a^2(u_{xx}+u_{yy}+u_{zz})=0, & (x,y,z)\in\mathbb{R}^3, \quad t>0, \\ u|_{t=0}=\varphi(x,y), \quad u_t|_{t=0}=\psi(x,y), & (x,y)\in\mathbb{R}^2 \end{cases}$$

的解为

$$\overline{u}(x,y,z,t)=\frac{\partial}{\partial t}\left(\frac{1}{4\pi a^2 t}\iint\limits_{S_{at}(M)}\varphi\mathrm{d}S\right)+\frac{1}{4\pi a^2 t}\iint\limits_{S_{at}(M)}\psi\mathrm{d}S, \tag{2.14}$$

这里的积分都是在三维空间中的球面 $S_{at}(M):(\xi-x)^2+(\eta-y)^2+(\zeta-z)^2=a^2t^2$ 上进行的.

若我们能验证 (2.14) 式中右边的两个积分都是与 z 无关的函数, 则由 (2.14) 式定义的函数就是 Cauchy 问题 (2.13) 的解 (为什么?).

下面我们将来验证 (2.14) 式中右边的两个积分都是与 z 无关的函数. 作球面坐标变换:

$$\begin{cases} \xi=x+at\sin\theta\cos\phi, \\ \eta=y+at\sin\theta\sin\phi, \\ \zeta=z+at\cos\theta, \end{cases}$$

则 (2.14) 式可以改写为

$$\begin{aligned} u(x,y,t)=&\frac{\partial}{\partial t}\left(\frac{t}{4\pi}\int_0^{2\pi}\int_0^{\pi}\varphi(x+at\sin\theta\cos\phi,y+at\sin\theta\sin\phi)\sin\theta\mathrm{d}\theta\mathrm{d}\phi\right)+\\ &\frac{t}{4\pi}\int_0^{2\pi}\int_0^{\pi}\psi(x+at\sin\theta\cos\phi,y+at\sin\theta\sin\phi)\sin\theta\mathrm{d}\theta\mathrm{d}\phi\\ =&\frac{1}{2\pi a}\frac{\partial}{\partial t}\int_0^{at}\int_0^{2\pi}\frac{\varphi(x+\rho\cos\phi,y+\rho\sin\phi)}{\sqrt{a^2t^2-\rho^2}}\rho\mathrm{d}\phi\mathrm{d}\rho+\\ &\frac{1}{2\pi a}\int_0^{at}\int_0^{2\pi}\frac{\psi(x+\rho\cos\phi,y+\rho\sin\phi)}{\sqrt{a^2t^2-\rho^2}}\rho\mathrm{d}\phi\mathrm{d}\rho. \end{aligned} \tag{2.15}$$

在上面的等式中, 我们利用了积分变换 $\rho=at\sin\theta$, 并把关于 θ 从 0 到 π 的积分分成了从 0 到 $\frac{\pi}{2}$ 的积分加上从 $\frac{\pi}{2}$ 到 π 的积分.

公式 (2.15) 确实是与变元 z 无关的函数, 从而它就是 Cauchy 问题 (2.13) 的解, 亦称它为二维波动方程的 **Poisson 公式**.

注 5.4 验证 (2.14) 式中右边的两个积分都是与 z 无关的函数的传统做法如下: 将 (2.14) 式中的两个曲面积分化为它在平面 $\zeta=z$ 上的投影 $\Sigma_{at}(M):(\xi-x)^2+(\eta-y)^2\leqslant a^2t^2$ 上的积分 (如图 5–10).

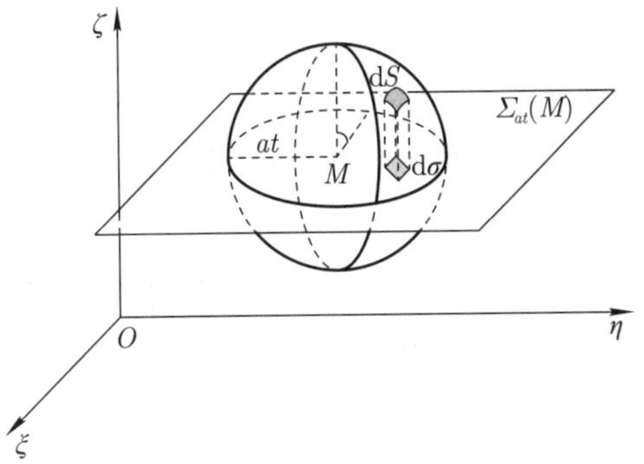

图 5–10

由于曲面 $S_{at}(M)$ 的方程为

$$(\xi-x)^2+(\eta-y)^2+(\zeta-z)^2=a^2t^2,$$

其上半球面的方程为

$$\zeta=z+\sqrt{a^2t^2-(\xi-x)^2-(\eta-y)^2},$$

从而

$$\begin{cases}\zeta_\xi=-\dfrac{\xi-x}{\sqrt{a^2t^2-(\xi-x)^2-(\eta-y)^2}},\\[2ex]\zeta_\eta=-\dfrac{\eta-y}{\sqrt{a^2t^2-(\xi-x)^2-(\eta-y)^2}}.\end{cases}$$

由于函数 φ 和函数 ψ 都与 ζ 无关, 因此 (2.14) 式中的两个曲面积分在上半球面与下半球面的值相等, 于是 $\overline{u}(x,y,z,t)$ 就可写成

$$\begin{aligned}u(x,y,t)=&\frac{\partial}{\partial t}\left(\frac{2}{4\pi a^2t}\iint\limits_{\Sigma_{at}(M)}\varphi(\xi,\eta)\sqrt{1+\zeta_\xi^2+\zeta_\eta^2}\mathrm{d}\xi\mathrm{d}\eta\right)+\\&\frac{2}{4\pi a^2t}\iint\limits_{\Sigma_{at}(M)}\psi(\xi,\eta)\sqrt{1+\zeta_\xi^2+\zeta_\eta^2}\mathrm{d}\xi\mathrm{d}\eta\\=&\frac{\partial}{\partial t}\left(\frac{2}{4\pi a}\iint\limits_{\Sigma_{at}(M)}\frac{\varphi(\xi,\eta)}{\sqrt{a^2t^2-(\xi-x)^2-(\eta-y)^2}}\mathrm{d}\xi\mathrm{d}\eta\right)+\\&\frac{2}{4\pi a}\iint\limits_{\Sigma_{at}(M)}\frac{\psi(\xi,\eta)}{\sqrt{a^2t^2-(\xi-x)^2-(\eta-y)^2}}\mathrm{d}\xi\mathrm{d}\eta\\=&\frac{1}{2\pi a}\frac{\partial}{\partial t}\int_0^{at}\int_0^{2\pi}\frac{\varphi(x+\rho\cos\phi,y+\rho\sin\phi)}{\sqrt{a^2t^2-\rho^2}}\rho\mathrm{d}\phi\mathrm{d}\rho+\\&\frac{1}{2\pi a}\int_0^{at}\int_0^{2\pi}\frac{\psi(x+\rho\cos\phi,y+\rho\sin\phi)}{\sqrt{a^2t^2-\rho^2}}\rho\mathrm{d}\phi\mathrm{d}\rho.\end{aligned}\tag{2.16}$$

在上面的等式中, 我们利用了极坐标变换.

公式 (2.16) 也通常称为二维波动方程的 **Poisson 公式**.

对一维波动方程的 Cauchy 问题, 同样可用降维法写出它的求解公式, 这里我们留作习题, 让读者自己去完成.

注 5.5 降维法不仅适用于波动方程, 也适用于某些其他类型的方程. 在许多情况下, 这一方法使我们从多个自变量方程的求解公式中, 推导出自变量个数较少的方程的求解公式.

例 5.7 求解 Cauchy 问题

$$\begin{cases} u_{tt}-a^2\left(u_{xx}+u_{yy}\right)=0, & (x,y)\in\mathbb{R}^2, \quad t>0, \\ u|_{t=0}=0, \quad u_t|_{t=0}=xy, & (x,y)\in\mathbb{R}^2. \end{cases} \tag{2.17}$$

解 利用二维 Poisson 公式 (2.15), 有

$$u(x,y,t)=\frac{t}{4\pi}\int_0^{2\pi}\int_0^{\pi}(x+at\sin\theta\cos\phi)(y+at\sin\theta\sin\phi)\sin\theta\mathrm{d}\theta\mathrm{d}\phi=xyt, \tag{2.18}$$

其中我们利用了等式

$$\int_0^{2\pi}\sin\phi\mathrm{d}\phi=\int_0^{2\pi}\cos\phi\mathrm{d}\phi=\int_0^{2\pi}\sin 2\phi\mathrm{d}\phi=0.$$

2.3 依赖区域、决定区域和影响区域

波动方程的依赖区域、决定区域和影响区域与其特征曲面有关.

1. 二维的情形

若在空间 O-xyt 内任取一点 (x_0,y_0,t_0), 这时它的依赖区域可由 Poisson 公式 (2.15) 给出, 解在这点的值可由初始平面 $t=0$ 上以点 (x_0,y_0) 为中心、at_0 为半径的圆内的初始数据 $\varphi(x,y)$, $\psi(x,y)$ 的积分所表达, 它不依赖于此圆外 φ 和 ψ 的值. 因此, 我们称平面 $t=0$ 上的圆域 (不是圆周)

$$(x-x_0)^2+(y-y_0)^2\leqslant a^2t_0^2 \tag{2.19}$$

为点 (x_0,y_0,t_0) 的**依赖区域**, 它是三维空间中的实心锥 (我们也称它为**二维波动方程的特征锥**)

$$(x-x_0)^2+(y-y_0)^2\leqslant a^2(t_0-t)^2$$

与平面 $t=0$ 的截口 (如图 5–11).

反之, 初始数据 φ 与 ψ 在初始平面 $t=0$ 上区域 (2.20) 中的值唯一地决定了以 (x_0, y_0, t_0) 为顶点、以该区域为底的圆锥体区域 (如图 5–11)

$$(x-x_0)^2+(y-y_0)^2 \leqslant a^2(t-t_0)^2, \quad t \leqslant t_0 \tag{2.20}$$

上的解. 因此, 圆锥体区域 (2.20) 就称为平面 $t=0$ 上区域 (2.19) 的**决定区域**.

下面我们讨论初始平面 $t=0$ 上一点 $(x_0,\ y_0,\ 0)$ 的影响区域, 也就是说要找出这样的点 (x, y, t) 的全体, 它的依赖区域包含点 $(x_0, y_0, 0)$. 容易看出, 点 $(x_0, y_0, 0)$ 的**影响区域**为以该点为顶点的向上的实心特征锥 (如图 5–12):

$$(x-x_0)^2+(y-y_0)^2 \leqslant a^2t^2, \quad t>0. \tag{2.21}$$

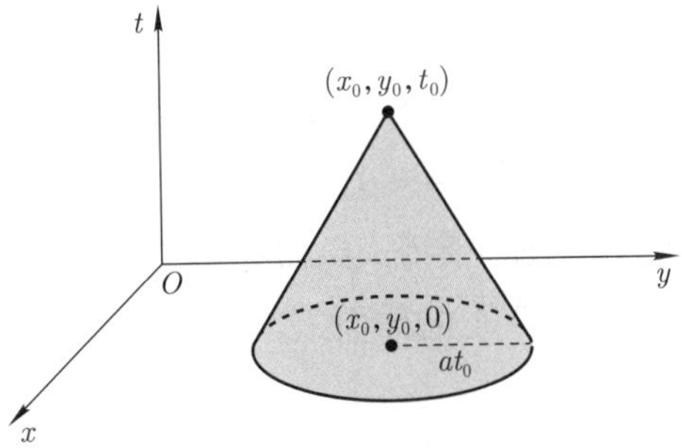

图 5–11

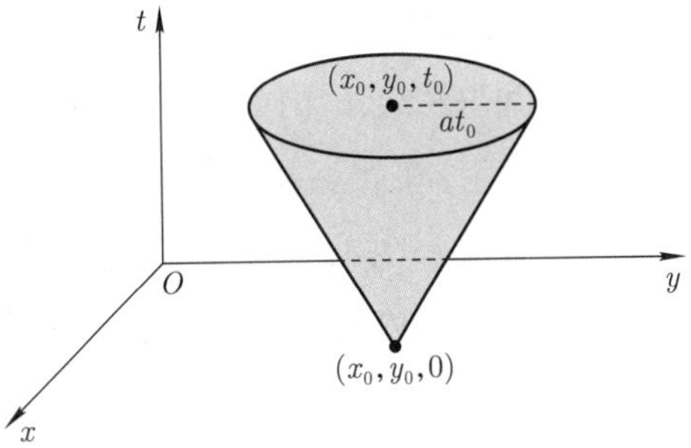

图 5–12

初始平面上某一个区域的影响区域, 就是此区域上每一点所对应的圆锥体 (2.21) 的**包络面**所围成的区域.

例 5.8 求解 Cauchy 问题

$$\begin{cases} u_{tt}-a^2\left(u_{xx}+u_{yy}\right)=0, & (x, y) \in \mathbb{R}^2, \quad t>0, \\ u|_{t=0}=\varphi(x, y), \quad u_t|_{t=0}=\psi(x, y), & (x, y) \in \mathbb{R}^2 \end{cases} \tag{2.22}$$

的解关于空间 O-xyt 内点 $(5,1,3)$ 的依赖区域, 关于平面 $t=0$ 上圆域

$$\left\{(x, y) | (x-4)^2+(y-3)^2 \leqslant 16a^2\right\}$$

的决定区域和平面 $t=0$ 上点 $(5,1,0)$ 的影响区域.

解 按照依赖区域的定义, 平面 $t=0$ 上的圆域

$$\left\{(x, y) | (x-5)^2+(y-1)^2 \leqslant 9a^2\right\} \tag{2.23}$$

为点 $(5,1,3)$ 的依赖区域.

以平面 $t=0$ 上的圆周 $\{(x,y)|(x-4)^2+(y-3)^2=16a^2\}$ 为准线, 以空间 $O\text{-}xyt$ 内的点 $(4,3,4)$ 为顶点的圆锥体为

$$\{(x,y,t)|(x-4)^2+(y-3)^2 \leqslant a^2(t-4)^2,\quad 0 \leqslant t \leqslant 4\}.$$

按照决定区域的定义, 圆锥体域 $\{(x,y,t)|(x-4)^2+(y-3)^2 \leqslant a^2(t-4)^2,\quad 0 \leqslant t \leqslant 4\}$ 为圆域 $\{(x,y)|(x-4)^2+(y-3)^2 \leqslant 16a^2\}$ 的决定区域.

按照影响区域的定义, 以点 $(5,1,0)$ 为顶点向上的实心圆锥体域

$$\{(x,y,t)|(x-5)^2+(y-1)^2 \leqslant a^2t^2,\quad t \geqslant 0\}$$

为点 $(5,1,0)$ 的影响区域.

2. 三维的情形

对空间 $O\text{-}xyzt$ 内的一点 (x_0,y_0,z_0,t_0), 它的依赖区域可根据 Poisson 公式 (2.11) 确定, 在此点解的值 $u(x_0,y_0,z_0,t_0)$, 由超平面 $t=0$ 上初始数据 φ 和 ψ 在以点 (x_0,y_0,z_0) 为心、at_0 为半径的球面上的数值所完全确定, 而和 φ, ψ 在此球面外及球面内的数值无关. 因此, 我们称超平面 $t=0$ 上的球面

$$(x-x_0)^2+(y-y_0)^2+(z-z_0)^2=a^2t_0^2 \tag{2.24}$$

为点 (x_0,y_0,z_0,t_0) 的**依赖区域**. 球面 (2.24) 实际上是四维空间的锥面 (我们也称它为**三维波动方程的特征锥面**)

$$(x-x_0)^2+(y-y_0)^2+(z-z_0)^2=a^2(t-t_0)^2$$

与平面 $t=0$ 的截口.

反之, 初始平面 $t=0$ 上球面 (2.24) 内部区域的**决定区域**就是以它为底、以 (x_0,y_0,z_0,t_0) 为顶点的圆锥体区域:

$$(x-x_0)^2+(y-y_0)^2+(z-z_0)^2 \leqslant a^2(t-t_0)^2,\qquad t \leqslant t_0. \tag{2.25}$$

对于初始平面 $t=0$ 上的一点 $(x_0,y_0,z_0,0)$, 它的**影响区域**为以该点为顶点的向上的特征锥面:

$$(x-x_0)^2+(y-y_0)^2+(z-z_0)^2 \leqslant a^2t^2,\qquad t>0. \tag{2.26}$$

至于初始平面 $t=0$ 上某一区域的影响区域, 则由该区域上过每一点所作锥面 (2.26) 的包络所围成.

2.4 波的传播速度

由关于影响区域的讨论知，无论是对二维还是三维的情形，在时刻 $t=0$ 时，点 P 处的一个初始扰动在经过时间 t 以后，不会对与点 P 的距离大于 at 的点产生影响. 也就是说，扰动以速度 a 传播. 扰动具有有限传播速度是波动方程解的最基本的特征.

2.5 Poisson 公式的物理意义

在讨论依赖区域和影响区域时，我们已经看到二维和三维的情形有着很大的不同，在描述波传播的规律时二者的区别更明显.

1. 三维空间波传播的物理性质

从 2.3 小节的讨论中我们知道，初始扰动对波的影响是由 Poisson 公式 (2.11) 给出的. 下面我们就从 Poisson 公式 (2.11) 出发，讨论三维波传播的物理性质. 为简单起见，我们只研究局部扰动的传播，即假定初值函数 φ 和 ψ 仅在某个有界区域 Ω 上不为零 (不妨设 $\varphi>0$, $\psi>0$)，在 Ω 以外等于零. 今在空间中任取一点 $M(x,y,z)$，考察每个时刻点 M 所受到的初始扰动的影响情况. 由 Poisson 公式 (2.11)，我们知道函数 $u(x,y,z,t)$ 在点 M 处及时刻 t 的值完全由初始数据 φ 和 ψ 在已知球面 $S_{at}(M)$ 上的值所确定，因此，函数 $u(x,y,z,t)$ 的值只有当球面 $S_{at}(M)$ 与区域 Ω 相交时才不为零. 令 d 和 D 分别表示从点 M 到区域 Ω 的最近点和最远点之间的距离 (当 $M\in\Omega$ 时，取 $d=0$) (如图 5–13).

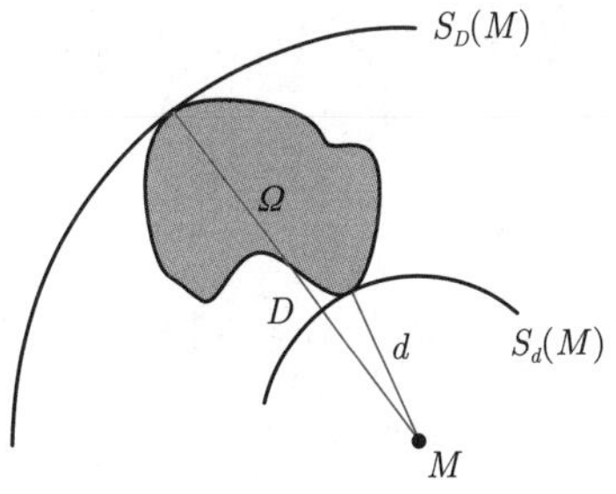

图 5–13

于是，

(i) 当 $at<d\left(\text{即 } t<\dfrac{d}{a}\right)$ 时，公式 (2.11) 中的积分球面 $S_{at}(M)$ 与初始扰动区域 Ω 有一段距离，在球面 $S_{at}(M)$ 上 $\varphi\equiv 0$, $\psi\equiv 0$，从而 $u(x,y,z,t)=0$，这说明扰动还未到达点 M.

(ii) 当 $d\leqslant at\leqslant D\left(\text{即 } \dfrac{d}{a}\leqslant t\leqslant\dfrac{D}{a}\right)$ 时，积分球面 $S_{at}(M)$ 与初始扰动区域 Ω 相交，这时 $u(x,y,z,t)\neq 0$，这说明初始扰动在时刻 $t=\dfrac{d}{a}$ 到达点 M，点 M 开始进入受扰动状态，扰动来时有清晰的波前.

(iii) 当 $at>D\left(\text{即 } t>\dfrac{D}{a}\right)$ 时，积分球面 $S_{at}(M)$ 已越过了初始扰动区域 Ω，波函数 $u(x,y,z,t)$ 的值从时刻 $t=\dfrac{D}{a}$ 开始又回到了零. 这时所有的扰动都已掠过了点 M，点 M 又恢复到原先的状态. 这表明波去时有清晰的波后，没有留下任何后效.

由此可见, 在区域 Ω 内任一点 $P_0(x_0, y_0, z_0)$ 处在初始时刻 $t = 0$ 时的一个瞬时扰动, 随着时间的增加将以速度 a 向四周扩散, 经过时间 t 后, 它传播到以 P_0 为中心 at 为半径的球面

$$(x - x_0)^2 + (y - y_0)^2 + (z - z_0)^2 = a^2t^2$$

上, 这表明对于与点 P_0 的空间距离为 r 的一切点, 只有当 $t = \dfrac{r}{a}$ 时, 这些点才落在扰动球面 $S_r(P_0)$ 上, 过后又恢复到未受扰动前的状态. 由此可见, 在时刻 t 处于扰动状态的区域是由无数个球面所组成的, 这些球面就是以 Ω 中每一点 P 为中心, at 为半径的球面族 $S_{at}(P)$. 这种球面族 $S_{at}(P)$ 有内外两个包络面, 此包络面就是处于扰动状态区域的界面. 我们称外包络面为传播波的**前阵面**, 内包络面为传播波的**后阵面**. 前阵面与后阵面的中间部分就是受到初始扰动影响的部分. 前阵面以外的部分表示波还未传到的区域, 后阵面以内的部分是波已传过并恢复了原来状态的区域. 因此当初始扰动限制在空间某一局部范围内时, 波的传播有清晰的前阵面和后阵面, 这个现象称为 **Huygens (惠更斯) 原理**或**无后效现象**, 声波的传播就是这样. Huygens 原理对信号的传送与接收具有重要意义.

2. 二维空间波传播的物理性质

在二维的情形, 我们仍只研究局部扰动的传播, 即仍假设在 $O\text{-}xy$ 平面上某个有界区域 Ω 内, $\varphi(x, y) > 0$, $\psi(x, y) > 0$, 在 Ω 以外 $\varphi(x, y) \equiv 0$, $\psi(x, y) \equiv 0$. 今在 $O\text{-}xy$ 平面上任取一点 $M(x, y)$, 为了考察在时刻 t 点 M 所受到的初始扰动的影响情况, 设点 $M(x, y)$ 与初始扰动区域 Ω 最近点的距离是 d_1 (当 $M \in \Omega$ 时, 取 $d_1 = 0$) (如图 5–14).

于是,

(i) 当 $at < d_1$ $\left(\text{即 } t < \dfrac{d_1}{a}\right)$ 时, Poisson 公式 (2.16) 中的积分区域 $\Sigma_{at}(M)$ 与初始扰动区域 Ω 没有公共部分, 圆 $\Sigma_{at}(M)$ 内 $\varphi(x, y) \equiv 0$, $\psi(x, y) \equiv 0$, 从而 $u(x, y, z, t) = 0$, 这说明初始扰动还未到达点 M.

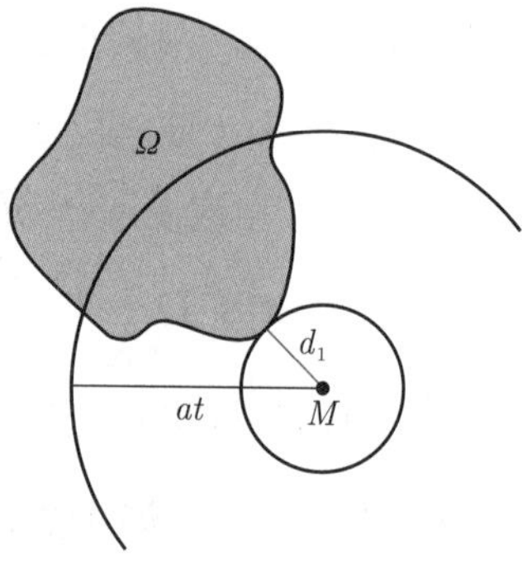

图 5–14

(ii) 当 $at \geqslant d_1$ $\left(\text{即 } t \geqslant \dfrac{d_1}{a}\right)$ 时, 积分区域 $\Sigma_{at}(M)$ 与初始扰动区域 Ω 有公共部分, 或者 $\Sigma_{at}(M)$ 包含着整个 Ω, 这时 $u(x, y, z, t) \neq 0$, 这表明一旦扰动传播到点 M, 激起了点 M 的振动之后, 此扰动在以后并不消失, 仅仅是随时间 t 的无限增大而逐渐减小, 留下的是逐渐趋于零的长久后效. 因此在二维的情形, 局部范围中的

初始扰动具有长期持续的后效特性, 波的传播有清晰的前阵面, 但没有后阵面. 这时 Huygens 原理不成立. 我们称这种现象为波的**弥散**或称这种波具有**后效现象**. 这是二维波与三维波的本质差别.

如果我们把二维波动问题视为所给初始扰动是在一个无限长的柱体内发生, 而不依赖于第三个坐标 z 的三维波动问题. 这样, 产生后效的原因和过程就不难想象了.

2.6 非齐次波动方程的 Cauchy 问题

考虑如下三维非齐次波动方程的 Cauchy 问题

$$\begin{cases} u_{tt}-a^2\Delta u=f(x,y,z,t), & (x,y,z)\in\mathbb{R}^3,\quad t>0, \\ u|_{t=0}=\varphi(x,y,z), \quad u_t|_{t=0}=\psi(x,y,z), & (x,y,z)\in\mathbb{R}^3. \end{cases} \tag{2.27}$$

利用叠加原理, 可以把这个定解问题的求解分成如下两个定解问题的求解:

$$\text{(I)}\qquad \begin{cases} u_{tt}-a^2\Delta u=0, \quad (x,y,z)\in\mathbb{R}^3,\quad t>0, \\ u|_{t=0}=\varphi(x,y,z), \quad u_t|_{t=0}=\psi(x,y,z), \quad (x,y,z)\in\mathbb{R}^3 \end{cases}$$

和

$$\text{(II)}\qquad \begin{cases} u_{tt}-a^2\Delta u=f(x,y,z,t), \quad (x,y,z)\in\mathbb{R}^3,\quad t>0, \\ u|_{t=0}=0, \quad u_t|_{t=0}=0, \quad (x,y,z)\in\mathbb{R}^3. \end{cases}$$

即若函数 u_1 和 u_2 分别是定解问题 (I) 和 (II) 的解, 则 $u=u_1+u_2$ 就是定解问题 (2.27) 的解.

关于问题 (I), 我们在前面已经讨论过了, 下面只就问题 (II) 进行讨论. 由第四章 §1 的定理 4.1, 我们有如下齐次化原理:

定理 5.6 (齐次化原理) 若 $w(x,y,z,t;\tau)$ 是定解问题

$$\text{(III)}\qquad \begin{cases} w_{tt}-a^2\Delta w=0, \quad (x,y,z)\in\mathbb{R}^3,\quad t>\tau, \\ w|_{t=\tau}=0, \quad w_t|_{t=\tau}=f(x,y,z,\tau), \quad (x,y,z)\in\mathbb{R}^3 \end{cases}$$

的解, 则函数

$$u(x,y,z,t)=\int_0^t w(x,y,z,t;\tau)\mathrm{d}\tau \tag{2.28}$$

是定解问题 (II) 的解.

因此只要定解问题 (III) 可解, 则由 (2.28) 式给出的函数 u 就是定解问题 (II) 的解.

为了写出定解问题 (III) 的求解公式, 我们作变换 $t'=t-\tau$, 这样就可利用 Poisson 公式 (2.11), 得到

$$
\begin{aligned}
w(x,y,z,t;\tau) &= \frac{1}{4\pi a}\iint\limits_{S_{at'}(M)}\left(\frac{f(\xi,\eta,\zeta,\tau)}{r}\right)\Bigg|_{r=at'}\mathrm{d}S \\
&= \frac{1}{4\pi a}\iint\limits_{S_{a(t-\tau)}(M)}\left(\frac{f(\xi,\eta,\zeta,\tau)}{r}\right)\Bigg|_{r=a(t-\tau)}\mathrm{d}S. \qquad (2.29)
\end{aligned}
$$

将 (2.29) 式代入 (2.28) 式得

$$
\begin{aligned}
u(x,y,z,t) &= \frac{1}{4\pi a}\int_0^t\iint\limits_{S_{a(t-\tau)}(M)}\left(\frac{f(\xi,\eta,\zeta,\tau)}{r}\right)\Bigg|_{r=a(t-\tau)}\mathrm{d}S\mathrm{d}\tau \\
&= \frac{1}{4\pi a^2}\int_0^{at}\iint\limits_{S_r(M)}\frac{f\left(\xi,\eta,\zeta,t-\dfrac{r}{a}\right)}{r}\mathrm{d}S\mathrm{d}r \quad \left(\tau = t-\frac{r}{a}\right) \\
&= \frac{1}{4\pi a^2}\iiint\limits_{K_{at}(M)}\frac{f\left(\xi,\eta,\zeta,t-\dfrac{r}{a}\right)}{r}\mathrm{d}\Omega, \qquad (2.30)
\end{aligned}
$$

其中 $K_{at}(M)$ 表示以点 $M(x,y,z)$ 为球心, at 为半径的球体, $\mathrm{d}\Omega$ 表示体积元素. 我们称 (2.30) 式为 **Kirchhoff (基希霍夫) 公式**. 于是在时刻 t 位于点 M 处的函数 $u(x,y,z,t)$ 的数值, 可由函数 f 在时刻 $\tau = t-\dfrac{r}{a}$ 在此球的三重积分表示, 这里 u 的时间比 f 推迟了 $\dfrac{r}{a}$, 所以我们称 (2.30) 式的积分为**推迟式**. 这个时间差正好是波以速度 a 从点 (ξ,η,ζ) 传播到点 (x,y,z) 所需要的时间.

关于二维的情况, 可作类似的讨论.

注 5.6 像 §1 中处理半直线上一维波动方程的混合问题那样, 我们也可以考虑半平面上二维波动方程的混合问题和半空间中三维波动方程的混合问题, 即下列混合问题:

$$
\begin{cases}
u_{tt}-a^2(u_{xx}+u_{yy})=0, \quad x\in\mathbb{R}, \quad y>0, \quad t>0, \\
u|_{t=0}=\varphi(x,y), \quad u_t|_{t=0}=\psi(x,y), \quad x\in\mathbb{R}, \quad y\geqslant 0, \\
u|_{y=0}=0, \quad \text{或} \quad u_y|_{y=0}=0, \quad x\in\mathbb{R}, \quad t\geqslant 0;
\end{cases} \qquad (2.31)
$$

$$
\begin{cases}
u_{tt}-a^2(u_{xx}+u_{yy}+u_{zz})=0, \quad (x,y)\in\mathbb{R}^2, \quad z>0, \quad t>0, \\
u|_{t=0}=\varphi(x,y,z), \quad u_t|_{t=0}=\psi(x,y,z), \quad (x,y)\in\mathbb{R}^2, \quad z\geqslant 0, \\
u|_{z=0}=0, \quad \text{或} \quad u_z|_{z=0}=0, \quad (x,y)\in\mathbb{R}^2, \quad t\geqslant 0.
\end{cases} \qquad (2.32)
$$

习题 5-2

1. 求解下列三维齐次波动方程的 Cauchy 问题:

(1) $\begin{cases} u_{tt}-a^2(u_{xx}+u_{yy}+u_{zz})=0, & (x,y,z)\in\mathbb{R}^3, \quad t>0, \\ u|_{t=0}=yz, \quad u_t|_{t=0}=zx, & (x,y,z)\in\mathbb{R}^3; \end{cases}$

(2) $\begin{cases} u_{tt}-a^2(u_{xx}+u_{yy}+u_{zz})=0, & (x,y,z)\in\mathbb{R}^3, \quad t>0, \\ u|_{t=0}=f(x)+g(y), & (x,y)\in\mathbb{R}^2, \\ u_t|_{t=0}=\varphi(x)+\psi(z), & (x,z)\in\mathbb{R}^2; \end{cases}$

(3) $\begin{cases} u_{tt}-a^2(u_{xx}+u_{yy}+u_{zz})=0, & (x,y,z)\in\mathbb{R}^3, \quad t>0, \\ u|_{t=0}=u_t|_{t=0}=\mathrm{e}^{(x^2+y^2+z^2)}, & (x,y,z)\in\mathbb{R}^3. \end{cases}$

2. 设 $\varphi(x,y,z)\in C^2(\mathbb{R}^3)$, 且

$$\lim_{r\to\infty}\frac{\varphi(x,y,z)}{r^{\alpha-1}}=A,$$

其中 $r=\sqrt{x^2+y^2+z^2}$, α 为一常数. 若 $u(x,y,z,t)$ 为 Cauchy 问题

$$\begin{cases} u_{tt}-a^2(u_{xx}+u_{yy}+u_{zz})=0, & (x,y,z)\in\mathbb{R}^3, \quad t>0, \\ u|_{t=0}=0, \quad u_t|_{t=0}=\varphi(x,y,z), & (x,y,z)\in\mathbb{R}^3 \end{cases}$$

的解, 则

$$\lim_{t\to\infty}\frac{u(x,y,z,t)}{t^{\alpha}}=C,$$

试计算常数 C 的值.

3. 证明球面波问题

$$\begin{cases} u_{tt}-a^2(u_{xx}+u_{yy}+u_{zz})=0, & (x,y,z)\in\mathbb{R}^3, \quad t>0, \\ u|_{t=0}=\varphi(r), \quad u_t|_{t=0}=\psi(r) \end{cases}$$

的解为

$$u(r,t)=\frac{(r-at)\varphi(r-at)+(r+at)\varphi(r+at)}{2r}+\frac{1}{2ar}\int_{r-at}^{r+at}\rho\psi(\rho)\mathrm{d}\rho,$$

其中 $r=\sqrt{x^2+y^2+z^2}$.

4. 求解 Cauchy 问题

$$\begin{cases} u_{tt}-a^2(u_{xx}+u_{yy}+u_{zz})=0, & (x,y,z)\in\mathbb{R}^3, \quad t>0, \\ u|_{t=0}=\varphi(\sqrt{x^2+y^2+z^2}), \quad u_t|_{t=0}=\psi(x+y+z), & (x,y,z)\in\mathbb{R}^3. \end{cases}$$

5. 设 $u(r,t)$ 是三维波动方程 Cauchy 问题

$$\begin{cases} u_{tt}-(u_{xx}+u_{yy}+u_{zz})=0, & (x,y,z)\in\mathbb{R}^3, \quad t>0, \\ u|_{t=0}=0, \quad u_t|_{t=0}=(1+4r^2)^{-\frac{1}{2}}, & (x,y,z)\in\mathbb{R}^3 \end{cases}$$

的解, 其中 $r=\sqrt{x^2+y^2+z^2}$, 求 $\lim\limits_{t\to\infty}u(0,t)$.

6. 求解下列二维齐次波动方程的 Cauchy 问题:

(1) $\begin{cases} u_{tt}-a^2(u_{xx}+u_{yy})=0, & (x,y)\in\mathbb{R}^2, \quad t>0, \\ u|_{t=0}=2x^2-y^2, \quad u_t|_{t=0}=2x^2+y^2, & (x,y)\in\mathbb{R}^2; \end{cases}$

(2) $\begin{cases} u_{tt}-a^2(u_{xx}+u_{yy})=0, & (x,y)\in\mathbb{R}^2, \quad t>0, \\ u|_{t=0}=0, \quad u_t|_{t=0}=2xy, & (x,y)\in\mathbb{R}^2. \end{cases}$

7. 试用降维法导出弦振动方程的 d'Alembert 公式.

8. 写出 Cauchy 问题

$$\begin{cases} u_{tt}-4(u_{xx}+u_{yy})=0, & (x,y)\in\mathbb{R}^2, \quad t>0, \\ u|_{t=0}=x+y, \quad u_t|_{t=0}=2xy, & (x,y)\in\mathbb{R}^2 \end{cases}$$

关于点 $(x,y,t)=(0,0,2)$ 的依赖区域.

9. 求解下列三维非齐次波动方程的 Cauchy 问题:

(1) $\begin{cases} u_{tt}-a^2(u_{xx}+u_{yy}+u_{zz})=2(y-t), & (x,y,z)\in\mathbb{R}^3, \quad t>0, \\ u|_{t=0}=0, \quad u_t|_{t=0}=x^2+y^2, & (x,y)\in\mathbb{R}^2; \end{cases}$

(2) $\begin{cases} u_{tt}-a^2(u_{xx}+u_{yy}+u_{zz})=\mathrm{e}^z\cos x\cdot\sin y, & (x,y,z)\in\mathbb{R}^3, \quad t>0, \\ u|_{t=0}=x^2\mathrm{e}^{y+z}, \quad u_t|_{t=0}=\mathrm{e}^{y+z}\sin x, & (x,y,z)\in\mathbb{R}^3; \end{cases}$

(3) $\begin{cases} u_{tt}-a^2(u_{xx}+u_{yy}+u_{zz})=(x^2+y^2+z^2)^2\mathrm{e}^t, & (x,y,z)\in\mathbb{R}^3, \quad t>0, \\ u|_{t=0}=u_t|_{t=0}=0, & (x,y,z)\in\mathbb{R}^3. \end{cases}$

10. 求解下列二维非齐次波动方程的 Cauchy 问题:

(1) $\begin{cases} u_{tt}-(u_{xx}+u_{yy})=t\sin y, & (x,y)\in\mathbb{R}^2, \quad t>0, \\ u|_{t=0}=x^2, \quad u_t|_{t=0}=\sin y, & (x,y)\in\mathbb{R}^2; \end{cases}$

(2) $\begin{cases} u_{tt}-(u_{xx}+u_{yy})=\mathrm{e}^{x+2y}, & (x,y)\in\mathbb{R}^2, \quad t>0, \\ u|_{t=0}=u_t|_{t=0}=\mathrm{e}^{x+2y}, & (x,y)\in\mathbb{R}^2. \end{cases}$

§3 能量积分、唯一性和稳定性

前面两节, 我们已经研究了波动方程的 Cauchy 问题解的存在性, 并在第三章还对某些特殊区域用分离变量法得到了混合问题解的存在性. 在这一节我们将讨论这些问题解的唯一性和稳定性. 关于波动方程解的唯一性和稳定性的研究, 基本的方法是建立解的**先验估计**, 即**能量积分估计**.

3.1 能量积分

设 Ω 是 $\mathbb{R}^n$ 中的有界区域, 边界为 Γ. 下面分三种情形给出能量积分的表达式.

情形 I: 第一边值问题:

$$\begin{cases} u_{tt}-a^2\Delta u=0, \quad (x_1,x_2,\cdots,x_n)\in\Omega, \quad t>0, \\ u|_{t=0}=\varphi(x_1,x_2,\cdots,x_n), \quad u_t|_{t=0}=\psi(x_1,x_2,\cdots,x_n), \quad (x_1,x_2,\cdots,x_n)\in\overline{\Omega}, \\ u|_{\Gamma\times[0,\infty)}=0, \end{cases} \tag{3.1}$$

其中 $\Delta u=\sum\limits_{i=1}^{n}u_{x_ix_i}$. 其**能量积分**为

$$E(t)=\frac{1}{2}\int_{\Omega}\left(u_t^2+a^2|\nabla u|^2\right)\mathrm{d}x_1\mathrm{d}x_2\cdots\mathrm{d}x_n, \tag{3.2}$$

其中 $\nabla u=(u_{x_1},u_{x_2},\cdots,u_{x_n})$, $|\nabla u|^2=\sum\limits_{i=1}^{n}u_{x_i}^2$.

现在以 $n=1$, 即弦振动方程的情况为例 (第一章 §2), 来说明能量积分 (3.2) 的物理意义. 在微弦段 $[x,x+\mathrm{d}x]$ 上, 该微弦段的质量为 $\rho\mathrm{d}x$, 速度为 u_t, 所以它具有的动能为 $\frac{1}{2}\rho u_t^2\mathrm{d}x$. 又由于弦段的张力为 T, 该微弦段在舍去高阶小量后伸长的长度为

$$\left(\sqrt{1+u_x^2}-1\right)\mathrm{d}x\approx\frac{1}{2}u_x^2\mathrm{d}x, \tag{3.3}$$

所以它具有的位能 (弹性势能) 为 $\frac{1}{2}Tu_x^2\mathrm{d}x$. 注意到 $a^2=\frac{T}{\rho}$, 于是, 若不计常数因子 ρ 的相差, 则积分

$$\frac{1}{2}\int_0^l\left(u_t^2+a^2u_x^2\right)\mathrm{d}x \tag{3.4}$$

就是弦段 $[0,l]$ 在时刻 t 的总能量.

情形 II: 第二边值问题:

$$\begin{cases} u_{tt}-a^2\Delta u=0, \quad (x_1,x_2,\cdots,x_n)\in\Omega, \quad t>0, \\ u|_{t=0}=\varphi(x_1,x_2,\cdots,x_n), \quad u_t|_{t=0}=\psi(x_1,x_2,\cdots,x_n), \quad (x_1,x_2,\cdots,x_n)\in\overline{\Omega}, \\ \left.\dfrac{\partial u}{\partial\nu}\right|_{\Gamma\times[0,\infty)}=0, \end{cases} \tag{3.5}$$

此时, 有同样的能量积分表达式 (3.2).

情形 Ⅲ: 第三边值问题:

$$\begin{cases} u_{tt}-a^2\Delta u=0, \quad (x_1,x_2,\cdots,x_n)\in\Omega, \quad t>0, \\ u|_{t=0}=\varphi(x_1,x_2,\cdots,x_n), \ \ u_t|_{t=0}=\psi(x_1,x_2,\cdots,x_n), \ \ (x_1,x_2,\cdots,x_n)\in\overline{\Omega}, \\ \left.\left(\dfrac{\partial u}{\partial \nu}+\sigma u\right)\right|_{\Gamma\times[0,\infty)}=0, \end{cases} \tag{3.6}$$

对这种情形, 其能量积分为

$$E(t)=\frac{1}{2}\int_{\Omega}\left(u_t^2+a^2|\nabla u|^2\right)\mathrm{d}x_1\mathrm{d}x_2\cdots\mathrm{d}x_n+\frac{1}{2}a^2\sigma\int_{\Gamma}u^2\mathrm{d}S, \tag{3.7}$$

其中 $\mathrm{d}S$ 表示曲面 Γ 上的面积单元, $\sigma>0$ 为常数.

仍以 $n=1$ 为例来说明能量积分 (3.7) 的物理意义. 此时边值条件为

$$(u_x-\sigma u)|_{x=0}=0, \qquad (u_x+\sigma u)|_{x=l}=0, \tag{3.8}$$

而

$$E(t)=\frac{1}{2}\int_0^l\left(u_t^2+a^2u_x^2\right)\mathrm{d}x+\frac{1}{2}a^2\sigma\left(u^2(0,t)+u^2(l,t)\right). \tag{3.9}$$

从物理上讲, 边值条件 (3.8) 相当于弹性支承. 所以在考虑总能量时, 必须把弹性支承的位能考虑进去. 由 Hooke 定律易知, 弹性系数为 k 的弹性支承在形变为 u 时的位能为 $\dfrac{1}{2}ku^2$. 因此, 在两端点处弹性支承的位能为

$$\frac{1}{2}k\left(u^2(0,t)+u^2(l,t)\right).$$

注意到 $a^2=\dfrac{T}{\rho}$, $\sigma=\dfrac{k}{T}$, 从而 (3.9) 式给出的 $E(t)$ 仅与总能量相差一常数因子 ρ.

3.2 混合问题解的唯一性

为了研究混合问题解的唯一性, 关键是建立**能量估计**. 我们知道, 在没有外力作用的情况下, 能量是守恒的, 即 $\dfrac{\mathrm{d}E(t)}{\mathrm{d}t}=0$. 在证明**能量守恒**定律时, 通常有两种方法: 一种方法是直接对能量积分 $E(t)$ 的表达式求导, 然后分部积分并利用 u 所满足的方程和边值条件来证明所需结论. 这种方法较直接, 但事先必须知道能量 $E(t)$ 的表达式. 另一种方法是将所讨论的方程两边乘 u_t, 然后在 Ω 上关于 x 求积分, 这种方法的物理意义是明显的. 以 $n=1$ 的情形为例, 第一章 §2 中的方程 (2.13) 右端表示外力密度, 而 u_t 乘外力密度在 Ω 上的积分恰为外力在单位时间内所做的功 (相差一常数因子 ρ). 此外, 这种方法对一般的二阶双曲型方程也是适用的.

下面我们以波动方程的第三边值问题 (3.6) 为例, 用第一种方法从数学上严格证明能量是守恒的. 即

定理 5.7 设 Ω 是 $\mathbb{R}^n$ 中的有界单连通区域, 边界为 Γ. 设函数 $u(x_1,x_2,\cdots,x_n,t)$ 是混合问题 (3.6) 的解, 则由 (3.7) 式定义的能量 $E(t)$ 是守恒的, 即

$$\frac{\mathrm{d}E(t)}{\mathrm{d}t}=0.$$

证 对 (3.7) 式关于 t 求导, 并利用问题 (3.6) 中的方程、边值条件及散度定理 (见附录 I), 有

$$\begin{aligned}\frac{\mathrm{d}E(t)}{\mathrm{d}t}&=\int_\Omega\left(u_tu_{tt}+a^2\nabla u\cdot\nabla u_t\right)\mathrm{d}x_1\mathrm{d}x_2\cdots\mathrm{d}x_n+a^2\sigma\int_\Gamma uu_t\mathrm{d}S\\&=\int_\Omega u_t\left(u_{tt}-a^2\Delta u\right)\mathrm{d}x_1\mathrm{d}x_2\cdots\mathrm{d}x_n+\\&\quad a^2\int_\Omega\mathrm{div}(u_t\nabla u)\mathrm{d}x_1\mathrm{d}x_2\cdots\mathrm{d}x_n+a^2\sigma\int_\Gamma uu_t\mathrm{d}S\\&=\int_\Omega u_t\left(u_{tt}-a^2\Delta u\right)\mathrm{d}x_1\mathrm{d}x_2\cdots\mathrm{d}x_n+a^2\int_\Gamma u_t\frac{\partial u}{\partial\nu}\mathrm{d}S+a^2\sigma\int_\Gamma uu_t\mathrm{d}S\\&=\int_\Omega u_t\left(u_{tt}-a^2\Delta u\right)\mathrm{d}x_1\mathrm{d}x_2\cdots\mathrm{d}x_n-a^2\sigma\int_\Gamma uu_t\mathrm{d}S+a^2\sigma\int_\Gamma uu_t\mathrm{d}S\\&=0,\end{aligned}$$

所以 $E(t)$ 是一个与 t 无关的常数, 从而 $E(t)=E(0)$.

定理证毕.

现在我们利用能量守恒定律来证明混合问题解的唯一性.

仍以波动方程的第三边值问题为例加以说明. 考虑如下混合问题:

$$\begin{cases}u_{tt}-a^2\Delta u=f(x_1,x_2,\cdots,x_n,t), & (x_1,x_2,\cdots,x_n)\in\Omega,\quad t>0,\\ u|_{t=0}=\varphi(x_1,x_2,\cdots,x_n),\quad u_t|_{t=0}=\psi(x_1,x_2,\cdots,x_n), & (x_1,x_2,\cdots,x_n)\in\overline{\Omega},\\ \left.\left(\dfrac{\partial u}{\partial\nu}+\sigma u\right)\right|_{\Gamma\times[0,\infty)}=\mu(x_1,x_2,\cdots,x_n,t).\end{cases}\tag{3.10}$$

定理 5.8 若混合问题 (3.10) 有解, 则解是唯一的.

证 设 u_1 和 u_2 是混合问题 (3.10) 的解, 则它们的差 $u=u_1-u_2$ 是混合问题

$$\begin{cases}u_{tt}-a^2\Delta u=0, & (x_1,x_2,\cdots,x_n)\in\Omega,\quad t>0,\\ u|_{t=0}=0,\quad u_t|_{t=0}=0, & (x_1,x_2,\cdots,x_n)\in\overline{\Omega},\\ \left.\left(\dfrac{\partial u}{\partial\nu}+\sigma u\right)\right|_{\Gamma\times[0,\infty)}=0\end{cases}$$

的解. 从而由定理 5.7 知

$$E(t)=\frac{1}{2}\int_\Omega\left(u_t^2+a^2|\nabla u|^2\right)\mathrm{d}x_1\mathrm{d}x_2\cdots\mathrm{d}x_n+\frac{1}{2}a^2\sigma\int_\Gamma u^2\mathrm{d}S=E(0),$$

而此时 $E(0)=0$, 于是得到

$$u_t=u_{x_1}=\cdots=u_{x_n}=0,$$

即 $u\equiv$ 常数. 又由于 $u|_{t=0}=0$, 所以

$$u(x_1,x_2,\cdots,x_n,t)\equiv 0.$$

这样我们就证明了混合问题 (3.10) 的解的唯一性.

定理证毕.

3.3 能量不等式

为了讨论混合问题解的稳定性, 我们先建立能量不等式. 设解 $u(x_1,\ x_2,\ \cdots,\ x_n,t)$ 在 Ω 上 L^2 可积, 记

$$E_0(t)=\frac{1}{2}\int_\Omega u^2(x_1,x_2,\cdots,x_n,t)\mathrm{d}x_1\mathrm{d}x_2\cdots\mathrm{d}x_n, \tag{3.11}$$

将 (3.11) 式关于 t 求导, 利用 Cauchy 不等式, 得

$$\begin{aligned}\frac{\mathrm{d}E_0(t)}{\mathrm{d}t}&=\int_\Omega uu_t\mathrm{d}x_1\mathrm{d}x_2\cdots\mathrm{d}x_n\\&\leqslant\frac{1}{2}\int_\Omega u^2\mathrm{d}x_1\mathrm{d}x_2\cdots\mathrm{d}x_n+\frac{1}{2}\int_\Omega u_t^2\mathrm{d}x_1\mathrm{d}x_2\cdots\mathrm{d}x_n\\&\leqslant E_0(t)+E(t),\end{aligned}$$

由 Gronwall (格朗沃尔) 不等式 (见附录 III), 上式表明

$$E_0(t)\leqslant E_0(0)\mathrm{e}^t+\mathrm{e}^t\int_0^t\mathrm{e}^{-\tau}E(\tau)\mathrm{d}\tau. \tag{3.12}$$

由于混合问题 (3.6) 的能量守恒, 即 $E(t)=E(0)$, 故 (3.12) 式可写为

$$E_0(t)\leqslant\mathrm{e}^tE_0(0)+E(0)(\mathrm{e}^t-1), \tag{3.13}$$

(3.13) 式是与混合问题 (3.6) 的解有关的一个估计式, 我们称它为**能量不等式**, 通常亦称为**先验估计**.

应用能量不等式 (3.13), 我们立即可以得到混合问题 (3.10) 解的连续依赖性.

定理 5.9 混合问题 (3.10) 的解在下述意义下关于初始数据是稳定的, 即对于任意的正数 ε, 总存在正数 δ, 只要

$$||\varphi_1(\cdot)-\varphi_2(\cdot)||_{L^2(\Omega)}<\delta,\quad ||\psi_1(\cdot)-\psi_2(\cdot)||_{L^2(\Omega)}<\delta,$$

$$||\nabla\varphi_1(\cdot)-\nabla\varphi_2(\cdot)||_{L^2(\Omega)}<\delta,\quad ||\varphi_1(\cdot)-\varphi_2(\cdot)||_{L^2(\Gamma)}<\delta,$$

就有: 以 φ_1, ψ_1 为初值的解 u_1 与以 φ_2, ψ_2 为初值的解 u_2 之差满足

$$||u_1(\cdot,t)-u_2(\cdot,t)||_{L^2(\Omega)}<\varepsilon,$$

或

$$\int_0^T\int_\Omega (u_1(x_1,x_2,\cdots,x_n,t)-u_2(x_1,x_2,\cdots,x_n,t))^2\mathrm{d}x_1\mathrm{d}x_2\cdots\mathrm{d}x_n\mathrm{d}t<\varepsilon^2 T,$$

其中 $||g(\cdot)||_{L^2(\Omega)}=\left(\int_\Omega g^2(x_1,x_2,\cdots,x_n)\mathrm{d}x_1\mathrm{d}x_2\cdots\mathrm{d}x_n\right)^{\frac12}$, $||g(\cdot)||_{L^2(\Gamma)}=\left(\int_\Gamma g^2(x_1,x_2,\cdots,x_n)\mathrm{d}S\right)^{\frac12}$ 分别表示 g 在 Ω 内及 Γ 上的 L^2 范数.

证 记 $\overline{\varphi}=\varphi_1-\varphi_2$, $\overline{\psi}=\psi_1-\psi_2$, $\overline{u}=u_1-u_2$, 于是 $\overline{u}(x_1,x_2,\cdots,x_n,t)$ 满足定解问题:

$$\begin{cases}\overline{u}_{tt}-a^2\Delta\overline{u}=0, & (x_1,x_2,\cdots,x_n)\in\Omega,\quad t>0,\\ \overline{u}|_{t=0}=\overline{\varphi}(x_1,x_2,\cdots,x_n),\ \ \overline{u}_t|_{t=0}=\overline{\psi}(x_1,x_2,\cdots,x_n), & (x_1,x_2,\cdots,x_n)\in\overline{\Omega},\\ \left(\dfrac{\partial\overline{u}}{\partial\nu}+\sigma\overline{u}\right)\Big|_{\Gamma\times[0,\infty)}=0.\end{cases}$$

此时,

$$E_0(t)=\frac12\int_\Omega \overline{u}^2(x_1,x_2,\cdots,x_n,t)\mathrm{d}x_1\mathrm{d}x_2\cdots\mathrm{d}x_n,$$

$$E_0(0)=\frac12\int_\Omega \overline{\varphi}^2(x_1,x_2,\cdots,x_n)\mathrm{d}x_1\mathrm{d}x_2\cdots\mathrm{d}x_n$$

及

$$E(0)=\frac12\int_\Omega\left(\overline{\psi}^2+a^2|\nabla\overline{\varphi}|^2\right)\mathrm{d}x_1\mathrm{d}x_2\cdots\mathrm{d}x_n+\frac12 a^2\sigma\int_\Gamma\overline{\varphi}^2\mathrm{d}S.$$

当 $0\leqslant t\leqslant T$ 时, 能量不等式 (3.13) 可写成

$$\begin{aligned}E_0(t)&\leqslant \mathrm{e}^T E_0(0)+E(0)(\mathrm{e}^T-1)\\ &\leqslant\frac12\mathrm{e}^T\int_\Omega\overline{\varphi}^2\mathrm{d}x_1\mathrm{d}x_2\cdots\mathrm{d}x_n+\frac12(\mathrm{e}^T-1)\left[\int_\Omega\left(\overline{\psi}^2+a^2|\nabla\overline{\varphi}|^2\right)\mathrm{d}x_1\mathrm{d}x_2\cdots\mathrm{d}x_n+\right.\\ &\quad\left. a^2\sigma\int_\Gamma\overline{\varphi}^2\mathrm{d}S\right],\end{aligned}$$

即

$$\begin{aligned}\|u_1(\cdot,t)-u_2(\cdot,t)\|^2_{L^2(\Omega)}&\leqslant\mathrm{e}^T\Big[\|\varphi_1(\cdot)-\varphi_2(\cdot)\|^2_{L^2(\Omega)}+\|\psi_1(\cdot)-\psi_2(\cdot)\|^2_{L^2(\Omega)}+\\ &\qquad a^2\|\nabla\varphi_1(\cdot)-\nabla\varphi_2(\cdot)\|^2_{L^2(\Omega)}+a^2\sigma\|\varphi_1(\cdot)-\varphi_2(\cdot)\|^2_{L^2(\Gamma)}\Big]\\ &<\mathrm{e}^T\left(2+a^2+a^2\sigma\right)\delta^2,\end{aligned}$$

所以

$$\|u_1(\cdot,t)-u_2(\cdot,t)\|_{L^2(\Omega)}<\delta\sqrt{\mathrm{e}^T\left(2+a^2+a^2\sigma\right)}.$$

若选取 $\delta=\varepsilon\Big[\mathrm{e}^T\left(2+a^2+a^2\sigma\right)\Big]^{-\frac{1}{2}}$, 则

$$\|u_1(\cdot,t)-u_2(\cdot,t)\|_{L^2(\Omega)}<\varepsilon.$$

上式平方后在 $[0,T]$ 上关于 t 积分, 即得

$$\int_0^T\int_\Omega(u_1-u_2)^2\mathrm{d}x_1\mathrm{d}x_2\cdots\mathrm{d}x_n\mathrm{d}t<\varepsilon^2T.$$

定理证毕.

关于混合问题的解对自由项 $f(x_1,x_2,\cdots,x_n,t)$ 的连续依赖性, 我们要先建立有外力作用时的能量不等式. 由于外力不恒等于零, 所以能量不守恒, 这时从定理 5.7 的证明不难得到

$$\begin{aligned}\frac{\mathrm{d}E(t)}{\mathrm{d}t}&=\int_\Omega u_tf\mathrm{d}x_1\mathrm{d}x_2\cdots\mathrm{d}x_n\\&\leqslant\frac{1}{2}\int_\Omega u_t^2\mathrm{d}x_1\mathrm{d}x_2\cdots\mathrm{d}x_n+\frac{1}{2}\int_\Omega f^2\mathrm{d}x_1\mathrm{d}x_2\cdots\mathrm{d}x_n\\&\leqslant E(t)+\frac{1}{2}\int_\Omega f^2\mathrm{d}x_1\mathrm{d}x_2\cdots\mathrm{d}x_n.\end{aligned}$$

令 $\frac{1}{2}\int_\Omega f^2(x_1,x_2,\cdots,x_n,t)\mathrm{d}x_1\mathrm{d}x_2\cdots\mathrm{d}x_n=F(t)$, 由 Gronwall 不等式 (见附录 Ⅲ) 就可推导出有外力作用时所满足的能量不等式

$$E(t)\leqslant\mathrm{e}^tE(0)+\mathrm{e}^t\int_0^t\mathrm{e}^{-\tau}F(\tau)\mathrm{d}\tau.\tag{3.14}$$

利用不等式 (3.14) 就可证明: 对于混合问题 (3.10), 当自由项 f 在某种意义下作“微小改变”时, 对应的解也是“微小改变”的. 事实上, 这个问题可归结为对定解问题

$$\begin{cases}u_{tt}-a^2\Delta u=f(x_1,x_2,\cdots,x_n,t), & (x_1,x_2,\cdots,x_n)\in\Omega,\quad t>0,\\u|_{t=0}=0,\qquad u_t|_{t=0}=0, & (x_1,x_2,\cdots,x_n)\in\overline{\Omega},\\\left.\left(\dfrac{\partial u}{\partial\nu}+\sigma u\right)\right|_{\Gamma\times[0,\infty)}=0,\end{cases}$$

证明当自由项 f “很小”时, 对应的解也是“很小”的.

为此, 利用能量不等式 (3.12)

$$E_0(t)\leqslant\mathrm{e}^tE_0(0)+\mathrm{e}^t\int_0^t\mathrm{e}^{-\tau}E(\tau)\mathrm{d}\tau,$$

将不等式 (3.14) 中的 $E(t)$ 代入上式, 并注意到此时应有 $E(0)=0$, $E_0(0)=0$, 通过对不等式的加强, 得到

$$E_0(t) \leqslant Te^T \int_0^T F(\tau)\mathrm{d}\tau = \frac{1}{2}Te^T \int_0^T \int_\Omega f^2 \mathrm{d}x_1\mathrm{d}x_2\cdots\mathrm{d}x_n\mathrm{d}\tau, \qquad 0 \leqslant t \leqslant T,$$

这时不难看出, 只要 $f(x_1,x_2,\cdots,x_n,t)$ 的平方模 $\left(\int_0^T\int_\Omega f^2(x_1,x_2,\cdots,x_n,t)\mathrm{d}x_1\mathrm{d}x_2\cdots\mathrm{d}x_n\mathrm{d}t\right)^{\frac{1}{2}}$ 很小, 则对应的解在任何时刻 t $(0\leqslant t\leqslant T)$ 对变量 $x_1,x_2,\cdots,x_n$ 的平方模 $\|u(\cdot,t)\|_{L^2(\Omega)}$ 或对变量 $x_1,x_2,\cdots,x_n,t$ 的平方模 $\left(\int_0^T\int_\Omega u^2(x_1,x_2,\cdots,x_n,t)\mathrm{d}x_1\mathrm{d}x_2\cdots\mathrm{d}x_n\mathrm{d}t\right)^{\frac{1}{2}}$ 也很小. 这就证明了所要的结论.

3.4 Cauchy 问题解的唯一性和稳定性

为了简单起见, 我们仅讨论二维空间的情形. 考察二维波动方程的 Cauchy 问题

$$\begin{cases} u_{tt}-a^2(u_{xx}+u_{yy})=f(x,y,t), & (x,y)\in\mathbb{R}^2, \quad t>0, \\ u|_{t=0}=\varphi(x,y), \quad u_t|_{t=0}=\psi(x,y), & (x,y)\in\mathbb{R}^2. \end{cases} \tag{3.15}$$

我们仍然利用能量积分方法来研究其解的唯一性和稳定性. 这时要在整个 O-xy 平面上计算能量积分

$$E_1(t)=\iint\left(u_t^2+a^2(u_x^2+u_y^2)\right)\mathrm{d}x\mathrm{d}y. \tag{3.16}$$

一般说来, 此积分可能发散. 但利用特征的概念, 可使计算只在某个有限区域 Ω 上进行, 从而解决这一困难.

由于膜振动具有有限的依赖区域, 对空间任意一点 (x_0,y_0,t_0), 过该点的特征锥面与初始平面 $t=0$ 所围成的锥体为 K:

$$(x-x_0)^2+(y-y_0)^2\leqslant(at_0-at)^2, \qquad 0\leqslant t\leqslant t_0, \tag{3.17}$$

于是锥体 K 在 O-xy 平面上的截面 Ω_0:

$$(x-x_0)^2+(y-y_0)^2\leqslant a^2t_0^2 \tag{3.18}$$

就是一个有限区域. 由决定区域知, 解 $u(x,y,t)$ 在 K 中任一点的值均由初值函数 φ, ψ 在圆域 Ω_0 内的值以及 f 在锥体 K 内的值所完全确定.

当 $t=\tau$ $(0\leqslant\tau\leqslant t_0)$ 时, 锥体 K 在平面 $t=\tau$ 上的截面为 Ω_τ:

$$(x-x_0)^2+(y-y_0)^2\leqslant(at_0-a\tau)^2. \tag{3.19}$$

显然, $u(x,y,t)$ 在 Ω_τ 内任一点的值都由 Ω_0 中的初始数据唯一确定 (如图 5–15).

这时 φ 和 ψ 在 Ω_0 外的取值对 u 在 Ω_τ 内的值没有任何影响, 即在 Ω_0 外任一点的能量, 在时刻 τ 不会传到 Ω_τ 中. 因此薄膜在区域 Ω_τ 上的总能量不会超过 Ω_0 上的总能量, 即应有 $E_1(\Omega_\tau)\leqslant E_1(\Omega_0)$. 下面我们用数学方法来证明这一事实.

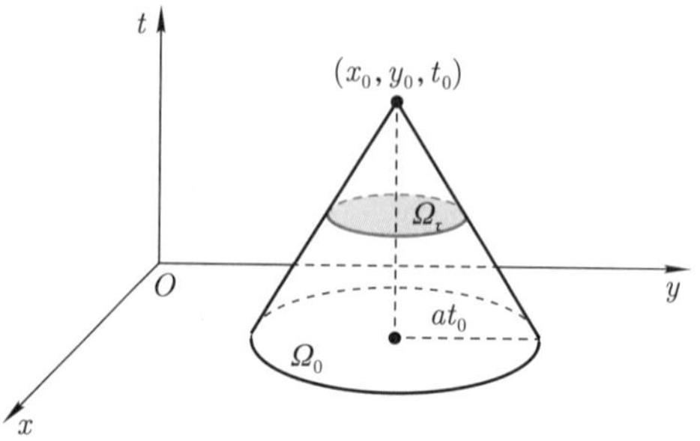

图 5–15

定理 5.10 设 $u(x,y,t)$ 在 K 内满足 Cauchy 问题 (3.15) 中的齐次波动方程, 则在 K 内任一截面 Ω_t 内成立能量不等式

$$
\begin{aligned}
E_1(\Omega_t)&=\frac{1}{2}\iint\limits_{\Omega_t}\left(u_t^2+a^2(u_x^2+u_y^2)\right)\mathrm{d}x\mathrm{d}y\\
&\leqslant\frac{1}{2}\iint\limits_{\Omega_0}\left(u_t^2+a^2(u_x^2+u_y^2)\right)\mathrm{d}x\mathrm{d}y=E_1(\Omega_0).
\end{aligned}
\tag{3.20}
$$

证 事实上, 我们可以证明更强的结论: $E_1(\Omega_t)$ 在 K 内是 t 的非增函数, 即

$$\frac{\mathrm{d}E_1(\Omega_t)}{\mathrm{d}t}\leqslant 0.$$

为此我们利用含参变量积分对参数的求导公式, 得

$$
\begin{aligned}
\frac{\mathrm{d}E_1(\Omega_t)}{\mathrm{d}t}&=\frac{1}{2}\frac{\mathrm{d}}{\mathrm{d}t}\int_0^{at_0-at}\int_0^{2\pi r}\left(u_t^2+a^2(u_x^2+u_y^2)\right)\mathrm{d}s\mathrm{d}r\\
&=\frac{1}{2}\int_0^{at_0-at}\int_0^{2\pi r}\frac{\mathrm{d}}{\mathrm{d}t}\left(u_t^2+a^2(u_x^2+u_y^2)\right)\mathrm{d}s\mathrm{d}r-\frac{a}{2}\int_{\Gamma_t}\left(u_t^2+a^2(u_x^2+u_y^2)\right)\mathrm{d}s,
\end{aligned}
$$

其中 $r=\sqrt{(x-x_0)^2+(y-y_0)^2}$, Γ_t 为区域 Ω_t 的边界, $\mathrm{d}s$ 表示圆弧的弧微分 $r\mathrm{d}\theta$. 再由 Green 公式, 可将上式写成

$$
\begin{aligned}
\frac{\mathrm{d}E_1(\Omega_t)}{\mathrm{d}t}=&\int_0^{at_0-at}\int_0^{2\pi r}u_t\left(u_{tt}-a^2(u_{xx}+u_{yy})\right)\mathrm{d}s\mathrm{d}r+\\
&\int_{\Gamma_t}\left\{a^2u_t\frac{\partial u}{\partial\nu}-\frac{a}{2}\left(u_t^2+a^2(u_x^2+u_y^2)\right)\right\}\mathrm{d}s.
\end{aligned}
$$

上式右端的第一项等于零, 而第二项的被积函数可写成

$$\begin{aligned}&a^2\left(u_tu_x\cos(\nu,x)+u_tu_y\cos(\nu,y)\right)-\frac{a}{2}\left(u_t^2+a^2(u_x^2+u_y^2)\right)\\=&-\frac{a}{2}\left\{(au_x-u_t\cos(\nu,x))^2+(au_y-u_t\cos(\nu,y))^2\right\}\leqslant 0,\end{aligned}$$

因此有

$$\frac{\mathrm{d}E_1(\Omega_t)}{\mathrm{d}t}\leqslant 0.$$

这就证明了不等式 (3.20).

定理证毕.

利用不等式 (3.20), 我们立即可以得到:

定理 5.11 若 Cauchy 问题 (3.15) 的解存在, 则解唯一.

证 只要证明定解问题

$$\begin{cases}u_{tt}-a^2(u_{xx}+u_{yy})=0, & (x,y)\in\mathbb{R}^2, \quad t>0,\\ u|_{t=0}=0, \quad u_t|_{t=0}=0, & (x,y)\in\mathbb{R}^2\end{cases}$$

只有零解就可以了.

由齐次初值条件知 $E_1(\Omega_0)=0$, 根据不等式 (3.20), 对任意的 $t\in[0,t_0]$, 有

$$E_1(\Omega_t)=0,$$

从而 $u_x=u_y=u_t=0$, 即 $u\equiv$ 常数. 再由初值条件 $u|_{t=0}=0$ 及 u 在锥 K 内的连续性, 即得

$$u(x,y,t)\equiv 0.$$

定理证毕.

下面我们讨论 Cauchy 问题 (3.15) 的解对初始数据的连续依赖性. 为此, 对解 $u(x,y,t)$ 在 Ω_t 上引入积分

$$E_0(\Omega_t)=\frac{1}{2}\|u(\cdot,\cdot,t)\|^2_{L^2(\Omega_t)}=\frac{1}{2}\iint_{\Omega_t}u^2(x,y,t)\mathrm{d}x\mathrm{d}y. \tag{3.21}$$

关于 t 求导, 利用 Cauchy 不等式, 得

$$\begin{aligned}\frac{\mathrm{d}E_0(\Omega_t)}{\mathrm{d}t}&=\iint\limits_{\Omega_t}uu_t\mathrm{d}x\mathrm{d}y-\frac{a}{2}\int_{\Gamma_t}u^2\mathrm{d}s\\&\leqslant\frac{1}{2}\iint\limits_{\Omega_t}u^2\mathrm{d}x\mathrm{d}y+\frac{1}{2}\iint\limits_{\Omega_t}u_t^2\mathrm{d}x\mathrm{d}y\\&\leqslant E_0(\Omega_t)+E_1(\Omega_t).\end{aligned}$$

再次应用 Gronwall 不等式 (见附录 Ⅲ), 得到能量不等式

$$E_0(\Omega_t) \leqslant E_0(\Omega_0)\mathrm{e}^t + \mathrm{e}^t \int_0^t \mathrm{e}^{-\tau} E_1(\Omega_\tau)\mathrm{d}\tau. \tag{3.22}$$

再利用不等式 (3.20), 便得

$$E_0(\Omega_t) \leqslant \mathrm{e}^t E_0(\Omega_0) + E_1(\Omega_0)\left(\mathrm{e}^t - 1\right). \tag{3.23}$$

(3.23) 式两端关于 t 从 0 到 t_0 积分, 在锥体 K 内有

$$\iiint\limits_K u^2 \mathrm{d}x\mathrm{d}y\mathrm{d}t = 2\int_0^{t_0} E_0(\Omega_t)\mathrm{d}t \leqslant c_1 E_0(\Omega_0) + c_2 E_1(\Omega_0),$$

其中 c_1, c_2 是仅与 t_0 有关的两个常数.

由此即得

定理 5.12 Cauchy 问题 (3.15) 的解, 在下述意义下对初值数据是稳定的: 对任意正数 ε, 存在正数 δ, 在锥体 K 的底面 Ω_0 上, 只要有

$$||\varphi_1(\cdot,\cdot) - \varphi_2(\cdot,\cdot)||_{L^2(\Omega_0)} < \delta, \qquad ||\psi_1(\cdot,\cdot) - \psi_2(\cdot,\cdot)||_{L^2(\Omega_0)} < \delta,$$

$$||\varphi_{1x}(\cdot,\cdot) - \varphi_{2x}(\cdot,\cdot)||_{L^2(\Omega_0)} < \delta, \qquad ||\varphi_{1y}(\cdot,\cdot) - \varphi_{2y}(\cdot,\cdot)||_{L^2(\Omega_0)} < \delta,$$

则在 K 内以 φ_1, ψ_1 为初值的解 u_1 与以 φ_2, ψ_2 为初值的解 u_2 之差, 满足

$$||u_1(\cdot,\cdot,\cdot) - u_2(\cdot,\cdot,\cdot)||_{L^2(K)} < \varepsilon,$$

其中 $||u(\cdot,\cdot,\cdot)||_{L^2(K)} = \left(\iiint\limits_K u^2(x,y,t)\mathrm{d}x\mathrm{d}y\mathrm{d}t\right)^{\frac{1}{2}}$ 表示 u 在 K 上的平方模.

有关解对方程的自由项 $f(x,y,t)$ 的连续依赖性之论证, 可仿照本节第三部分的讨论导出.

习题 5–3

1. 证明波动方程

$$u_{tt} - a^2(u_{xx} + u_{yy}) = f(x,y,t)$$

的自由项 f 在 $L^2(K)$ 意义下做微小改变时, 对应的 Cauchy 问题的解 $u(x,y,t)$ 在 $L^2(K)$ 意义下的改变也是微小的, 其中 K 由 (3.17) 式定义.

2. 利用能量积分法, 证明弦振动方程的混合问题

$$\begin{cases} u_{tt}-a^2u_{xx}=f(x,t), & 0<x<l, \quad t>0, \\ u|_{t=0}=\varphi(x), \quad u_t|_{t=0}=\psi(x), & 0\leqslant x\leqslant l, \\ (u_x-\sigma u)|_{x=0}=0, \quad u|_{x=l}=0, & t\geqslant 0 \end{cases}$$

解的唯一性, 其中 σ 为正常数.

3. 设 u 是带一阶耗散项的波动方程的混合问题

$$\begin{cases} u_{tt}-a^2\Delta u+\alpha u_t=0, \quad (x_1,x_2,\cdots,x_n)\in\Omega, \quad t>0, \\ u|_{t=0}=\varphi(x_1,x_2,\cdots,x_n), \quad u_t|_{t=0}=\psi(x_1,x_2,\cdots,x_n), \quad (x_1,x_2,\cdots,x_n)\in\overline{\Omega}, \\ u|_{\partial\Omega\times[0,\infty)}=0 \end{cases}$$

的解, 其中 $a>0$, $\alpha>0$ 为常数, $\Omega\subset\mathbb{R}^n$ 为具有光滑边界 $\partial\Omega$ 的有界区域.

(1) 试证明其能量积分

$$E(t)=\frac{1}{2}\int_\Omega\left(u_t^2+a^2|\nabla u|^2\right)\mathrm{d}x_1\mathrm{d}x_2\cdots\mathrm{d}x_n$$

随时间增加而不增加.

(2) 证明该问题解的唯一性.

4. 设 u 为混合问题

$$\begin{cases} u_{tt}-\displaystyle\sum_{i=1}^n\frac{\partial}{\partial x_i}(p_i(x)u_{x_i})+c^2u=0, \quad (x_1,x_2,\cdots,x_n)\in\Omega, \quad t>0, \\ u|_{t=0}=\varphi(x_1,x_2,\cdots,x_n), \quad u_t|_{t=0}=\psi(x_1,x_2,\cdots,x_n), \quad (x_1,x_2,\cdots,x_n)\in\overline{\Omega}, \\ u|_{\partial\Omega\times[0,\infty)}=0 \end{cases}$$

的解, 其中 $\Omega\subset\mathbb{R}^n$ 为具有光滑边界 $\partial\Omega$ 的有界域, $p_1,p_2,\ \cdots,\ p_n\geqslant a^2>0$ 为适当光滑的函数, a, c 为非零常数. 试证明存在常数 $M>0$, 使得对任意的 $t>0$, 有

$$\int_\Omega\left(u^2+|\nabla u|^2+u_t^2\right)\mathrm{d}x_1\mathrm{d}x_2\cdots\mathrm{d}x_n\leqslant M\int_\Omega\left(\varphi^2+|\nabla\varphi|^2+\psi^2\right)\mathrm{d}x_1\mathrm{d}x_2\cdots\mathrm{d}x_n.$$

5. 设有界区域 $\Omega\subset\mathbb{R}^n$ 的边界由 Γ_0, Γ_1 两部分组成, u 为混合问题

$$\begin{cases} u_{tt}-a^2\Delta u=0, \quad (x_1,x_2,\cdots,x_n)\in\Omega, \quad t>0, \\ u|_{t=0}=\varphi(x_1,x_2,\cdots,x_n), \quad u_t|_{t=0}=\psi(x_1,x_2,\cdots,x_n), \quad (x_1,x_2,\cdots,x_n)\in\overline{\Omega}, \\ u|_{\Gamma_0\times[0,\infty)}=0, \quad \left(\dfrac{\partial u}{\partial\nu}+\sigma\dfrac{\partial u}{\partial t}\right)\Big|_{\Gamma_1\times[0,\infty)}=0 \end{cases}$$

的解, 其中 $\sigma>0$ 为常数. 试证明其总能量

$$E(t)=\frac{1}{2}\int_{\Omega}\left(u_t^2+a^2|\nabla u|^2\right)\mathrm{d}x_1\mathrm{d}x_2\cdots\mathrm{d}x_n$$

随时间增加而减少, 由此证明上述问题解的唯一性.

6. 设 $\Omega=\{(x,y)\in\mathbb{R}\times\{y>0\}\}$, u 为无界区域 Ω 中的混合问题

$$\begin{cases} u_{tt}-a^2(u_{xx}+u_{yy})=0, & (x,y)\in\Omega,\quad t>0,\\ u|_{t=0}=\varphi(x,y),\qquad u_t|_{t=0}=\psi(x,y), & (x,y)\in\overline{\Omega},\\ u|_{y=0}=0 \end{cases}$$

的解, 对任意 $(\xi,\eta,T)\in\Omega\times(0,\infty)$, 记 Ω_τ 为过该点的特征锥与平面 $t=\tau$ 的截面, 试证明能量积分

$$E(t)=\frac{1}{2}\iint_{\Omega_t\cap\{y>0\}}\left(u_t^2+a^2(u_x^2+u_y^2)\right)\mathrm{d}x\mathrm{d}y$$

随时间 t 增加而减少 $(t\leqslant T)$, 并由此证明上述问题解的唯一性.

第五章小结

第六章 抛物型方程

本章共分两节, 在 §1, 我们着重介绍最简单的一维抛物型方程, 即热传导方程的 Cauchy 问题和混合问题的求解方法. 在 §2, 阐述一般抛物型方程的极值原理, 并讨论更一般形式抛物型方程解的最大模估计、唯一性与稳定性.

§1 热传导方程定解问题的求解

齐次热传导方程的 Cauchy 问题可以用相似变换法求解; 半直线上的混合问题, 同波动方程类似, 根据热的反射原理, 可以用延拓的方法求解; 有界区间上的混合问题, 可以用在第三章介绍的分离变量法求解. 而非齐次方程的定解问题, 则同样可用齐次化原理由相应的齐次方程的定解问题得到.

1.1 齐次方程的 Cauchy 问题

一维热传导方程的 Cauchy 问题是

$$u_t - a^2 u_{xx} = 0, \quad x \in \mathbb{R}, \quad t > 0, \tag{1.1}$$

具有初值条件

$$u|_{t=0} = \varphi(x), \quad x \in \mathbb{R}. \tag{1.2}$$

它的求解我们一般采用 Fourier 变换方法, 但由于其篇幅较大, 我们将放在第八章中介绍.

在这一节中, 我们将应用**相似变换法**求解 Cauchy 问题 (1.1), (1.2). 为此, 我们首先给出热传导方程 (1.1) 的解的如下性质. 证明留给读者完成.

性质 6.1 设 $u(x,t)$ 是方程 (1.1) 的解, 则对任意的 $y \in \mathbb{R}$, $u(x-y,t)$ 也是方程 (1.1) 的解.

性质 6.2 设 $u(x,t)$ 是方程 (1.1) 的解, 则它的各阶偏导数 (比如 u_x, u_t, u_{xt}, u_{xx} 等) 也是方程 (1.1) 的解.

性质 6.3 设 $S(x,t)$ 是方程 (1.1) 的解, 则对任意连续函数 $g(y)$,

$$v(x,t) = \int_{-\infty}^{\infty} S(x-y,t)g(y)\mathrm{d}y$$

也是方程 (1.1) 的解.

性质 6.4 设 $u(x,t)$ 是方程 (1.1) 的解, 则对任意的 $\lambda > 0$, $u(\lambda x, \lambda^2 t)$ 也是方程 (1.1) 的解.

由性质 6.4, 易知方程 (1.1) 存在具有如下形式的**自相似解**:

$$Q(x,t) = q(\xi), \quad \xi = \frac{x}{\sqrt{t}}. \tag{1.3}$$

经过简单的计算可知 $q(\xi)$ 满足常微分方程

$$q'' + \frac{1}{2a^2}\xi q' = 0. \tag{1.4}$$

方程 (1.4) 的通解可通过两次积分求出:

$$q(\xi) = c_1 \int_0^{\xi} \mathrm{e}^{-\frac{1}{4a^2}\eta^2}\mathrm{d}\eta + c_2, \tag{1.5}$$

其中 c_1, c_2 是两个积分常数.

因此

$$Q(x,t) = c_1 \int_0^{\frac{x}{\sqrt{t}}} \mathrm{e}^{-\frac{1}{4a^2}\eta^2}\mathrm{d}\eta + c_2. \tag{1.6}$$

由性质 6.2 知

$$S(x,t) = \frac{\partial}{\partial x}Q(x,t) = \frac{c_1}{\sqrt{t}}\mathrm{e}^{-\frac{x^2}{4a^2 t}}$$

是方程 (1.1) 的解, 从而由性质 6.3 知对连续函数 $\varphi(y)$,

$$v(x,t) = \int_{-\infty}^{\infty} S(x-y,t)\varphi(y)\mathrm{d}y = \frac{c_1}{\sqrt{t}}\int_{-\infty}^{\infty} \mathrm{e}^{-\frac{(x-y)^2}{4a^2 t}}\varphi(y)\mathrm{d}y \tag{1.7}$$

也是方程 (1.1) 的解. 为了求出 Cauchy 问题 (1.1), (1.2) 的解, 我们利用初值条件 (1.2) 确定 (1.7) 式中的常数 c_1.

事实上, 作变换 $y = x + 2a\sqrt{t}\eta$, 则 (1.7) 式可改写为

$$v(x,t) = 2ac_1 \int_{-\infty}^{\infty} \mathrm{e}^{-\eta^2}\varphi(x + 2a\sqrt{t}\eta)\mathrm{d}\eta. \tag{1.8}$$

在 (1.8) 式中令 $t \to 0^+$, 得

$$\varphi(x) = v(x,0) = 2ac_1 \int_{-\infty}^{\infty} \mathrm{e}^{-\eta^2} \varphi(x) \mathrm{d}\eta = 2\sqrt{\pi} a c_1 \varphi(x). \tag{1.9}$$

因此, 要使 (1.7) 式满足初值条件 (1.2), 必须取

$$c_1 = \frac{1}{2\sqrt{\pi} a}. \tag{1.10}$$

将 (1.10) 式代入到 (1.7) 式, 我们得到 Cauchy 问题 (1.1), (1.2) 的解为

$$u(x,t) = \frac{1}{2a\sqrt{\pi t}} \int_{-\infty}^{\infty} \mathrm{e}^{-\frac{(x-y)^2}{4a^2 t}} \varphi(y) \mathrm{d}y. \tag{1.11}$$

我们通常称 (1.11) 式为 Cauchy 问题 (1.1), (1.2) 的 **Poisson 公式**, 若记

$$G(x,t) = \begin{cases} \dfrac{1}{2a\sqrt{\pi t}} \mathrm{e}^{-\frac{x^2}{4a^2 t}}, & t > 0, \\ 0, \quad t < 0, \end{cases} \tag{1.12}$$

那么 (1.11) 式可改写成

$$u(x,t) = \int_{-\infty}^{\infty} G(x-y,t) \varphi(y) \mathrm{d}y. \tag{1.13}$$

由 (1.12) 式所确定的函数通常称为**热核函数**.

当然, 上面的推导完全是形式的. 下面我们证明当 $\varphi(x)$ 满足一定条件时, Poisson 公式 (1.11) 或 (1.13) 确实给出 Cauchy 问题 (1.1), (1.2) 的解.

定理 6.1 若 $\varphi \in C(\mathbb{R})$ 且有界, 则由 Poisson 公式 (1.11) 所确定的函数 $u(x,t)$ 是 Cauchy 问题 (1.1), (1.2) 的解.

证 首先, 我们验证由 Poisson 公式 (1.11) 所确定的函数 $u(x,t)$ 满足方程 (1.1). 当 $t > 0$ 时, 由于 $|\varphi(x)| \leqslant M$ 对某个正常数 M 成立, 所以

$$|u(x,t)| \leqslant M \int_{-\infty}^{\infty} G(x-y,t) \mathrm{d}y = \frac{M}{2a\sqrt{\pi t}} \int_{-\infty}^{\infty} \mathrm{e}^{-\frac{(x-y)^2}{4a^2 t}} \mathrm{d}y = M.$$

这说明积分 (1.11) 关于 x, t 是一致收敛的且由 Poisson 公式 (1.11) 所确定的函数 $u(x,t)$ 是一致有界的. 为了保证在积分号下求导的可能性, 必须证明在积分号下求导后所得到的积分都是一致收敛的. 这里仅以对 x 的一阶偏导数为例验证之. 事实上,

$$u_x(x,t) = \frac{1}{2a\sqrt{\pi}} \int_{-\infty}^{\infty} \frac{y-x}{2a^2 t^{\frac{3}{2}}} \varphi(y) \mathrm{e}^{-\frac{(y-x)^2}{4a^2 t}} \mathrm{d}y. \tag{1.14}$$

显然对任意的 $t_0 > 0$, (1.14) 式右端的积分当 $t \geqslant t_0$ 时关于 x, t 一致收敛.

因此,

$$u_t - a^2 u_{xx} = \int_{-\infty}^{\infty} \left(\frac{\partial G(x-y,t)}{\partial t} - a^2 \frac{\partial^2 G(x-y,t)}{\partial x^2} \right) \varphi(y) \mathrm{d}y. \tag{1.15}$$

另一方面, 由 (1.13) 式的推导过程, 易知

$$\frac{\partial G(x,t)}{\partial t} - a^2 \frac{\partial^2 G(x,t)}{\partial x^2} = 0, \tag{1.16}$$

因此 $u_t - a^2 u_{xx} = 0$.

下面我们证明 $u(x,t)$ 满足初值条件 (1.2). 即证如下引理:

引理 6.1 设 $\varphi \in C(\mathbb{R})$ 且有界, 则对任意的 $x \in \mathbb{R}$, 由 (1.11) 式所确定的函数 $u(x,t)$ 满足

$$\lim_{t \to 0^+} u(x,t) = \varphi(x),$$

即

$$\lim_{t \to 0^+} \frac{1}{2a\sqrt{\pi t}} \int_{-\infty}^{\infty} \mathrm{e}^{-\frac{(x-y)^2}{4a^2 t}} \varphi(y) \mathrm{d}y = \varphi(x).$$

证 因为 $\dfrac{1}{\sqrt{\pi}} \displaystyle\int_{-\infty}^{\infty} \mathrm{e}^{-\eta^2} \mathrm{d}\eta = 1$, 于是对任意的 $x \in \mathbb{R}$,

$$\varphi(x) = \frac{1}{\sqrt{\pi}} \int_{-\infty}^{\infty} \varphi(x) \mathrm{e}^{-\eta^2} \mathrm{d}\eta.$$

对 (1.11) 式, 令 $\eta = \dfrac{y-x}{2a\sqrt{t}}$, 便得

$$u(x,t) = \frac{1}{\sqrt{\pi}} \int_{-\infty}^{\infty} \varphi(x + 2a\sqrt{t}\eta) \mathrm{e}^{-\eta^2} \mathrm{d}\eta.$$

从而有

$$u(x,t) - \varphi(x) = \frac{1}{\sqrt{\pi}} \int_{-\infty}^{\infty} [\varphi(x + 2a\sqrt{t}\eta) - \varphi(x)] \mathrm{e}^{-\eta^2} \mathrm{d}\eta.$$

由于函数 $\varphi(x)$ 有界, 因此对任何 x, t 和 η, 存在 $M > 0$ 使得

$$|\varphi(x + 2a\sqrt{t}\eta) - \varphi(x)| \leqslant 2M.$$

今对任意的 $\varepsilon > 0$, 由于积分 $\displaystyle\int_{-\infty}^{\infty} \mathrm{e}^{-\eta^2} \mathrm{d}\eta$ 收敛, 故存在充分大的正数 N, 使得

$$\frac{1}{\sqrt{\pi}} \int_{N}^{\infty} \mathrm{e}^{-\eta^2} \mathrm{d}\eta < \frac{\varepsilon}{6M}, \qquad \frac{1}{\sqrt{\pi}} \int_{-\infty}^{-N} \mathrm{e}^{-\eta^2} \mathrm{d}\eta < \frac{\varepsilon}{6M}.$$

又因为 $\varphi(x)$ 是连续的, 故对任意的 $x \in \mathbb{R}$, 存在 $\delta(x) > 0$ 使得当 $0 < t < \delta(x)$ 时, 对所有满足 $-N < \eta < N$ 的 η, 有

$$|\varphi(x + 2a\sqrt{t}\eta) - \varphi(x)| < \frac{\varepsilon}{3}.$$

于是

$$\begin{aligned}|u(x,t)-\varphi(x)| &\leqslant \frac{1}{\sqrt{\pi}}\int_{-\infty}^{\infty}|\varphi(x+2a\sqrt{t}\eta)-\varphi(x)|\mathrm{e}^{-\eta^2}\mathrm{d}\eta\\ &\leqslant \frac{2M}{\sqrt{\pi}}\int_{-\infty}^{-N}\mathrm{e}^{-\eta^2}\mathrm{d}\eta+\frac{2M}{\sqrt{\pi}}\int_{N}^{\infty}\mathrm{e}^{-\eta^2}\mathrm{d}\eta+\\ &\quad \frac{1}{\sqrt{\pi}}\int_{-N}^{N}|\varphi(x+2a\sqrt{t}\eta)-\varphi(x)|\mathrm{e}^{-\eta^2}\mathrm{d}\eta\\ &< 2M\frac{\varepsilon}{6M}+\frac{\varepsilon}{3}+2M\frac{\varepsilon}{6M}=\varepsilon.\end{aligned}$$

这就证明了引理 6.1. 由此, 我们获得了定理 6.1 的证明.

注 6.1 在定理 6.1 的条件下, 由 Poisson 公式 (1.11) 给出的解 $u(x,t)$ 当 $t>0$ 时关于 x, t 是无穷次可微的. 也就是说, 由 (1.11) 式, 当 $t>0$ 时, 我们有

$$\frac{\partial^{k+l}u}{\partial x^k\partial t^l}=\int_{-\infty}^{\infty}\frac{\partial^{k+l}}{\partial x^k\partial t^l}G(x-y,t)\varphi(y)\mathrm{d}y.$$

事实上, 因为对于任意正数 δ, 上述等式右端的积分在区域 $\{(x,t)|x\in\mathbb{R},\ t\geqslant\delta\}$ 上一致收敛, 由于 $G(x-y,t)$ 当 $t>0$ 时无穷次可微, 故 $u(x,t)\in C^\infty(\mathbb{R}_+^2)$.

注 6.2 定理 6.1 中要求初值 φ 属于有界函数类的条件可放宽为

$$|\varphi(x)|\leqslant M\mathrm{e}^{Nx^2},\qquad x\in\mathbb{R},$$

其中 M, N 为正常数. 此时我们通过完全类似的推导可证明: 由 Poisson 公式 (1.11) 定义的函数 $u(x,t)$ 在区域 $\left\{(x,t)\middle|0<t<\dfrac{1}{4a^2N},\ x\in\mathbb{R}\right\}$ 上仍是热传导方程 Cauchy 问题 (1.1), (1.2) 的解.

注 6.3 若

$$|\varphi(x)|\leqslant M,\qquad x\in\mathbb{R},$$

则由 Poisson 公式 (1.11) 容易推得

$$|u(x,t)|\leqslant M,\qquad x\in\mathbb{R},\quad t>0.$$

这与热传导方程 (1.1) 所描述的物理现象是吻合的: 在没有热源与外界热量传入的情况下, 在任何时刻, 温度场中的最高温度不会超过初始最高温度.

注 6.4 从 (1.11) 式可知, Poisson 公式给出的解 $u(x,t)$ 在任一点 (x,t) $(t>0)$ 的值, 依赖于初始函数 $\varphi(x)$ 在整个 x 轴上的值, 没有有限的依赖区域. 如果杆的初始温度 $\varphi(x)$ 只在小段 $I_\delta=(x_0-\delta,x_0+\delta)$ 上不为零, 不妨假设 $\varphi(x)>0$, $x\in I_\delta$, $\varphi(x)\equiv 0$, $x\notin I_\delta$, 那么当 $t>0$ 时, 杆上各点的温度

$$u(x,t)=\int_{-\infty}^{\infty}G(x-y,t)\varphi(y)\mathrm{d}y>0.$$

这就是说在顷刻之间, 热量能传递到杆上的任意一点, 即热的传播速度是无限的.

例 6.1 求解 Cauchy 问题

$$\begin{cases} u_t - a^2 u_{xx} = 0, & x \in \mathbb{R}, \quad t > 0, \\ u|_{t=0} = \cos x, & x \in \mathbb{R}. \end{cases} \tag{1.17}$$

解 由热传导方程 Cauchy 问题的 Poisson 公式 (1.11) 得 Cauchy 问题 (1.17) 的解为

$$\begin{aligned} u(x,t) &= \frac{1}{2a\sqrt{\pi t}} \int_{-\infty}^{\infty} \mathrm{e}^{-\frac{(x-y)^2}{4a^2 t}} \cos y \mathrm{d}y \\ &= \frac{1}{\sqrt{\pi}} \int_{-\infty}^{\infty} \mathrm{e}^{-\xi^2} \cos(2a\sqrt{t}\xi + x) \mathrm{d}\xi \\ &= \frac{\cos x}{\sqrt{\pi}} \int_{-\infty}^{\infty} \mathrm{e}^{-\xi^2} \cos(2a\sqrt{t}\xi) \mathrm{d}\xi \\ &= \frac{\cos x}{\sqrt{\pi}} \int_{-\infty}^{\infty} \mathrm{e}^{-\xi^2} \mathrm{e}^{2a\sqrt{t}\xi \mathrm{i}} \mathrm{d}\xi \\ &= \frac{\cos x}{\sqrt{\pi}} \mathrm{e}^{-a^2 t} \int_{-\infty}^{\infty} \mathrm{e}^{-(\xi - at\mathrm{i})^2} \mathrm{d}\xi. \end{aligned} \tag{1.18}$$

对积分 $\int_\Gamma \mathrm{e}^{-z^2} \mathrm{d}z$ 应用 Cauchy 定理改变积分路径, 其中 Γ 表示复平面 $z = \xi + \eta\mathrm{i}$ 中矩形的边界 (如图 6–1), 并令 $R_1 \to \infty$, $R_2 \to \infty$, 则有

$$\int_{-\infty}^{\infty} \mathrm{e}^{-(\xi - at\mathrm{i})^2} \mathrm{d}\xi = \int_{-\infty}^{\infty} \mathrm{e}^{-\xi^2} \mathrm{d}\xi = \sqrt{\pi}. \tag{1.19}$$

将 (1.19) 式代入 (1.18) 式得 $u(x,t) = \mathrm{e}^{-a^2 t} \cos x$.

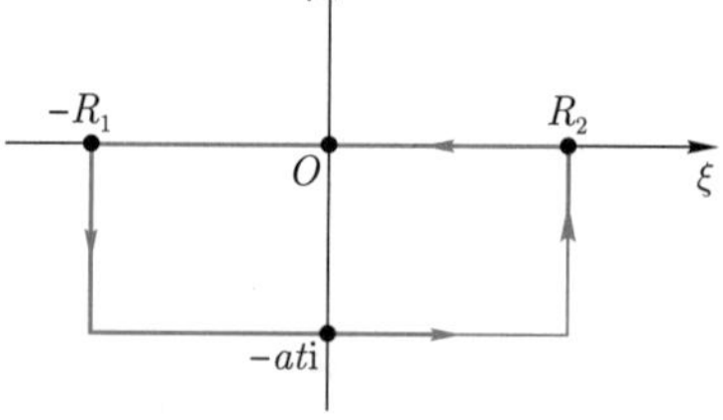

图 6–1

1.2 非齐次方程的 Cauchy 问题

我们考虑非齐次热传导方程的 Cauchy 问题

$$\begin{cases} u_t - a^2 u_{xx} = f(x,t), & x \in \mathbb{R}, \quad t > 0, \\ u|_{t=0} = \varphi(x), & x \in \mathbb{R}. \end{cases} \tag{1.20}$$

由线性方程的叠加原理, Cauchy 问题 (1.20) 可分解为如下两个 Cauchy 问题来求解:

$$\begin{cases} u_t - a^2 u_{xx} = 0, & x \in \mathbb{R}, \quad t > 0, \\ u|_{t=0} = \varphi(x), & x \in \mathbb{R} \end{cases} \tag{1.21}$$

及

$$\begin{cases} u_t - a^2 u_{xx} = f(x,t), & x \in \mathbb{R}, \quad t > 0, \\ u|_{t=0} = 0, & x \in \mathbb{R}. \end{cases} \tag{1.22}$$

即若 $u_1(x,t)$, $u_2(x,t)$ 分别是 Cauchy 问题 (1.21), (1.22) 的解, 则 $u(x,t) = u_1(x,t) + u_2(x,t)$ 是 Cauchy 问题 (1.20) 的解.

Cauchy 问题 (1.21) 的求解我们已经讨论过. 下面我们用第四章 §1 关于求解非齐次波动方程的 Duhamel 原理的方法来求解 Cauchy 问题 (1.22).

引理 6.2 (齐次化原理) 若函数 $w(x,t;\tau)$ 是 Cauchy 问题

$$\begin{cases} w_t - a^2 w_{xx} = 0, & x \in \mathbb{R}, \quad t > \tau, \\ w|_{t=\tau} = f(x,\tau), & x \in \mathbb{R} \end{cases} \tag{1.23}$$

的解, 则函数

$$u(x,t) = \int_0^t w(x,t;\tau)\mathrm{d}\tau \tag{1.24}$$

是 Cauchy 问题 (1.22) 的解.

证 由 (1.24) 式, 有

$$\begin{aligned} u_t(x,t) &= w(x,t;\tau)|_{\tau=t} + \int_0^t w_t(x,t;\tau)\mathrm{d}\tau \\ &= f(x,t) + \int_0^t w_t(x,t;\tau)\mathrm{d}\tau, \end{aligned}$$

且

$$u_{xx}(x,t) = \int_0^t w_{xx}(x,t;\tau)\mathrm{d}\tau,$$

于是

$$u_t - a^2 u_{xx} = f(x,t) + \int_0^t \big(w_t(x,t;\tau) - a^2 w_{xx}(x,t;\tau)\big)\,\mathrm{d}\tau.$$

由假设 $w(x,t;\tau)$ 是 Cauchy 问题 (1.23) 的解知

$$u_t - a^2 u_{xx} = f(x,t).$$

另一方面, 由 (1.24) 式易知 $u(x,0) = 0$. 这就给出了引理 6.2 的证明.

为了应用 Poisson 公式 (1.13) 来求解 Cauchy 问题 (1.23), 令 $t' = t - \tau$, 得 Cauchy 问题:

$$\begin{cases} w_{t'} - a^2 w_{xx} = 0, & x \in \mathbb{R}, \quad t' > 0, \\ w|_{t'=0} = f(x,\tau), & x \in \mathbb{R}. \end{cases} \tag{1.25}$$

易知 Cauchy 问题 (1.25) 的解为

$$\overline{w}(x,t';\tau) = \int_{-\infty}^{\infty} G(x-y,t')f(y,\tau)\mathrm{d}y.$$

从而 Cauchy 问题 (1.23) 的解为

$$w(x,t;\tau) = \overline{w}(x,t-\tau;\tau) = \int_{-\infty}^{\infty} G(x-y,t-\tau)f(y,\tau)\mathrm{d}y. \tag{1.26}$$

由引理 6.2 及 (1.13) 式, 我们能得到 Cauchy 问题 (1.20) 的解:

$$u(x,t) = \int_{-\infty}^{\infty} G(x-y,t)\varphi(y)\mathrm{d}y + \int_0^t \int_{-\infty}^{\infty} G(x-y,t-\tau)f(y,\tau)\mathrm{d}y\mathrm{d}\tau. \tag{1.27}$$

若对自由项 $f(x,t)$ 及初值 $\varphi(x)$ 给出适当的条件, 用类似于定理 6.1 的证明方法, 我们可以证明由公式 (1.27) 确定的函数 $u(x,t)$ 确实是 Cauchy 问题 (1.20) 的解.

定理 6.2 若 $\varphi(x) \in C(\mathbb{R})$, $f(x,t) \in C(\mathbb{R}\times(0,\infty))$, 且均有界, 则由 Poisson 公式 (1.27) 确定的函数 $u(x,t)$ 是 Cauchy 问题 (1.20) 的解.

证明留给读者完成.

1.3 半直线上热传导方程的混合问题

考虑侧表面绝热的均匀细杆, 当细杆的一端固定, 并已知初始温度与细杆在固定端点的温度, 则杆上的温度分布 $u(x,t)$ 满足混合问题

$$\begin{cases} u_t - a^2 u_{xx} = f(x,t), & 0 < x < \infty, \quad t > 0, \\ u|_{t=0} = \varphi(x), & 0 \leqslant x < \infty, \\ u|_{x=0} = \mu(t), & t \geqslant 0. \end{cases} \tag{1.28}$$

为了更清楚地讨论**热的反射**问题, 我们仅考虑 $f(x,t) \equiv 0$, $\mu(t) \equiv 0$ 的情形, 即考虑混合问题

$$\begin{cases} u_t - a^2 u_{xx} = 0, & 0 < x < \infty, \quad t > 0, \\ u|_{t=0} = \varphi(x), & 0 \leqslant x < \infty, \\ u|_{x=0} = 0, & t \geqslant 0. \end{cases} \tag{1.29}$$

与第五章波的反射的讨论相类似, 我们先考虑 Cauchy 问题

$$\begin{cases} u_t - a^2 u_{xx} = 0, & x \in \mathbb{R}, \quad t > 0, \\ u|_{t=0} = \varPhi(x), & x \in \mathbb{R}. \end{cases} \tag{1.30}$$

由 Poisson 公式 (1.11) 可写出问题 (1.30) 的解的表达式:

$$u(x,t)=\frac{1}{2a\sqrt{\pi t}}\int_{-\infty}^{\infty}\mathrm{e}^{-\frac{(x-y)^2}{4a^2t}}\Phi(y)\mathrm{d}y. \tag{1.31}$$

显然, 有如下结论:

(i) 在 $x\in\mathbb{R}$, $t>0$ 上, (1.31) 式处处满足问题 (1.30) 中的方程. 特别地, 在 $x>0$, $t>0$ 上, (1.31) 式也满足方程, 这表明 (1.31) 式满足问题 (1.29) 中的方程.

(ii) (1.31) 式满足问题 (1.30) 中的初值条件. 若希望将 (1.31) 式限制在 $x\geqslant 0$, $t>0$ 上后成为问题 (1.29) 的解, 必须要求当 $x\geqslant 0$ 时, $\Phi(x)=\varphi(x)$.

(iii) 若希望 (1.31) 式限制在 $x\geqslant 0$, $t>0$ 上后成为问题 (1.29) 的解, 还必须要求

$$u(x,t)\big|_{x=0}=\frac{1}{2a\sqrt{\pi t}}\int_{-\infty}^{\infty}\mathrm{e}^{-\frac{y^2}{4a^2t}}\Phi(y)\mathrm{d}y=0. \tag{1.32}$$

我们知道, 使 (1.32) 式成立的一个最简单的充分条件是取 $\Phi(x)$ 为奇函数.

基于以上分析, 得到求解混合问题 (1.29) 的步骤如下:

第一步: 构造辅助 Cauchy 问题 (1.30), 其中在问题 (1.30) 中 $\Phi(x)$ 满足

$$\Phi(x)=\begin{cases}\varphi(x), & x\geqslant 0,\\ -\varphi(-x), & x<0,\end{cases} \tag{1.33}$$

则由 Poisson 公式 (1.11) 知 (1.31) 式为问题 (1.30) 的解. 由以上分析知, 若将表达式 (1.31) 限制在 $x\geqslant 0$, $t>0$ 上, 则它必为混合问题 (1.29) 的解.

第二步: 将表达式 (1.31) 改写成 φ 的解析表达式:

$$\begin{aligned}u(x,t)&=\frac{1}{2a\sqrt{\pi t}}\int_{-\infty}^{\infty}\mathrm{e}^{-\frac{(x-y)^2}{4a^2t}}\Phi(y)\mathrm{d}y\\&=\frac{1}{2a\sqrt{\pi t}}\left\{-\int_{-\infty}^{0}\mathrm{e}^{-\frac{(x-y)^2}{4a^2t}}\varphi(-y)\mathrm{d}y+\int_{0}^{\infty}\mathrm{e}^{-\frac{(x-y)^2}{4a^2t}}\varphi(y)\mathrm{d}y\right\}\\&=\frac{1}{2a\sqrt{\pi t}}\int_{0}^{\infty}\left(\mathrm{e}^{-\frac{(x-y)^2}{4a^2t}}-\mathrm{e}^{-\frac{(x+y)^2}{4a^2t}}\right)\varphi(y)\mathrm{d}y,\end{aligned}$$

即

$$u(x,t)=\frac{1}{2a\sqrt{\pi t}}\int_{0}^{\infty}\left(\mathrm{e}^{-\frac{(x-y)^2}{4a^2t}}-\mathrm{e}^{-\frac{(x+y)^2}{4a^2t}}\right)\varphi(y)\mathrm{d}y. \tag{1.34}$$

用类似的方法, 我们可以考虑第二边值问题

$$\begin{cases}u_t-a^2u_{xx}=0, & 0<x<\infty,\quad t>0,\\ u|_{t=0}=\varphi(x), & 0\leqslant x<\infty,\\ u_x|_{x=0}=0, & t\geqslant 0,\end{cases} \tag{1.35}$$

其解为

$$u(x,t)=\frac{1}{2a\sqrt{\pi t}}\int_0^{\infty}\left(\mathrm{e}^{-\frac{(x-y)^2}{4a^2t}}+\mathrm{e}^{-\frac{(x+y)^2}{4a^2t}}\right)\varphi(y)\mathrm{d}y. \tag{1.36}$$

注 6.5 对于问题 (1.28), 令 $v(x,t)=u(x,t)-\mu(t)$, 则问题 (1.28) 化为

$$\begin{cases} v_t-a^2v_{xx}=f(x,t)-\mu'(t), & 0<x<\infty, \quad t>0, \\ v|_{t=0}=\varphi(x)-\mu(0), & 0\leqslant x<\infty, \\ v|_{x=0}=0, & t\geqslant 0. \end{cases} \tag{1.37}$$

由叠加原理, 问题 (1.37) 可分解为如下两个问题来求解:

$$\text{(I)} \quad \begin{cases} v_t-a^2v_{xx}=0, & 0<x<\infty, \quad t>0, \\ v|_{t=0}=\varphi(x)-\mu(0), & 0\leqslant x<\infty, \\ v|_{x=0}=0, & t\geqslant 0; \end{cases}$$

$$\text{(II)} \quad \begin{cases} v_t-a^2v_{xx}=f(x,t)-\mu'(t), & 0<x<\infty, \quad t>0, \\ v|_{t=0}=0, & 0\leqslant x<\infty, \\ v|_{x=0}=0, & t\geqslant 0. \end{cases}$$

问题 (I) 的求解在前面已经讨论过. 问题 (II) 的求解可借用问题 (1.29) 的求解及齐次化原理获得.

注 6.6 如果我们令 $v(x,t)=u(x,t)-\mu(t)x$, 那么我们也可以讨论第二边值问题

$$\begin{cases} u_t-a^2u_{xx}=f(x,t), & 0<x<\infty, \quad t>0, \\ u|_{t=0}=\varphi(x), & 0\leqslant x<\infty, \\ u_x|_{x=0}=\mu(t), & t\geqslant 0. \end{cases} \tag{1.38}$$

例 6.2 求解混合问题

$$\begin{cases} u_t-a^2u_{xx}=0, & 0<x<\infty, \quad t>0, \\ u|_{t=0}=x^3, & 0\leqslant x<\infty, \\ u|_{x=0}=0, & t\geqslant 0. \end{cases} \tag{1.39}$$

解 由于函数 $u(x,0)=x^3$ 为奇函数, 考虑 Cauchy 问题

$$\begin{cases} u_t-a^2u_{xx}=0, & x\in\mathbb{R}, \quad t>0, \\ u|_{t=0}=x^3, & x\in\mathbb{R}, \end{cases} \tag{1.40}$$

由热传导方程 Cauchy 问题的 Poisson 公式 (1.11) 得 Cauchy 问题 (1.40) 的解为

$$
\begin{aligned}
u(x,t) &= \frac{1}{2a\sqrt{\pi t}}\int_{-\infty}^{\infty} \mathrm{e}^{-\frac{(x-y)^2}{4a^2t}} y^3 \mathrm{d}y \\
&= \frac{1}{\sqrt{\pi}}\int_{-\infty}^{\infty} \mathrm{e}^{-\xi^2}(2a\sqrt{t}\xi + x)^3 \mathrm{d}\xi \\
&= \frac{1}{\sqrt{\pi}}\int_{-\infty}^{\infty} \mathrm{e}^{-\xi^2}\left(8a^3t^{\frac{3}{2}}\xi^3 + 12a^2t\xi^2x + 6a\sqrt{t}\xi x^2 + x^3\right) \mathrm{d}\xi \\
&= \frac{1}{\sqrt{\pi}}\int_{-\infty}^{\infty} \mathrm{e}^{-\xi^2}\left(12a^2t\xi^2x + x^3\right) \mathrm{d}\xi \\
&= 6a^2xt + x^3.
\end{aligned}
$$

从而混合问题 (1.39) 的解为 $u(x,t) = 6a^2xt + x^3$, $x \geqslant 0$, $t > 0$.

习题 6-1

1. 求解热传导方程

$$u_t - u_{xx} = 0, \qquad x \in \mathbb{R}, \quad t > 0$$

的 Cauchy 问题, 已知初值条件为

(1) $u|_{t=0} = \sin x$;

(2) $u|_{t=0} = x^2 + 1$;

(3) $u|_{t=0} = x + x^2$.

2. 设 $\varphi(x) \in C(\mathbb{R})$ 且具有紧支集 (即在一有界集外恒为零), $u(x,t)$ 为 Poisson 公式 (1.11) 给出的热传导方程 Cauchy 问题的解, 试证

$$\lim_{t\to\infty} u(x,t) = 0$$

对 $x \in \mathbb{R}$ 一致成立.

3. 求解 Cauchy 问题

$$\begin{cases} u_t - a^2u_{xx} = g(t)u + f(x,t), \qquad x \in \mathbb{R}, \quad t > 0, \\ u|_{t=0} = 0, \qquad x \in \mathbb{R}, \end{cases}$$

其中 a 为常数, $g(t) \in C[0,\infty)$, $f(x,t) \in C(\mathbb{R} \times [0,\infty))$.

4. 求解下列 Cauchy 问题:

(1) $\begin{cases} u_t - 2u_{xx} - 4u_x - u = 0, & x \in \mathbb{R}, \quad t > 0, \\ u|_{t=0} = x, & x \in \mathbb{R}; \end{cases}$

(2) $\begin{cases} u_t - u_{xx} - 4tu = 0, & x \in \mathbb{R}, \quad t > 0, \\ u|_{t=0} = x\mathrm{e}^x, & x \in \mathbb{R}; \end{cases}$

(3) $\begin{cases} u_t - u_{xx} = 3t^2 u, & x \in \mathbb{R}, \quad t > 0, \\ u|_{t=0} = x^2 + 1, & x \in \mathbb{R}. \end{cases}$

5. 证明函数

$$V(x,y,t;\xi,\eta,\tau) = \frac{1}{4\pi a^2(t-\tau)}\mathrm{e}^{-\frac{(x-\xi)^2+(y-\eta)^2}{4a^2(t-\tau)}}$$

关于变量 x, y, t 满足方程

$$V_t - a^2(V_{xx} + V_{yy}) = 0;$$

关于变量 ξ, η, τ 满足方程

$$V_\tau + a^2(V_{\xi\xi} + V_{\eta\eta}) = 0.$$

6. 证明若 $u_i(x_i,t)$ $(i = 1,2,\cdots,n)$ 分别是下述 n 个 Cauchy 问题

$$\begin{cases} \dfrac{\partial u_i}{\partial t} - a^2\dfrac{\partial^2 u_i}{\partial x_i^2} = 0, & x_i \in \mathbb{R}, \quad t > 0, \\ u_i|_{t=0} = \varphi_i(x_i), & x_i \in \mathbb{R} \end{cases}$$

的解, 则 $u(x_1,x_2,\cdots,x_n,t) = u_1(x_1,t)u_2(x_2,t)\cdots u_n(x_n,t)$ 是 Cauchy 问题

$$\begin{cases} u_t - a^2(u_{x_1x_1} + u_{x_2x_2} + \cdots + u_{x_nx_n}) = 0, \\ u|_{t=0} = \varphi_1(x_1)\varphi_2(x_2)\cdots\varphi_n(x_n) \end{cases}$$

的解.

7. 设 $u(x,t)$ 是 Cauchy 问题

$$\begin{cases} u_t - 5u_{xx} = 0, & x \in \mathbb{R}, \quad t > 0, \\ u|_{t=0} = x^5\mathrm{e}^{x^2+1}\cos x, & x \in \mathbb{R} \end{cases}$$

的解, 试求 $u(x,t)$ 在点 $(x,t) = (0,5)$ 处的值.

8. 设 $u(x,t)$ 是 Cauchy 问题

$$\begin{cases} u_t - 5u_{xx} = 0, & x \in \mathbb{R}, \quad t > 0, \\ u|_{t=0} = x^5\mathrm{e}^{x^2+1}\sin x, & x \in \mathbb{R} \end{cases}$$

的解, 试求 $u_x(x,t)$ 在点 $(x,t) = (0,5)$ 处的值.

§2 极值原理、最大模估计、唯一性和稳定性

极值原理是研究抛物型方程解的最大模估计的一个十分有效的工具，它也能用来研究解的唯一性和稳定性.

先引进下面记号：设 $\Omega \subset \mathbb{R}^n$ 为有界连通区域, $T>0$ 为常数, 记

$$Q_T = \{(x_1,x_2,\cdots,x_n,t) \mid (x_1,x_2,\cdots,x_n) \in \Omega,\ 0<t\leqslant T\},$$
$$Q_0 = \{(x_1,x_2,\cdots,x_n,0) \mid (x_1,x_2,\cdots,x_n) \in \overline{\Omega}\},$$
$$S_T = \{(x_1,x_2,\cdots,x_n,t) \mid (x_1,x_2,\cdots,x_n) \in \partial\Omega,\ 0<t\leqslant T\},$$
$$\Gamma_T = Q_0 \cup S_T.$$

如图 6–2, Γ_T 为 Q_T 的部分边界，我们称为**抛物边界**或 "U" 型边界. 记号 $C^{i,j}(Q)$ $(i,j=0,1,2,\cdots)$ 表示在 Q 内对 $x_1,x_2,\cdots,x_n$ 具有 i 次连续可微，对 t 具有 j 次连续可微函数的集合.

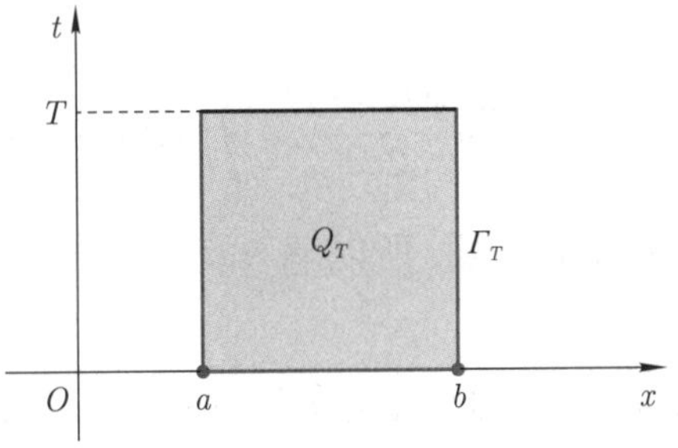

图 6–2

2.1 弱极值原理

考虑热传导方程

$$\mathcal{L}u = u_t - a^2\Delta u = f(x,t), \qquad x=(x_1,x_2,\cdots,x_n)\in\Omega, \quad t>0. \tag{2.1}$$

若 $f(x,t)\geqslant 0$, 则表示杆内有**热源**, 若 $f(x,t)\leqslant 0$, 则表示杆内有**冷源**, 或称为**热汇**.

定理 6.3 (弱极值原理) 设 $f(x,t)\leqslant 0$ 且 $u\in C^{2,1}(Q_T)\cap C(\overline{Q}_T)$ 是方程 (2.1) 的解, 则 $u(x,t)$ 在 $\overline{Q}_T$ 上的最大值必在 Q_T 的抛物边界 Γ_T 上达到, 即

$$\max_{\overline{Q}_T} u(x,t) = \max_{\Gamma_T} u(x,t). \tag{2.2}$$

证 用反证法. 设 $u(x,t)$ 在 $\overline{Q}_T$ 上的最大值不在 Γ_T 上达到, 则在 Q_T 内存在一点 (x^*,t^*) 使得 $u(x,t)$ 在该点达到最大值, 设 $M=u(x^*,t^*)$, $m=\max\limits_{\Gamma_T} u(x,t)$, 则 $m<M$. 作辅助函数

$$v(x,t) = u(x,t) + \frac{M-m}{4d^2}|x-x^*|^2, \text{ 其中 } d=\max\left\{|x-y| \big| x,y\in\overline{\Omega}\right\},$$

显然

$$v(x^*,t^*)=M.$$

由于在 $\varGamma_T$ 上,

$$v(x,t)\leqslant m+\frac{M-m}{4}=\frac{1}{4}M+\frac{3}{4}m<M,$$

所以函数 v 和 u 一样, 也不在 $\varGamma_T$ 上取最大值.

设 $v(x,t)$ 在 Q_T 内某点 (x^{**},t^{**}) 达到最大值, 则在该点应有 $v_{x_1}=v_{x_2}=\cdots=v_{x_n}=0,\ \Delta v\leqslant 0$, 且当 $0<t^{**}<T$ 时, $v_t=0$; 当 $t^{**}=T$ 时,

$$v_t(x^{**},t^{**})=\lim_{\Delta t\to 0^-}\frac{v(x^{**},t^{**}+\Delta t)-v(x^{**},t^{**})}{\Delta t}\geqslant 0.$$

从而在点 (x^{**},t^{**}) 处有

$$v_t-a^2\Delta v\geqslant 0. \tag{2.3}$$

但另一方面, 直接计算得

$$v_t-a^2\Delta v=u_t-a^2\Delta u-a^2n\frac{M-m}{2d^2}=f(x,t)-a^2n\frac{M-m}{2d^2}<0. \tag{2.4}$$

于是由 (2.3) 式和 (2.4) 式得到矛盾, 所以解 $u(x,t)$ 的最大值一定在 $\varGamma_T$ 上达到.

定理证毕.

推论 6.1 设 $f(x,t)\geqslant 0$ 且 $u\in C^{2,1}(Q_T)\cap C(\overline{Q}_T)$ 是方程 (2.1) 的解, 则 $u(x,t)$ 在 $\overline{Q}_T$ 上的最小值必在 $\varGamma_T$ 上达到, 即

$$\min_{\overline{Q}_T}u(x,t)=\min_{\varGamma_T}u(x,t). \tag{2.5}$$

若 $f(x,t)\equiv 0$, 则 $u(x,t)$ 在 $\overline{Q}_T$ 上的最大值和最小值都必在抛物边界 $\varGamma_T$ 上达到.

证 令 $v(x,t)=-u(x,t)$, 则 $\mathcal{L}v=-f(x,t)\leqslant 0$, 利用定理 6.3 知,

$$\max_{\overline{Q}_T}v(x,t)=\max_{\varGamma_T}v(x,t),$$

即 (2.5) 式成立.

注 6.7 在极值原理的叙述中, 我们通常会遇到如下两种不同的说法: “必在抛物边界 $\varGamma_T$ 上达到” 与 “除恒为常数外不能在 Q_T 内 (包括 $t=T$ 上) 达到”, 它们是有区别的, 后者的结论比前者的强. 因此, 我们称前者叙述的极值原理为**弱极值原理**, 而后者为**强极值原理**.

我们还可以讨论更一般的抛物型方程

$$\mathcal{L}u=u_t-a^2\Delta u+\sum_{i=1}^{n}b_i(x,t)u_{x_i}+c(x,t)u=f(x,t). \tag{2.6}$$

定理 6.4 设 $c(x,t) \geqslant 0$, $f(x,t) \leqslant 0$ 且 $u \in C^{2,1}(Q_T) \cap C(\overline{Q}_T)$ 是方程 (2.6) 的解, 则 $u(x,t)$ 在 $\overline{Q}_T$ 上的非负最大值 (如果存在的话) 必在抛物边界 Γ_T 上达到, 即

$$\max_{\overline{Q}_T} u(x,t) \leqslant \max_{\Gamma_T} u^+(x,t),$$

其中 $u^+(x,t) = \max\{u(x,t), 0\}$.

证 对于任意 $\varepsilon > 0$, 考虑辅助函数

$$v(x,t) = u(x,t) - \varepsilon t,$$

则 $v(x,t)$ 满足方程

$$v_t - a^2\Delta v + \sum_{i=1}^n b_i(x,t)v_{x_i} + c(x,t)v = f(x,t) - \varepsilon - \varepsilon t c(x,t) < 0. \tag{2.7}$$

下面我们证明若 $v(x,t)$ 在 $\overline{Q}_T$ 上存在非负最大值, 则它必在抛物边界 Γ_T 上达到. 若不然, 则存在某点 $(x_0,t_0) \in Q_T$ 使得

$$v(x_0,t_0) = \max_{\overline{Q}_T} v(x,t) \geqslant 0.$$

于是 $v_{x_1}(x_0,t_0) = v_{x_2}(x_0,t_0) = \cdots = v_{x_n}(x_0,t_0) = 0$, $\Delta v(x_0,t_0) \leqslant 0$, 且当 $0 < t_0 < T$ 时, $v_t(x_0,t_0) = 0$, 当 $t_0 = T$ 时,

$$v_t(x_0,t_0) = \lim_{\Delta t \to 0^-} \frac{v(x_0,t_0+\Delta t) - v(x_0,t_0)}{\Delta t} \geqslant 0.$$

从而在点 (x_0,t_0) 处有

$$v_t - a^2\Delta v + \sum_{i=1}^n b_i(x,t)v_{x_i} + c(x,t)v \geqslant 0.$$

这与 (2.7) 式矛盾. 因此 $v(x,t)$ 的非负最大值必在抛物边界 Γ_T 上达到, 即

$$\max_{\overline{Q}_T} v(x,t) = \max_{\Gamma_T} v(x,t) \geqslant 0.$$

于是

$$\begin{aligned}\max_{\overline{Q}_T} u(x,t) &= \max_{\overline{Q}_T}(v(x,t) + \varepsilon t) \leqslant \max_{\overline{Q}_T} v(x,t) + \varepsilon T \\ &= \max_{\Gamma_T} v(x,t) + \varepsilon T \leqslant \max_{\Gamma_T} u(x,t) + \varepsilon T.\end{aligned}$$

令 $\varepsilon \to 0^+$, 则有

$$\max_{\overline{Q}_T} u(x,t) \leqslant \max_{\Gamma_T} u(x,t) \leqslant \max_{\Gamma_T} u^+(x,t).$$

定理证毕.

当 $c(x,t) \geqslant 0$ 的条件减弱到 $c(x,t) \geqslant -c_0$, 其中 c_0 为正常数, 上面形式的极值原理不再成立, 但我们有

定理 6.5 设 $c(x,t) \geqslant -c_0$, 其中 c_0 为某个正常数, $f(x,t) \leqslant 0$, 且 $u \in C^{2,1}(Q_T) \cap C(\overline{Q}_T)$ 是方程 (2.6) 的解. 如果 $\max\limits_{\Gamma_T} u(x,t) \leqslant 0$, 那么必有 $\max\limits_{\overline{Q}_T} u(x,t) \leqslant 0$.

证 用反证法. 若 $\max\limits_{\overline{Q}_T} u(x,t) > 0$, 令 $v(x,t) = \mathrm{e}^{-c_0 t} u(x,t)$, 则 $\max\limits_{\overline{Q}_T} v(x,t) > 0$ 且 $v(x,t)$ 满足方程

$$v_t - a^2 \Delta v + \sum_{i=1}^{n} b_i(x,t) v_{x_i} + (c(x,t) + c_0)\, v = f(x,t)\mathrm{e}^{-c_0 t} \leqslant 0. \tag{2.8}$$

由于此时有 $c(x,t) + c_0 \geqslant 0$, 应用定理 6.4 知

$$\max_{\overline{Q}_T} v(x,t) \leqslant \max_{\Gamma_T} v^+(x,t) = \max_{\Gamma_T} \left\{\mathrm{e}^{-c_0 t} u^+(x,t)\right\} = 0.$$

于是 $\max\limits_{\overline{Q}_T} u(x,t) = \max\limits_{\overline{Q}_T} \left\{\mathrm{e}^{c_0 t} v(x,t)\right\} \leqslant 0$, 这与假设相矛盾.

定理证毕.

推论 6.2 (比较原理) 设 $c(x,t) \geqslant -c_0$, c_0 为正常数, 又设 $u,\ v \in C^{2,1}(Q_T) \cap C(\overline{Q}_T)$ 且有 $\mathcal{L}u \leqslant \mathcal{L}v$, $u|_{\Gamma_T} \leqslant v|_{\Gamma_T}$, 则在 $\overline{Q}_T$ 上, $u(x,t) \leqslant v(x,t)$.

证 令 $w(x,t) = u(x,t) - v(x,t)$, 则 $\mathcal{L}w \leqslant 0$ 且 $\max\limits_{\Gamma_T} w(x,t) \leqslant 0$, 由定理 6.5 知 $\max\limits_{\overline{Q}_T} w(x,t) \leqslant 0$, 从而在 $\overline{Q}_T$ 上, $u(x,t) \leqslant v(x,t)$.

注 6.8 在应用极值原理证明有关结论时, 特别要注意严格不等号 “$>$” 或 “$<$” 与非严格不等号 “$\geqslant$” 或 “$\leqslant$” 之间的区别, 等号的成立与否能大大改变问题的难度, 甚至影响问题的结论.

注 6.9 若假设 $c(x,t) \equiv 0$, 则在极值原理的叙述中, “非负最大值” 和 “非正最小值” 可改为 “最大值” 和 “最小值”.

注 6.10 以上我们仅对线性方程介绍了极值原理, 事实上, 对非线性方程也可以应用以上思想讨论极值原理. 为了帮助理解, 下面我们通过一个实例加以说明.

例 6.3 设 $Q_T = \{(x,t) | 0 < x < l,\ 0 < t \leqslant T\}$, 证明: 若 $u(x,t) \in C^{2,1}(Q_T) \cap C(\overline{Q}_T)$ 是混合问题

$$\begin{cases} u_t - u_{xx} + \mathrm{e}^{x^2 - t} u^5 u_x^4 = -u^3, \quad 0 < x < l, \quad t > 0, \\ u|_{t=0} = 0, \quad 0 \leqslant x \leqslant l, \\ u|_{x=0} = 0, \quad u|_{x=l} = 0, \quad t \geqslant 0 \end{cases} \tag{2.9}$$

的解, 则 $u(x,t) \equiv 0$.

证 用反证法. 设混合问题 (2.9) 有非零解 $u(x,t)$, 不妨设存在点 $(x_0,t_0)\in Q_T$, 使得 $u(x_0,t_0)>0$. 由于在 Γ 上 $u=0$, 因此 $u(x,t)$ 在 Q_T 内有正的最大值, 设其在 (x_1,t_1) 处达到最大值, 则

$$u(x_1,t_1)>0,\quad u_t(x_1,t_1)\geqslant 0,\quad u_x(x_1,t_1)=0,\quad u_{xx}(x_1,t_1)\leqslant 0.$$

于是

$$\left(u_t-u_{xx}+\mathrm{e}^{x^2-t}u^5u_x^4\right)\big|_{(x_1,t_1)}\geqslant 0,$$

但

$$-u^3(x_1,t_1)<0,$$

这就推出了矛盾, 因此 $u(x,t)\equiv 0$.

2.2 第一边值问题解的最大模估计、唯一性和稳定性

为了简单起见, 从现在开始我们仅考虑一维的情形, 所有分析对高维的情形也是成立的.

在矩形区域 $Q_T=\{0<x<l,\ 0<t\leqslant T\}$ 上考虑第一边值问题

$$\begin{cases}\mathcal{L}u=u_t-a^2u_{xx}+b(x,t)u_x+c(x,t)u=f(x,t), & (x,t)\in Q_T,\\ u|_{t=0}=\varphi(x), \quad 0\leqslant x\leqslant l, & \\ u|_{x=0}=g_1(t),\quad u|_{x=l}=g_2(t),\quad 0\leqslant t\leqslant T. &\end{cases}\tag{2.10}$$

定理 6.6 设 $c(x,t)\geqslant -c_0$, 其中 c_0 为正常数, 又设 $u\in C^{2,1}(Q_T)\cap C(\overline{Q}_T)$ 是问题 (2.10) 的解, 则

$$\max_{\overline{Q}_T}|u(x,t)|\leqslant (FT+B)\mathrm{e}^{c_0T},\tag{2.11}$$

其中

$$F=\sup_{Q_T}|f(x,t)|,\quad B=\max\left\{\max_{[0,l]}|\varphi(x)|,\ \max_{[0,T]}|g_1(t)|,\ \max_{[0,T]}|g_2(t)|\right\}.\tag{2.12}$$

证 作辅助函数

$$v(x,t)=\mathrm{e}^{-c_0t}u(x,t)-Ft-B,\tag{2.13}$$

则 $v(x,t)$ 满足第一边值问题

$$\begin{cases}v_t-a^2v_{xx}+bv_x+(c(x,t)+c_0)\,v=-\left(c(x,t)+c_0\right)(Ft+B)-F+\mathrm{e}^{-c_0t}f,\\ v|_{t=0}=\varphi(x)-B,\\ v|_{x=0}=\mathrm{e}^{-c_0t}g_1(t)-Ft-B,\qquad v|_{x=l}=\mathrm{e}^{-c_0t}g_2(t)-Ft-B.\end{cases}\tag{2.14}$$

由于此时有 $c(x,t)+c_0 \geqslant 0$, $-(c(x,t)+c_0)(Ft+B)-F+\mathrm{e}^{-c_0t}f(x,t) \leqslant 0$, $\max\limits_{\Gamma_T} v(x,t) \leqslant 0$, 由定理 6.5 即知

$$\max_{\overline{Q}_T} v(x,t) \leqslant 0. \tag{2.15}$$

由 (2.13), (2.15) 两式, 我们有

$$\max_{\overline{Q}_T} u(x,t) \leqslant (FT+B)\mathrm{e}^{c_0T}. \tag{2.16}$$

类似地, 可以证明

$$\max_{\overline{Q}_T} (-u(x,t)) \leqslant (FT+B)\mathrm{e}^{c_0T}. \tag{2.17}$$

由 (2.16), (2.17) 两式即得 (2.11) 式.

定理证毕.

由定理 6.6, 我们可以建立第一边值问题 (2.10) 的解的唯一性和稳定性的论断.

定理 6.7 (唯一性)　设 $c(x,t) \geqslant -c_0$, 其中 c_0 为正常数, 则第一边值问题 (2.10) 在 $C^{2,1}(Q_T)\cap C(\overline{Q}_T)$ 中的解是唯一的.

证　设 $u_1(x,t)$, $u_2(x,t)$ 是问题 (2.10) 在 $C^{2,1}(Q_T)\cap C(\overline{Q}_T)$ 中的两个解, 则它们的差 $u(x,t)=u_1(x,t)-u_2(x,t)\in C^{2,1}(Q_T)\cap C(\overline{Q}_T)$ 且满足第一边值问题

$$\begin{cases} u_t - a^2u_{xx} + b(x,t)u_x + c(x,t)u = 0, & (x,t)\in Q_T, \\ u|_{t=0} = 0, & 0\leqslant x\leqslant l, \\ u|_{x=0} = u|_{x=l} = 0, & 0\leqslant t\leqslant T. \end{cases} \tag{2.18}$$

由定理 6.6 知

$$\max_{\overline{Q}_T} |u(x,t)| \leqslant 0,$$

即

$$u(x,t)\equiv 0, \qquad (x,t)\in \overline{Q}_T,$$

这就证明了 $u_1(x,t)\equiv u_2(x,t)$.

定理证毕.

定理 6.8 (稳定性)　设 $c(x,t) \geqslant -c_0$, 其中 c_0 为正常数, 则第一边值问题 (2.10) 在 $C^{2,1}(Q_T)\cap C(\overline{Q}_T)$ 中的解关于非齐次项 f, 初值 φ 和边值 g_1, g_2 是稳定的. 即任给 $\varepsilon>0$, 存在 $\delta>0$, 使得当

$$\sup_{Q_T}\left|f^{(1)}(x,t)-f^{(2)}(x,t)\right|<\delta, \qquad \max_{0\leqslant x\leqslant l}\left|\varphi^{(1)}(x)-\varphi^{(2)}(x)\right|<\delta,$$

$$\max_{0\leqslant t\leqslant T}\left|g_1^{(1)}(t)-g_1^{(2)}(t)\right|<\delta, \qquad \max_{0\leqslant t\leqslant T}\left|g_2^{(1)}(t)-g_2^{(2)}(t)\right|<\delta$$

成立时, 相应的解 $u^{(1)}(x,t)$, $u^{(2)}(x,t)$ 满足

$$\max_{\overline{Q}_T}\left|u^{(1)}(x,t)-u^{(2)}(x,t)\right|<\varepsilon, \tag{2.19}$$

其中 $u^{(i)}(x,t)$ $(i=1,2)$ 是第一边值问题

$$\begin{cases} u_t-a^2u_{xx}+b(x,t)u_x+c(x,t)u=f^{(i)}(x,t), & (x,t)\in Q_T,\\ u|_{t=0}=\varphi^{(i)}(x), \quad 0\leqslant x\leqslant l,\\ u|_{x=0}=g_1^{(i)}(t), \quad u|_{x=l}=g_2^{(i)}(t), \quad 0\leqslant t\leqslant T \end{cases}$$

的解.

证　设 $u(x,t)=u^{(1)}(x,t)-u^{(2)}(x,t)$, 则 $u(x,t)$ 满足第一边值问题

$$\begin{cases} u_t-a^2u_{xx}+b(x,t)u_x+c(x,t)u=f^{(1)}(x,t)-f^{(2)}(x,t),\\ u|_{t=0}=\varphi^{(1)}(x)-\varphi^{(2)}(x),\\ u|_{x=0}=g_1^{(1)}(t)-g_1^{(2)}(t), \quad u|_{x=l}=g_2^{(1)}(t)-g_2^{(2)}(t). \end{cases}$$

由定理 6.8 的假设及定理 6.6 知

$$\max_{\overline{Q}_T}|u(x,t)|<\delta(T+1)\mathrm{e}^{c_0T}. \tag{2.20}$$

选取 $\delta=\dfrac{\varepsilon}{T+1}\mathrm{e}^{-c_0T}$, 则由 (2.20) 式知 (2.19) 式成立.

定理证毕.

注 6.11　定理 6.7 和定理 6.8 及其证明过程表明, 最大模估计蕴涵着解的唯一性和稳定性. 因此以后我们仅讨论解的最大模估计, 而不再重复唯一性和稳定性的讨论.

2.3 第二、三边值问题解的最大模估计

考虑混合问题

$$\begin{cases} \mathcal{L}u=u_t-a^2u_{xx}+b(x,t)u_x+c(x,t)u=f(x,t), & (x,t)\in Q_T,\\ u|_{t=0}=\varphi(x), \quad 0\leqslant x\leqslant l,\\ \left(\dfrac{\partial u}{\partial x}-\alpha_1(t)u\right)\Big|_{x=0}=\mu_1(t), \quad 0\leqslant t\leqslant T,\\ \left(\dfrac{\partial u}{\partial x}+\alpha_2(t)u\right)\Big|_{x=l}=\mu_2(t), \quad 0\leqslant t\leqslant T, \end{cases} \tag{2.21}$$

其中 $\alpha_1(t)\geqslant 0$, $\alpha_2(t)\geqslant 0$.

特别地, 当 $\alpha_1(t)\equiv\alpha_2(t)\equiv 0$ 时, 混合问题 (2.21) 就是第二边值问题.

下面, 我们用极值原理给出混合问题 (2.21) 的解的最大模估计.

定理 6.9 设 $c(x,t)\geqslant 0$, 且存在正常数 α_1, α_2 使得 $\alpha_1(t)\geqslant\alpha_1, \alpha_2(t)\geqslant\alpha_2$. 若 $u\in C^{2,1}(Q_T)\cap C^{1,0}(\overline{Q}_T)$ 是混合问题 (2.21) 的解, 则在 $\overline{Q}_T$ 上,

$$|u(x,t)|\leqslant FT+B, \tag{2.22}$$

其中

$$F=\sup_{Q_T}|f(x,t)|,$$

$$B=\max\left\{\frac{1}{\alpha_1}\max_{[0,T]}|\mu_1(t)|,\ \frac{1}{\alpha_2}\max_{[0,T]}|\mu_2(t)|,\ \max_{[0,l]}|\varphi(x)|\right\}.$$

证 令

$$u(x,t)=w(x,t)-(F+\varepsilon)t-B-\varepsilon, \tag{2.23}$$

其中 $\varepsilon>0$ 是一个任意的常数, 则 $w(x,t)$ 满足混合问题

$$\begin{cases}\mathcal{L}w=F+\varepsilon+f+c(x,t)((F+\varepsilon)t+B+\varepsilon)>0, & (2.24)\\ w|_{t=0}=\varphi(x)+B+\varepsilon\geqslant\varepsilon>0, & (2.25)\\ (w_x-\alpha_1(t)w)|_{x=0}=\mu_1(t)-\alpha_1(t)((F+\varepsilon)t+B+\varepsilon)<0, & (2.26)\\ (w_x+\alpha_2(t)w)|_{x=l}=\mu_2(t)+\alpha_2(t)((F+\varepsilon)t+B+\varepsilon)>0. & (2.27)\end{cases}$$

由 (2.24)—(2.27), 我们可以证明

$$w(x,t)>0,\quad (x,t)\in\overline{Q}_T. \tag{2.28}$$

否则, 设

$$\bar{t}=\inf_{t}\{t\in(0,T]|w(x,t)=0,\ \ x\in[0,l]\}, \tag{2.29}$$

则 $0<\bar{t}\leqslant T$, 此时由 $w\in C^{2,1}(Q_T)\cap C^{1,0}(\overline{Q}_T)$ 及 (2.28), (2.29) 两式知, 存在 $\bar{x}\in[0,l]$ 使得 $w(\bar{x},\bar{t})=0$, $w(x,\bar{t})\geqslant 0$, $x\in[0,l]$ 且当 $t<\bar{t}$ 时, $w(x,t)>0$. 此时有如下情形:

情形 I: $\bar{x}=0$, 此时 $w(\bar{x},\bar{t})=0$, $w_x(\bar{x},\bar{t})\geqslant 0$, 这与 (2.26) 式矛盾.

情形 II: $\bar{x}=l$, 此时 $w(\bar{x},\bar{t})=0$, $w_x(\bar{x},\bar{t})\leqslant 0$, 这与 (2.27) 式矛盾.

情形 III: $0<\bar{x}<l$, 此时 $w(\bar{x},\bar{t})=0$, $w_t(\bar{x},\bar{t})\leqslant 0$, $w_x(\bar{x},\bar{t})=0$, $w_{xx}(\bar{x},\bar{t})\geqslant 0$, 这与 (2.24) 式矛盾.

综上所述, (2.28) 式成立, 于是对任意的 $\varepsilon>0$, 有

$$u(x,t)>-(F+\varepsilon)t-B-\varepsilon\geqslant-(F+\varepsilon)T-B-\varepsilon, \tag{2.30}$$

在 (2.30) 式中令 $\varepsilon \to 0^+$, 得

$$u(x,t) \geqslant -(FT+B).$$

如果令

$$u(x,t) = w(x,t) + (F+\varepsilon)t + B + \varepsilon, \tag{2.31}$$

那么类似地可证

$$u(x,t) \leqslant FT+B.$$

这就完成了 (2.22) 式的证明.

定理证毕.

注 6.12 如果定理 6.9 中的条件 "$c(x,t) \geqslant 0$" 减弱为存在一个正常数 $c_0 > 0$ 使得 $c(x,t) \geqslant -c_0$, 那么我们可以证明在 $\overline{Q}_T$ 上,

$$|u(x,t)| \leqslant (FT+B)\mathrm{e}^{c_0 T}. \tag{2.32}$$

事实上, 若作函数变换

$$v(x,t) = \mathrm{e}^{-c_0 t} u(x,t),$$

则混合问题 (2.21) 化为

$$\begin{cases} v_t - a^2 v_{xx} + b(x,t)v_x + (c(x,t)+c_0)v = \mathrm{e}^{-c_0 t} f(x,t), & (x,t) \in Q_T, \\ v|_{t=0} = \varphi(x), \quad 0 \leqslant x \leqslant l, \\ \left.\left(\dfrac{\partial v}{\partial x} - \alpha_1(t)v\right)\right|_{x=0} = \mathrm{e}^{-c_0 t}\mu_1(t), \quad 0 \leqslant t \leqslant T, \\ \left.\left(\dfrac{\partial v}{\partial x} + \alpha_2(t)v\right)\right|_{x=l} = \mathrm{e}^{-c_0 t}\mu_2(t), \quad 0 \leqslant t \leqslant T. \end{cases} \tag{2.33}$$

对混合问题 (2.33) 应用定理 6.9 立得 (2.32) 式.

定理 6.9 中关于 $\alpha_1(t)$, $\alpha_2(t)$ 的假设, 不包含第二边值问题的情形. 为了讨论第二边值问题, 我们需要对 $b(x,t)$ 作某些限制.

定理 6.10 设存在正常数 b_0, c_0 使得 $|b(x,t)| \leqslant b_0$, $c(x,t) \geqslant -c_0$, 且 $\alpha_1(t) \geqslant 0$, $\alpha_2(t) \geqslant 0$. 若 $u \in C^{2,1}(Q_T) \cap C^{1,0}(\overline{Q}_T)$ 是混合问题 (2.21) 的解, 则在 $\overline{Q}_T$ 上

$$|u(x,t)| \leqslant \mathrm{e}^{c_0^* T + \frac{l}{4}}(FT+B), \tag{2.34}$$

其中 $F = \sup\limits_{Q_T} |f(x,t)|$, $B = \max\left\{\max\limits_{[0,T]} |\mu_1(t)|,\ \max\limits_{[0,T]} |\mu_2(t)|,\ \max\limits_{[0,l]} |\varphi(x)|\right\}$, $c_0^* = c_0 + b_0 + a^2 + \dfrac{2a^2}{l}$.

证 作乘积变换 $u = w(x,t)v$, 其中 v 是新的未知函数, $w \in C^{2,1}(Q_T) \cap C^{1,0}(\overline{Q}_T)$ 是一个待定函数. 经过简单计算, 容易看出 v 满足混合问题

$$\begin{cases} v_t - a^2 v_{xx} + \left(b - \dfrac{2a^2 w_x}{w}\right) v_x + \left(\dfrac{w_t}{w} - \dfrac{a^2 w_{xx}}{w} + \dfrac{b w_x}{w} + c\right) v = \dfrac{f}{w}, \\ v|_{t=0} = \dfrac{\varphi(x)}{w(x,0)}, \\ \left[v_x - \left(\alpha_1(t) - \dfrac{w_x}{w}\right) v\right]_{x=0} = \dfrac{\mu_1(t)}{w(0,t)}, \\ \left[v_x + \left(\alpha_2(t) + \dfrac{w_x}{w}\right) v\right]_{x=l} = \dfrac{\mu_2(t)}{w(l,t)}. \end{cases} \tag{2.35}$$

若选取

$$w(x,t) = w_1(x) = \exp\left(\frac{1}{l}\left(x - \frac{l}{2}\right)^2\right), \tag{2.36}$$

则问题 (2.35) 可改写为

$$\begin{cases} v_t - a^2 v_{xx} + b^*(x,t) v_x + c^*(x,t) v = \dfrac{f(x,t)}{w_1(x)}, \\ v|_{t=0} = \dfrac{\varphi(x)}{w_1(x)}, \\ \left[v_x - (\alpha_1(t) + 1)\, v\right]_{x=0} = \dfrac{\mu_1(t)}{w_1(0)}, \\ \left[v_x + (\alpha_2(t) + 1)\, v\right]_{x=l} = \dfrac{\mu_2(t)}{w_1(l)}, \end{cases} \tag{2.37}$$

其中

$$b^*(x,t) = b(x,t) - \frac{4a^2}{l}\left(x - \frac{l}{2}\right), \tag{2.38}$$

$$c^*(x,t) = c(x,t) + \frac{2b(x,t)}{l}\left(x - \frac{l}{2}\right) - a^2\left(\frac{2}{l} + \frac{4}{l^2}\left(x - \frac{l}{2}\right)^2\right). \tag{2.39}$$

由定理的假设易知

$$c^*(x,t) \geqslant -c_0 - b_0 - \frac{2a^2}{l} - a^2. \tag{2.40}$$

对混合问题 (2.37) 应用定理 6.9, 并利用 $1 \leqslant w_1(x) \leqslant e^{\frac{l}{4}}$, 易知在 $\overline{Q}_T$ 上,

$$|v(x,t)| \leqslant (FT + B)e^{c_0^* T}, \tag{2.41}$$

由此立得 (2.34) 式.

定理证毕.

2.4 Cauchy 问题解的最大模估计

在带形区域 $H_T = \{(x,t)|x \in \mathbb{R},\ 0 < t \leqslant T\}$ 上考虑 Cauchy 问题

$$\begin{cases} u_t - a^2 u_{xx} + b(x,t)u_x + c(x,t)u = f(x,t), & (x,t) \in H_T, \\ u|_{t=0} = \varphi(x), & x \in \mathbb{R}. \end{cases} \tag{2.42}$$

在 §1 中我们已证明了当 $b(x,t) = c(x,t) = f(x,t) = 0$, $\varphi(x)$ 在 $(-\infty,\infty)$ 上有界连续时, Poisson 公式 (1.11) 给出了上述 Cauchy 问题的有界解. 我们自然要问是否还有其他有界解? 为了回答这个问题, 需要建立解 $u(x,t)$ 关于自由项 $f(x,t)$ 及初值 $\varphi(x)$ 的最大模估计.

定理 6.11 设 $c(x,t) \geqslant 0$ 且存在正常数 b_0 使得 $|b(x,t)| \leqslant b_0$. 若 $u \in C^{2,1}(H_T)$ 是 Cauchy 问题 (2.42) 的有界解, 则有估计

$$\sup_{H_T} |u(x,t)| \leqslant T \sup_{H_T} |f(x,t)| + \sup_{(-\infty,\infty)} |\varphi(x)|. \tag{2.43}$$

证 对于任意 $L > 1$, 考虑区域

$$Q_T^L = \{(x,t)| -L < x < L,\ 0 < t \leqslant T\},$$

并记 $F = \sup\limits_{H_T} |f(x,t)|$, $B = \sup\limits_{(-\infty,\infty)} |\varphi(x)|$. 设 $\sup\limits_{H_T} |u(x,t)| \leqslant M$, 在 Q_T^L 上考虑辅助函数

$$u(x,t) = w(x,t) + Ft + B + v_L(x,t), \tag{2.44}$$

其中

$$v_L(x,t) = \frac{M}{L^2}\left(x^2 + CLe^t\right), \tag{2.45}$$

C 是一个待定的正常数.

设 $\mathcal{L}u = u_t - a^2 u_{xx} + b(x,t)u_x + c(x,t)u$, 则 $w(x,t)$ 满足混合问题

$$\begin{cases} \mathcal{L}w = f(x,t) - F - \dfrac{M}{L^2}\left(CLe^t + 2b(x,t)x - 2a^2\right) - c(x,t)\left(Ft + B + v_L(x,t)\right), \\ w(x,0) = \varphi(x) - B - \dfrac{M}{L^2}\left(x^2 + CL\right) < 0, \\ w(\pm L,t) = u(\pm L,t) - Ft - B - M - \dfrac{M}{L}Ce^t < 0. \end{cases} \tag{2.46}$$

如果我们选取 C 足够大使得

$$C \geqslant 2a^2 + 2b_0, \tag{2.47}$$

则

$$f(x,t) - F - \frac{M}{L^2}\left(CLe^t + 2b(x,t)x - 2a^2\right) - c(x,t)\left(Ft + B + v_L(x,t)\right) \leqslant 0.$$

由定理 6.5 易知在 Q_T^L 上,

$$w(x,t) \leqslant 0. \tag{2.48}$$

因此, 对于任意固定的 $(x_0,t_0) \in H_T$, 当 L 充分大时, $(x_0,t_0) \in Q_T^L$, 于是

$$u(x_0,t_0) \leqslant Ft_0 + B + \frac{M}{L^2}\left(x_0^2 + CL\mathrm{e}^{t_0}\right).$$

令 $L \to +\infty$, 则有

$$u(x_0,t_0) \leqslant Ft_0 + B. \tag{2.49}$$

用完全类似的方法可以证明

$$u(x_0,t_0) \geqslant -(Ft_0 + B). \tag{2.50}$$

由 (2.49), (2.50) 两式及 (x_0,t_0) 的任意性, 立得 (2.43) 式.

定理证毕.

进一步, 按照定理 6.5 和定理 6.6 的证明方法, 我们还可将 $c(x,t) \geqslant 0$ 的条件减弱为: 存在一个正常数 c_0, 使得 $c(x,t) \geqslant -c_0$.

定理 6.12 设存在正常数 b_0, c_0 使得 $|b(x,t)| \leqslant b_0$, $c(x,t) \geqslant -c_0$, 若 $u \in C^{2,1}(H_T)$ 是 Cauchy 问题 (2.42) 的有界解, 则有估计

$$\sup_{H_T}|u(x,t)| \leqslant \mathrm{e}^{c_0 T}\left(T\sup_{H_T}|f(x,t)| + \sup_{(-\infty,\infty)}|\varphi(x)|\right).$$

以上关于 Cauchy 问题解的最大模估计的定理都要求解在有界函数类中. 当解无界时, 我们考虑如下 Cauchy 问题:

$$\begin{cases} u_t - a^2 u_{xx} = f(x,t), & (x,t) \in H_T, \\ u|_{t=0} = \varphi(x), & x \in \mathbb{R}. \end{cases} \tag{2.51}$$

定理 6.13 设 $u \in C^{2,1}(H_T)$ 是 Cauchy 问题 (2.51) 的解, 且存在正常数 M, N 使得

$$|u(x,t)| \leqslant M\mathrm{e}^{Nx^2}, \qquad (x,t) \in H_T, \tag{2.52}$$

则在 $Q_\alpha = \left\{(x,t)|x \in \mathbb{R},\ 0 < t < \alpha = \dfrac{1}{4a^2N}\right\}$ 上有估计

$$\sup_{Q_\alpha}|u(x,t)| \leqslant \alpha\sup_{Q_\alpha}|f(x,t)| + \sup_{\mathbb{R}}|\varphi(x)|. \tag{2.53}$$

这个定理的证明可参看参考文献 [5] 第一部分 §2.3 及 [15] 第一部分第九章 §A.

注 6.13 以上讨论表明在有界函数类及所谓的 $\mathcal{N}$ 函数类

$$\mathcal{N} = \left\{u \in C^{2,1}(H_T),\ \ 存在\ M,\ N > 0,\ \ 使得\ |u(x,t)| \leqslant M\mathrm{e}^{Nx^2}\right\}$$

中, Cauchy 问题 (2.51) 的解是唯一存在且关于自由项 $f(x,t)$ 及初值 $\varphi(x)$ 是稳定的. 若对解 $u(x,t)$ 不加上属于 $\mathcal{N}$ 函数类的限制, 则唯一性可能不成立. 在这种情形下, Tychonov (吉洪诺夫) 给出了一个非唯一性的例子. 设

$$u_1(x,t)=\sum_{k=0}^{\infty}\frac{\mathrm{d}^k g(t)}{\mathrm{d}t^k}\frac{x^{2k}}{(2k)!},\qquad x\in\mathbb{R},\quad t\geqslant 0,\tag{2.54}$$

其中

$$g(t)=\begin{cases}\mathrm{e}^{-\frac{1}{t^2}}, & t>0,\\ 0, & t=0,\end{cases}\tag{2.55}$$

则 $u_1(x,t)$ 满足 Cauchy 问题

$$\begin{cases}u_t-u_{xx}=0, & x\in\mathbb{R},\quad t>0,\\ u|_{t=0}=0, & x\in\mathbb{R}.\end{cases}\tag{2.56}$$

显然 Cauchy 问题 (2.56) 还有平凡解 $u_0(x,t)\equiv 0$. 因此 Cauchy 问题 (2.56) 的解是不唯一的.

2.5 混合问题的能量估计

在第五章中我们得到了波动方程解的能量估计, 并由此得到定解问题解的唯一性与稳定性, 这种方法同样适用于抛物型方程.

记 $Q_T=\{(x,t)|0<x<l,\ 0<t\leqslant T\}$, 在 Q_T 上考虑混合问题

$$\begin{cases}u_t-a^2u_{xx}=f(x,t), & (x,t)\in Q_T,\\ u|_{t=0}=\varphi(x), & 0\leqslant x\leqslant l,\\ u|_{x=0}=u|_{x=l}=0, & 0\leqslant t\leqslant T.\end{cases}\tag{2.57}$$

定理 6.14 设 $u\in C^{2,1}(Q_T)\cap C^{1,0}\,(\overline{Q}_T)$ 是混合问题 (2.57) 的解, 则有估计

$$\begin{aligned}&\sup_{0\leqslant t\leqslant T}\int_0^l u^2(x,t)\mathrm{d}x+2a^2\int_0^T\int_0^l u_x^2(x,t)\mathrm{d}x\mathrm{d}t\\ &\leqslant M\left(\int_0^l\varphi^2(x)\mathrm{d}x+\int_0^T\int_0^l f^2(x,t)\mathrm{d}x\mathrm{d}t\right),\end{aligned}\tag{2.58}$$

其中 M 只与 T 有关.

证 在混合问题 (2.57) 的热传导方程两边同乘 u, 然后关于 x 在 $[0,l]$ 上积分, 得到

$$\int_0^l uu_t\mathrm{d}x-a^2\int_0^l uu_{xx}\mathrm{d}x=\int_0^l uf\mathrm{d}x.$$

等式左边分部积分并运用边值条件, 右边应用 Cauchy 不等式, 则有

$$\frac{1}{2}\frac{\mathrm{d}}{\mathrm{d}t}\int_0^l u^2(x,t)\mathrm{d}x+a^2\int_0^l u_x^2(x,t)\mathrm{d}x\leqslant\frac{1}{2}\int_0^l u^2(x,t)\mathrm{d}x+\frac{1}{2}\int_0^l f^2(x,t)\mathrm{d}x. \tag{2.59}$$

记

$$E(t)=\int_0^l u^2(x,t)\mathrm{d}x,\qquad F(t)=\int_0^l \varphi^2(x)\mathrm{d}x+\int_0^t\int_0^l f^2(x,s)\mathrm{d}x\mathrm{d}s,$$

将 (2.59) 式关于 t 在 $[0,t]$ 上积分, 有不等式

$$E(t)+2a^2\int_0^t\int_0^l u_x^2(x,s)\mathrm{d}x\mathrm{d}s\leqslant F(t)+\int_0^t E(s)\mathrm{d}s. \tag{2.60}$$

作为 (2.60) 式的推论, 有

$$E(t)\leqslant F(t)+\int_0^t E(s)\mathrm{d}s=F(0)+\int_0^t (E(s)+F'(s))\mathrm{d}s. \tag{2.61}$$

由于 $E(0)=F(0)$, $F'(t)\geqslant 0$, 由 Gronwall 不等式 (见附录 Ⅲ), 得

$$E(t)\leqslant \mathrm{e}^t F(t).$$

代入 (2.60) 式, 并注意到 $F(t)$ 关于 t 单调增加, 则有

$$\begin{aligned}&\int_0^l u^2(x,t)\mathrm{d}x+2a^2\int_0^t\int_0^l u_x^2(x,s)\mathrm{d}x\mathrm{d}s\\ \leqslant{}& \mathrm{e}^t\left[\int_0^l \varphi^2(x)\mathrm{d}x+\int_0^t\int_0^l f^2(x,s)\mathrm{d}x\mathrm{d}s\right].\end{aligned}$$

由此, 立即可得

$$\begin{aligned}&\sup_{0\leqslant t\leqslant T}\int_0^l u^2(x,t)\mathrm{d}x+2a^2\int_0^T\int_0^l u_x^2(x,t)\mathrm{d}x\mathrm{d}t\\ \leqslant{}& \mathrm{e}^T\left[\int_0^l \varphi^2(x)\mathrm{d}x+\int_0^T\int_0^l f^2(x,t)\mathrm{d}x\mathrm{d}t\right].\end{aligned}$$

这就证明了 (2.58) 式.

定理证毕.

由能量估计同样可以得到混合问题解的唯一性和稳定性, 但这时稳定性的结果比由极值原理得到的稍弱, 解对给定数据只具有平均稳定性.

习题 6-2

在以下各题中, 如不加特别说明, 均假设区域 $Q_T=\{(x,t)|0<x<l,\ 0<t\leqslant T\}$, Γ_T 是 Q_T 的抛物边界.

1. 设

$$\mathcal{L}u=u_t-u_{xx}+f(u_x).$$

证明: 当 f 为凸 (或凹) 函数时, 对于算子 $\mathcal{L}$, 比较原理成立, 即设 $u,\ v\in C^{2,1}(Q_T)\cap C(\overline{Q}_T)$, 当 $\mathcal{L}u\leqslant\mathcal{L}v$, $u|_{\Gamma_T}\leqslant v|_{\Gamma_T}$ 时, 在 Q_T 上有 $u(x,t)\leqslant v(x,t)$.

2. 设

$$\mathcal{L}u=u_t-u_{xx}+u^3,$$

证明对于算子 $\mathcal{L}$, 比较原理成立.

3. 设 $u\in C^{2,1}(Q_T)\cap C^{1,0}(\overline{Q}_T)$ 满足定解问题

$$\begin{cases} u_t-u_{xx}=0, & (x,t)\in Q_T,\\ u|_{t=0}=0, & 0\leqslant x\leqslant l,\\ \left[\dfrac{\partial u}{\partial x}+h(u_0-u)\right]_{x=0}=0, & 0\leqslant t\leqslant T,\\ u|_{x=l}=0, & 0\leqslant t\leqslant T,\end{cases}$$

其中 h,u_0 为正常数. 证明:

(1) $0\leqslant u(x,t)\leqslant u_0$, $(x,t)\in Q_T$;

(2) $u=u_h(x,t)$ 关于 h 单调递增.

4. 设 $u\in C^{2,1}(\overline{Q}_T)$, $u_t\in C^{2,1}(Q_T)$ 且满足定解问题

$$\begin{cases} u_t-a^2u_{xx}=f(x,t), & (x,t)\in Q_T,\\ u|_{t=0}=\varphi(x), & 0\leqslant x\leqslant l,\\ u|_{x=0}=\mu_1(t), \quad u|_{x=l}=\mu_2(t), & 0\leqslant t\leqslant T,\end{cases}$$

证明有以下估计:

$$\max_{\overline{Q}_T}|u_t(x,t)|\leqslant C\left(\|f_t\|_{C(\overline{Q}_T)}+\|f\|_{C(\overline{Q}_T)}+\|\varphi''\|_{C([0,l])}+\|\mu_1'\|_{C([0,T])}+\|\mu_2'\|_{C([0,T])}\right),$$

其中 C 仅依赖于 T.

5. 设 $Q_T=\{(x,t)|0<x<\pi,\ 0<t\leqslant T\}$, 如果 $u\in C^{2,1}(Q_T)\cap C^{1,0}(\overline{Q}_T)$ 满足定解问题

$$\begin{cases}u_t-2u_{xx}+u_x^3+u=-1-\sin x, & (x,t)\in Q_T,\\ u|_{t=0}=\cos x-1, & 0\leqslant x\leqslant\pi,\\ u|_{x=0}=u|_{x=\pi}=-t^4, & 0\leqslant t\leqslant T,\end{cases}$$

证明在 $\overline{Q}_T$ 上 $u(x,t)\leqslant 0$.

6. 证明 Cauchy 问题

$$\begin{cases}u_t-a(x,t)u_{xx}+b(x,t)u_x+c(x,t)u=f(x,t), & x\in\mathbb{R},\quad t>0,\\ u|_{t=0}=\varphi(x), & x\in\mathbb{R}\end{cases}$$

的有界解是唯一的, 其中 $a(x,t)\geqslant a_0>0$, $c(x,t)\geqslant 0$, $a(x,t)$, $b(x,t)$, $c(x,t)$ 有界.

7. 设 $u(x,t)$ 在 $H_T=\{x\in\mathbb{R},\ 0<t\leqslant T\}$ 上属于 $C^{2,1}(H_T)\cap C(\overline{H}_T)$ 且 $u(x,t)\geqslant -m$ $(m>0)$, 又满足方程

$$\mathcal{L}u=u_t-a(x,t)u_{xx}+b(x,t)u_x+c(x,t)u\geqslant 0,$$

其中系数满足

$$0<a(x,t)\leqslant M(x^2+1),\quad |b(x,t)|\leqslant M(|x|+1),\quad |c(x,t)|\leqslant M,$$

M 为常数. 证明: 若 $u|_{t=0}\geqslant 0$, 则在 H_T 上 $u(x,t)\geqslant 0$.

8. 设 $u\in C^{2,1}(Q_T)\cap C^{1,0}(\overline{Q}_T)$ 是问题

$$\begin{cases}u_t-a^2u_{xx}+b(x,t)u_x+c(x,t)u=f(x,t), & (x,t)\in Q_T,\\ u|_{t=0}=\varphi(x), & 0\leqslant x\leqslant l,\\ u|_{x=0}=u|_{x=l}=0, & 0\leqslant t\leqslant T\end{cases}$$

的解, 其中 a 为正常数. 若 $B=\sup|b(x,t)|$, $C=\sup|c(x,t)|$ 存在, 则 u 满足以下估计:

$$\begin{aligned}&\sup_{0\leqslant t\leqslant T}\int_0^l u^2(x,t)\mathrm{d}x+\int_0^T\int_0^l u_x^2(x,t)\mathrm{d}x\mathrm{d}t\\ \leqslant\ & M\left[\int_0^l\varphi^2(x)\mathrm{d}x+\int_0^T\int_0^l f^2(x,t)\mathrm{d}x\mathrm{d}t\right],\end{aligned}$$

其中 M 只依赖于 T, l, a, B 和 C.

9. 设 $u \in C^{2,1}(Q_T) \cap C^{1,0}(\overline{Q}_T)$ 满足定解问题

$$\begin{cases} u_t - a(x,t)u_{xx} + b(x,t)u_x + c(x,t)u = f(x,t), \qquad (x,t) \in Q_T, \\ u|_{t=0} = \varphi(x), \qquad 0 \leqslant x \leqslant l, \\ \left[-\dfrac{\partial u}{\partial x} + \alpha u\right]_{x=0} = \left[\dfrac{\partial u}{\partial x} + \beta u\right]_{x=l} = 0, \qquad 0 \leqslant t \leqslant T, \end{cases}$$

其中 $a(x,t) \geqslant a_0 > 0$, $\alpha \geqslant 0$, $\beta \geqslant 0$, $a(x,t)$, $a_x(x,t)$, $b(x,t)$, $c(x,t)$ 在 Q_T 上有界, 证明

$$\begin{aligned} &\sup_{0\leqslant t\leqslant T}\int_0^l u^2(x,t)\mathrm{d}x + \int_0^T\int_0^l u_x^2(x,t)\mathrm{d}x\mathrm{d}t \\ \leqslant\ & M\left[\int_0^l \varphi^2(x)\mathrm{d}x + \int_0^T\int_0^l f^2(x,t)\mathrm{d}x\mathrm{d}t\right], \end{aligned}$$

其中 M 依赖于 T, a_0 以及 $a(x,t)$, $b(x,t)$, $c(x,t)$ 的界.

10. 设 $Q = \{(x,t)|0 < x < l,\ 0 < t < T\}$, $u \in C^{2,1}(Q) \cap C(\overline{Q})$ 是方程组

$$\begin{cases} u_t + \big(u(u^2+v^2)\big)_x = u_{xx}, \\ v_t + \big(v(u^2+v^2)\big)_x = v_{xx} \end{cases}$$

的解且满足 $u|_{x=0} = u|_{x=l} = v|_{x=0} = v|_{x=l} = 0$. 证明其能量

$$E(t) = \int_0^l \left(u^2 + v^2\right)\mathrm{d}x$$

关于时间 t 单调递减.

第六章小结

第七章

椭圆型方程

本章共分四节, 在前三节, 我们不打算论述一般椭圆型方程, 而只讨论最简单的 Laplace 方程 (也称调和方程) 和 Poisson 方程. 这些方程具有广泛的物理背景, 振动趋于平衡, 热传导趋于稳定以及保守场都可归结为这样的方程. 本章主要讨论这些方程解的基本性质, 比如平均值性质与 Harnack (哈纳克) 不等式、Green 函数与 Poisson 公式、极值原理等. 这里需要强调的是, 调和方程解的许多性质都能推广到更一般的情形. 也就是说, 一般二阶线性椭圆型方程的解也常有类似的性质, 而且相应定理的证明思路也与调和方程的情形相仿. 在 §4, 阐述了更一般形式椭圆型方程的极值原理.

§1 调和函数

为了研究调和函数, 我们先用散度定理推导出一个重要的积分公式, 称之为 Green 公式, 利用它能证明基本积分公式, 从而将调和函数在一区域内的值表示成它在该区域边界上的曲面积分, 由此得出调和函数的许多重要性质, 如平均值定理、强极值原理等.

1.1 Green 公式

设函数 $u(x_1,x_2,\cdots,x_n)$ 和 $v(x_1,x_2,\cdots,x_n)$ 在 n 维空间 $\mathbb{R}^n$ 中的区域 Ω 内有连续的二阶偏导数, 在 $\overline{\Omega}=\Omega+\Gamma$ (Γ 为 Ω 的边界) 上连续且有连续的一阶偏导数. 在散度定理 (见附录 I) 中令

$$P_i=u\frac{\partial v}{\partial x_i},\qquad i=1,2,\cdots,n,$$

就得到

$$\iint\cdots\int_{\Omega}\sum_{i=1}^{n}\frac{\partial}{\partial x_i}\left(u\frac{\partial v}{\partial x_i}\right)\mathrm{d}x_1\mathrm{d}x_2\cdots\mathrm{d}x_n=\iint\cdots\int_{\Gamma}u\sum_{i=1}^{n}\frac{\partial v}{\partial x_i}\cos(\nu,x_i)\mathrm{d}S(x),\tag{1.1}$$

其中 ν 表示区域 Ω 的单位外法向量. 为了便于区别空间的维数, 正如第一章所指出的那样, 今后我们将用 Δ_n 表示 n 维空间 $\mathbb{R}^n$ 中的 Laplace 算子, 即 $\Delta_n=\frac{\partial^2}{\partial x_1^2}+\frac{\partial^2}{\partial x_2^2}+\cdots+\frac{\partial^2}{\partial x_n^2}$. 今后为了书写简洁, 我们将分别用 $\int_{\Omega}$ 和 $\int_{\Gamma}$ 表示 $\iint\cdots\int_{\Omega}$ 和 $\iint\cdots\int_{\Gamma}$.

这样一来, (1.1) 式可改写成为

$$\int_{\Omega}u\Delta_n v\mathrm{d}x+\int_{\Omega}\sum_{i=1}^{n}u_{x_i}v_{x_i}\mathrm{d}x=\int_{\Gamma}u\frac{\partial v}{\partial\nu}\mathrm{d}S(x),\tag{1.2}$$

其中 $\frac{\partial}{\partial\nu}$ 表示沿曲面 Γ 的外法向导数, $\mathrm{d}S(x)$ 表示曲面 Γ 上的面积单元.

若将 (1.2) 式中的 u 和 v 互相对换, 又得

$$\int_{\Omega}v\Delta_n u\mathrm{d}x+\int_{\Omega}\sum_{i=1}^{n}v_{x_i}u_{x_i}\mathrm{d}x=\int_{\Gamma}v\frac{\partial u}{\partial\nu}\mathrm{d}S(x).\tag{1.3}$$

我们把 (1.2) 式与 (1.3) 式都称作**第一 Green 公式**.

若将 (1.2) 式与 (1.3) 式相减, 则得

$$\int_{\Omega}(u\Delta_n v-v\Delta_n u)\mathrm{d}x=\int_{\Gamma}\left(u\frac{\partial v}{\partial\nu}-v\frac{\partial u}{\partial\nu}\right)\mathrm{d}S(x),\tag{1.4}$$

我们把 (1.4) 式称为**第二 Green 公式**.

1.2 调和函数与基本解

定义 7.1 对于函数 $u(x_1,x_2,\cdots,x_n)$, 若它在 n 维空间 $\mathbb{R}^n$ 中的有界区域 Ω 内有直到二阶的连续偏导数, 且在 Ω 内满足 Laplace 方程

$$\Delta_n u=u_{x_1x_1}+u_{x_2x_2}+\cdots+u_{x_nx_n}=0,\tag{1.5}$$

则称 u 在区域 Ω 内是**调和函数**.

若 $\Delta_n u\geqslant 0$ ($\leqslant 0$), 则称 u 在区域 Ω 内是**下调和 (上调和) 函数**.

若 Ω 是无界区域, 则除上面的要求外, 还应要求当点 $x=(x_1,x_2,\cdots,x_n)$ 趋于无穷远时, 函数 u 一致趋于零. 即对于任意小的正数 ε, 存在正数 A, 使得当点 $P(x)$ 与坐标原点的距离 $r>A$ 时, 总有

$$|u(x)|<\varepsilon.$$

按照这个定义, 有时我们把 Laplace 方程 (1.5) 也称作**调和方程**. 由于 Laplace 方程是线性齐次的, 因此, 线性齐次方程的叠加原理表明: **调和函数的线性组合仍是调和函数**.

下面我们给出调和方程的基本解. 改写 n $(n\geqslant 3)$ 维空间的调和方程为球坐标形式, 对任意给定的点 $x^0=(x_1^0,x_2^0,\cdots,x_n^0)$, 设球坐标变换为

$$\begin{cases} x_1-x_1^0=r\cos\theta_1,\\ x_2-x_2^0=r\sin\theta_1\cos\theta_2,\\ \cdots\cdots\cdots\cdots\\ x_{n-1}-x_{n-1}^0=r\sin\theta_1\cdots\sin\theta_{n-2}\cos\theta_{n-1},\\ x_n-x_n^0=r\sin\theta_1\cdots\sin\theta_{n-2}\sin\theta_{n-1}, \end{cases}$$

则 (1.5) 式可化为

$$\begin{aligned} \Delta_n u=&\frac{1}{r^{n-1}}\frac{\partial}{\partial r}\left(r^{n-1}\frac{\partial u}{\partial r}\right)+\frac{1}{r^2}\left(\frac{\partial^2 u}{\partial\theta_1^2}+\frac{(n-2)\cos\theta_1}{\sin\theta_1}\frac{\partial u}{\partial\theta_1}\right)+\\ &\frac{1}{r^2}\sum_{i=2}^{n-1}\frac{1}{\sin^2\theta_1\cdots\sin^2\theta_{i-1}}\left(\frac{\partial^2 u}{\partial\theta_i^2}+\frac{(n-1-i)\cos\theta_i}{\sin\theta_i}\frac{\partial u}{\partial\theta_i}\right)=0. \end{aligned} \tag{1.6}$$

由 (1.6) 式可以看出, 方程 (1.5) 的球对称解 $u=u(r)$ 满足以 r 为自变量的常微分方程

$$\frac{1}{r^{n-1}}\frac{\mathrm{d}}{\mathrm{d}r}\left(r^{n-1}\frac{\mathrm{d}u}{\mathrm{d}r}\right)=0,$$

其通解可写为

$$u=\frac{c_1}{r^{n-2}}+c_2,$$

这里 c_1, c_2 是任意常数. 所以函数

$$u=\frac{1}{r^{n-2}}\quad\left(r=|x-x^0|=\sqrt{(x_1-x_1^0)^2+(x_2-x_2^0)^2+\cdots+(x_n-x_n^0)^2}\right)$$

是一个球对称特解, 从而推得 $\dfrac{1}{r^{n-2}}$ 在任一不包含点 x^0 的区域内是调和的, 它在点 x^0 处有奇性.

若用 ω_n 表示 $\mathbb{R}^n$ 中单位球面的表面积, 则称函数 $\dfrac{1}{(n-2)\omega_n r^{n-2}}$ $(n \geqslant 3)$ 为 n 维 Laplace 方程 (1.5) 的**基本解**, 它对研究 n 维 Laplace 方程起着重要的作用.

注 7.1 基本解在 $x \neq x^0$ 时关于 x 或 x^0 都是调和函数且无穷次可微.

下面, 考虑二维 Laplace 方程 $\Delta_2 u = u_{x_1x_1} + u_{x_2x_2} = 0$, 在极坐标变换

$$\begin{cases} x_1 = x_1^0 + r\cos\theta, \\ x_2 = x_2^0 + r\sin\theta \end{cases}$$

下它可化为

$$\Delta_2 u = \frac{1}{r}\frac{\partial}{\partial r}\left(r\frac{\partial u}{\partial r}\right) + \frac{1}{r^2}\frac{\partial^2 u}{\partial \theta^2} = 0. \tag{1.7}$$

于是我们可以获得二维 Laplace 方程的基本解 $\dfrac{1}{2\pi}\ln\dfrac{1}{r}$, 它对研究二维 Laplace 方程起着重要的作用.

定理 7.1 设函数 $u(x)$ 在 n $(n \geqslant 3)$ 维空间 $\mathbb{R}^n$ 中的有界区域 Ω 内二阶连续可微, 在闭区域 $\overline{\Omega} = \Omega + \Gamma$ 上连续且有连续的一阶偏导数, 则当点 $P_0(x^0) \in \Omega$ 时, 有

$$u(x^0) = \frac{1}{(n-2)\omega_n}\int_\Gamma \left(\frac{1}{r^{n-2}}\frac{\partial u}{\partial \nu} - u\frac{\partial}{\partial \nu}\left(\frac{1}{r^{n-2}}\right)\right)\mathrm{d}S(x) - \frac{1}{(n-2)\omega_n}\int_\Omega \frac{\Delta_n u}{r^{n-2}}\mathrm{d}x, \tag{1.8}$$

其中 $r = |x - x^0| = \sqrt{(x_1 - x_1^0)^2 + (x_2 - x_2^0)^2 + \cdots + (x_n - x_n^0)^2}$.

证 以 P_0 为中心 ε 为半径作球 K_ε, 使 $K_\varepsilon \subset \Omega$, Γ_ε 表示该球的球面 (如图 7–1).

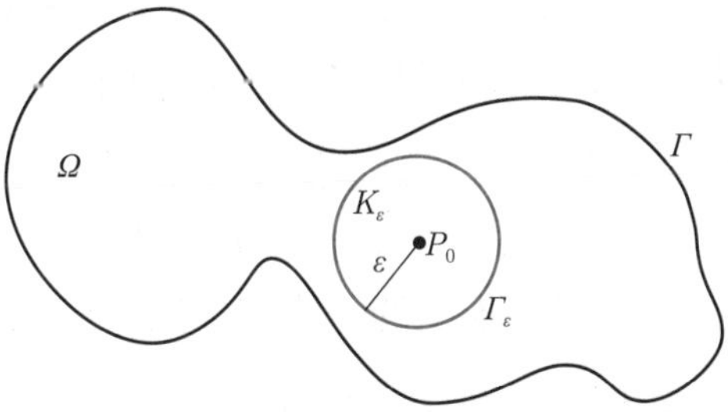

图 7–1

于是在区域 $\Omega \setminus K_\varepsilon$ 上, 函数 u 和 $v = \dfrac{1}{r^{n-2}}$ 都满足第二 Green 公式的条件, 代入公式 (1.4) 得

$$\int_{\Omega\setminus K_\varepsilon}\left(u\Delta_n\left(\frac{1}{r^{n-2}}\right) - \frac{1}{r^{n-2}}\Delta_n u\right)\mathrm{d}x = \int_{\Gamma+\Gamma_\varepsilon}\left(u\frac{\partial}{\partial \nu}\left(\frac{1}{r^{n-2}}\right) - \frac{1}{r^{n-2}}\frac{\partial u}{\partial \nu}\right)\mathrm{d}S(x). \tag{1.9}$$

因为 $\dfrac{1}{r^{n-2}}$ 在区域 $\Omega \setminus K_\varepsilon$ 内是调和函数, 所以有 $\Delta_n\left(\dfrac{1}{r^{n-2}}\right) = 0$. 另外边界 Γ_ε 上任一点的外法线方向实际上是从该点沿着半径指向球心 P_0 的方向, 所以在 Γ_ε 上有

$$\left\{\frac{\partial}{\partial \nu}\left(\frac{1}{r^{n-2}}\right)\right\}_{\Gamma_\varepsilon} = \left\{-\frac{\mathrm{d}}{\mathrm{d}r}\left(\frac{1}{r^{n-2}}\right)\right\}_{\Gamma_\varepsilon} = \left.\frac{n-2}{r^{n-1}}\right|_{\Gamma_\varepsilon} = \frac{n-2}{\varepsilon^{n-1}},$$

从而得到在 Γ_ε 上的积分为

$$\int_{\Gamma_\varepsilon}\left(u\frac{\partial}{\partial\nu}\Big(\frac{1}{r^{n-2}}\Big)-\frac{1}{r^{n-2}}\frac{\partial u}{\partial\nu}\right)\mathrm{d}S(x)=\frac{n-2}{\varepsilon^{n-1}}\int_{\Gamma_\varepsilon}u\mathrm{d}S(x)-\frac{1}{\varepsilon^{n-2}}\int_{\Gamma_\varepsilon}\frac{\partial u}{\partial\nu}\mathrm{d}S(x)$$
$$=(n-2)\omega_n u^*-\omega_n\varepsilon\Big(\frac{\partial u}{\partial\nu}\Big)^*,$$

其中 u^* 和 $\left(\dfrac{\partial u}{\partial\nu}\right)^*$ 分别是函数 u 和 $\dfrac{\partial u}{\partial\nu}$ 在球面 Γ_ε 上的平均值. 于是 (1.9) 式可写成

$$-\int_{\Omega\setminus K_\varepsilon}\frac{1}{r^{n-2}}\Delta_n u\mathrm{d}x$$
$$=\int_{\Gamma}\left(u\frac{\partial}{\partial\nu}\Big(\frac{1}{r^{n-2}}\Big)-\frac{1}{r^{n-2}}\frac{\partial u}{\partial\nu}\right)\mathrm{d}S(x)+\omega_n\left[(n-2)u^*-\varepsilon\Big(\frac{\partial u}{\partial\nu}\Big)^*\right].$$

因为 u 及 $\dfrac{\partial u}{\partial\nu}$ 在 $\overline{\Omega}$ 上连续, 所以 $\left(\dfrac{\partial u}{\partial\nu}\right)^*$ 关于 ε 一致有界, 且当 $\varepsilon\to 0$ 时, 有 $u^*\to u(x^0)$, $\varepsilon\left(\dfrac{\partial u}{\partial\nu}\right)^*\to 0$, $\Omega\setminus K_\varepsilon\to\Omega$, 于是由上式即得

$$u(x^0)=\frac{1}{(n-2)\omega_n}\int_\Gamma\left(\frac{1}{r^{n-2}}\frac{\partial u}{\partial\nu}-u\frac{\partial}{\partial\nu}\Big(\frac{1}{r^{n-2}}\Big)\right)\mathrm{d}S(x)-\frac{1}{(n-2)\omega_n}\int_\Omega\frac{1}{r^{n-2}}\Delta_n u\mathrm{d}x.$$

定理证毕.

今后, 我们将公式 (1.8) 称为 n $(n\geqslant 3)$ 维空间中的**基本积分公式**.

下面我们给出二维空间中的基本积分公式. 其证明与定理 7.1 类似, 留给读者完成.

定理 7.2 设函数 $u(x)$ (其中 $x=(x_1,x_2)$) 在有界区域 Ω 内二阶连续可微, 在闭区域 $\overline{\Omega}=\Omega+\Gamma$ 上连续且有连续的一阶偏导数, 则当点 $(x_1^0,x_2^0)\in\Omega$ 时, 有

$$u(x_1^0,x_2^0)=\frac{1}{2\pi}\int_\Gamma\left(\ln\frac{1}{r}\frac{\partial u}{\partial\nu}-u\frac{\partial}{\partial\nu}\left(\ln\frac{1}{r}\right)\right)\mathrm{d}l(x)-\frac{1}{2\pi}\iint_\Omega\ln\frac{1}{r}\Delta_2 u\mathrm{d}x,\quad(1.10)$$

其中 $\mathrm{d}l(x)$ 表示 Γ 上的线元素.

1.3 调和函数的基本性质

性质 7.1 设 $u(x)$ 是有界区域 Ω 内的调和函数, 且在闭区域 $\overline{\Omega}=\Omega+\Gamma$ 上有连续的一阶偏导数, 则

$$\int_\Gamma\frac{\partial u}{\partial\nu}\mathrm{d}S(x)=0.\qquad(1.11)$$

证 利用第二 Green 公式, 在 (1.4) 式中取 $v=1$, u 为所给的调和函数, 就可得到 (1.11) 式.

由此性质可得出, Laplace 方程的第二边值问题

$$\begin{cases} \Delta_n u = 0, \qquad x \in \Omega, \\ \left.\dfrac{\partial u}{\partial \nu}\right|_{\Gamma} = \varphi \end{cases}$$

有解的必要条件是函数 φ 满足

$$\int_{\Gamma} \varphi \mathrm{d}S(x) = 0.$$

性质 7.2 设 $u(x)$ 是 $\mathbb{R}^n$ $(n \geqslant 3)$ 中有界区域 Ω 内的调和函数, 且在闭区域 $\overline{\Omega} = \Omega + \Gamma$ 上有连续的一阶偏导数, 则在 Ω 内的任一点 x^0 处有

$$u(x^0) = \frac{1}{(n-2)\omega_n} \int_{\Gamma} \left(\frac{1}{r^{n-2}} \frac{\partial u}{\partial \nu} - u \frac{\partial}{\partial \nu} \left(\frac{1}{r^{n-2}} \right) \right) \mathrm{d}S(x). \tag{1.12}$$

证 利用基本积分公式 (1.8) 即得.

公式 (1.12) 表明, 一个区域内的调和函数在该区域内任一点的函数值, 都可由边界上的函数值和导数值所决定.

类似地, 对于二维空间的情形, 我们可以利用 (1.10) 式得到

$$u(x^0) = \frac{1}{2\pi} \int_{\Gamma} \left(\ln\frac{1}{r} \frac{\partial u}{\partial \nu} - u \frac{\partial}{\partial \nu} \left(\ln\frac{1}{r} \right) \right) \mathrm{d}l(x), \tag{1.13}$$

其中 Γ 是平面上有界区域 Ω 的边界.

性质 7.3 (平均值定理) 设 $u(x)$ 是 $\mathbb{R}^n$ $(n \geqslant 3)$ 中区域 Ω 内的调和函数, x^0 是 Ω 内的任一点, 以 x^0 为心 R 为半径作球 K_R, 只要球 K_R 连同其边界 Γ_R 包含在 Ω 内, 就有公式

$$u(x^0) = \frac{1}{\omega_n R^{n-1}} \int_{\Gamma_R} u \mathrm{d}S(x). \tag{1.14}$$

证 将公式 (1.12) 应用于球面 Γ_R 上, 得到

$$u(x^0) = \frac{1}{(n-2)\omega_n} \int_{\Gamma_R} \left(\frac{1}{r^{n-2}} \frac{\partial u}{\partial \nu} - u \frac{\partial}{\partial \nu} \left(\frac{1}{r^{n-2}} \right) \right) \mathrm{d}S(x),$$

由于在 Γ_R 上 $r = R$, 故由性质 7.1 知上式右端第一项的积分值为零, 又因为在球面上外法线方向与半径的方向一致, 于是

$$\left.\left(\frac{\partial}{\partial \nu} \left(\frac{1}{r^{n-2}} \right) \right)\right|_{\Gamma_R} = \left.\left(\frac{\mathrm{d}}{\mathrm{d}r} \left(\frac{1}{r^{n-2}} \right) \right)\right|_{\Gamma_R} = \frac{2-n}{R^{n-1}},$$

所以有

$$u(x^0) = \frac{1}{\omega_n R^{n-1}} \int_{\Gamma_R} u \mathrm{d}S(x).$$

我们把调和函数的这一性质称为**平均值定理**, 公式 (1.14) 称为**平均值公式**, 即调和函数在球心处的值等于它在球面上的平均值.

注 7.2　对区域 Ω 内的下调和 (上调和) 函数 u, 我们有

$$u(x^0) \leqslant \frac{1}{\omega_n R^{n-1}} \int_{\Gamma_R} u\mathrm{d}S(x), \qquad \left(u(x^0) \geqslant \frac{1}{\omega_n R^{n-1}} \int_{\Gamma_R} u\mathrm{d}S(x)\right). \tag{1.15}$$

证明留给读者自己完成.

性质 7.4 (强极值原理)　假设不恒为常数的函数 $u(x)$ 在 $\mathbb{R}^n$ $(n \geqslant 3)$ 中有界区域 Ω 内调和且在闭区域 $\overline{\Omega} = \Omega + \Gamma$ 上连续, 则它在 $\overline{\Omega}$ 上的最大值和最小值只能在 Ω 的边界 Γ 上达到.

证　用反证法. 假设调和函数 $u(x)$ 在 $\overline{\Omega}$ 上的最大值在 Ω 内的某一点 x^0 达到, 记 $u(x^0) = M$.

以 x^0 为心 R 为半径作球 K_R, 使 K_R 完全包含于 Ω 内, 记 K_R 的球面为 Γ_R, 可以证明, 在 Γ_R 上有

$$u \equiv M.$$

事实上, 若函数 u 在 Γ_R 上某一点的值小于 M, 则由连续性知, 在球面 Γ_R 上必可找到此点的一个充分小的邻域, 在此邻域内有 $u < M$, 于是在 Γ_R 上成立不等式

$$\frac{1}{\omega_n R^{n-1}} \int_{\Gamma_R} u\mathrm{d}S(x) < \frac{1}{\omega_n R^{n-1}} \int_{\Gamma_R} M\mathrm{d}S(x) = M,$$

但由平均值公式 (1.14), 有

$$\frac{1}{\omega_n R^{n-1}} \int_{\Gamma_R} u\mathrm{d}S(x) = u(x^0) = M,$$

这就发生了矛盾. 所以在球面 Γ_R 上, 必有 $u \equiv M$.

同理可证, 在任一以 x^0 为心, ρ $(\rho \leqslant R)$ 为半径的球面 Γ_ρ 上, 也有 $u \equiv M$. 因此, 在整个球 $\overline{K}_R$ 上, 有

$$u(x) \equiv M.$$

下面证明对 Ω 内的所有点, 都有 $u \equiv M$. 为此在 Ω 内任取一点 x, 由于 Ω 是区域, 所以可用完全位于 Ω 内的折线 l 将点 x^0 和 x 连接起来, 设 l 与边界 Γ 的最短距离为 d, 于是函数 u 在以 x^0 为心 $R = \dfrac{d}{2}$ 为半径的球 $K_R = K_1$ 上, 恒等于 M, 若 l 与球 K_1 的球面 S_1 相交于 x^1 点, 显然, 在以 x^1 为心 $\dfrac{d}{2}$ 为半径的球 K_2 上, 有 $u \equiv M$. 照此作下去, 可用有限个球 $K_1, K_2, \cdots, K_m$ 将折线 l 完全覆盖, 而且使 $x \in K_m$, 因为在每个球上都有 $u \equiv M$, 所以 $u(x) = M$. 由点 x 的任意性, 就可得到在整个区域 Ω 上, 有

$$u(x) \equiv M,$$

这和函数 u 在 Ω 上不恒等于常数的假设相矛盾. 因此 u 不能在 Ω 的内部取得它的最大值.

对于最小值的情形, 由 u 的最小值就是 $-u$ 的最大值, 而 $-u$ 也是调和函数, 从而推得函数 u 也不能在 Ω 的内部取得它的最小值.

推论 7.1 (调和函数的比较原理) 设 u 和 v 都是 $\mathbb{R}^n$ $(n \geqslant 3)$ 中有界区域 Ω 内的调和函数, 且在 Ω 的边界 Γ 上连续, 若在 Γ 上有不等式 $u \leqslant v$, 则在 Ω 内亦有 $u \leqslant v$. 并且只有在 Γ 上 $u \equiv v$ 时, 在 Ω 内才会有等号成立的可能.

对于二维调和函数 $u(x)$, 类似的极值原理成立.

注 7.3 (下 (上) 调和函数的强最大 (小) 值原理) 设不恒为常数的函数 u 是 Ω 内的下 (上) 调和函数, 则它在 $\overline{\Omega}$ 上的最大 (小) 值只能在 Ω 的边界 Γ 上达到.

证明留给读者自己完成.

习题 7-1

1. 对二维的 Laplace 算子, 在极坐标变换

$$\begin{cases} x = x_0 + r\cos\theta, \\ y = y_0 + r\sin\theta \end{cases}$$

下, 验证

$$\Delta_2 u = \frac{\partial^2 u}{\partial r^2} + \frac{1}{r}\frac{\partial u}{\partial r} + \frac{1}{r^2}\frac{\partial^2 u}{\partial \theta^2}.$$

2. 对 n $(n \geqslant 3)$ 维的 Laplace 算子, 验证 (1.6) 式成立.

3. 证明下列函数是调和函数:

(1) $x^3 - 3xy^2$ 和 $3x^2y - y^3$;

(2) $\operatorname{sh}(my)\sin(mx)$ 和 $\operatorname{sh}(my)\cos(mx)$;

(3) $\operatorname{ch}(my)\sin(mx)$ 和 $\operatorname{ch}(my)\cos(mx)$;

(4) $\operatorname{sh} x(\operatorname{ch} x + \cos y)^{-1}$ 和 $\sin y(\operatorname{ch} x + \cos y)^{-1}$.

4. 证明用极坐标表示的下列函数满足调和方程:

(1) $\ln r$ 和 θ;

(2) $r^m \cos m\theta$ 和 $r^m \sin m\theta$, m 为常数;

(3) $r\ln r\cos\theta - r\theta\sin\theta$ 和 $r\ln r\sin\theta + r\theta\cos\theta$.

5. 求下列 n $(n\geqslant 3)$ 维方程的球对称解 $u(r)$, 其中 $r=\left(\sum_{i=1}^{n}x_i^2\right)^{\frac{1}{2}}$:

(1) $\Delta_n u=\sum_{i=1}^{n}x_i^2$;

(2) $\Delta_n u-u=0$.

6. 证明三维空间中的调和函数在球心 $P_0(x^0)$ 的函数值等于球体 K_R 上的平均值, 即

$$u(x^0)=\frac{1}{4\pi R^3}\iiint_{K_R}u\mathrm{d}x.$$

7. 证明 Neumann 问题

$$\begin{cases}\Delta_n u=g(x), & x\in\Omega\subset\mathbb{R}^n, \quad n\geqslant 3,\\ \left.\dfrac{\partial u}{\partial\nu}\right|_{\Gamma}=f(y), & y\in\Gamma\end{cases}$$

有解的必要条件是

$$\int_{\Omega}g(x)\mathrm{d}x=\int_{\Gamma}f(y)\mathrm{d}S(y).$$

8. 证明区域 Ω 内的下 (上) 调和函数 u 满足 (1.15)式.

9. 证明下 (上) 调和函数的强最大 (小) 值原理.

10. 设 u 是区域 $\Omega\in\mathbb{R}^n$ 内的调和函数, 证明:

(1) 若 $\Phi:\mathbb{R}\to\mathbb{R}$ 是光滑的凸函数, 则函数 $v=\Phi(u)$ 是下调和函数;

(2) 函数 $v=|Du|^2$ 是下调和函数.

11. 若 $u(x,y)$ 是二维调和函数, 证明 $xu(x,y)$ 是调和函数的充要条件是: $u(x,y)=ay+b$, 其中 a, b 为常数. 试举例说明两个调和函数的乘积不一定是调和函数.

§2 Green 函数

2.1 Green 函数的定义

设 Ω 是 $\mathbb{R}^n$ $(n\geqslant 3)$ 中的有界区域, Γ 为它的边界, 函数 $u(x)$ 在 Ω 内调和, 在 $\overline{\Omega}=\Omega+\Gamma$ 上有连续的一阶偏导数, 则对区域 Ω 内的任一点 x^0, 由调和函数的性质 7.2 知

$$u(x^0)=\frac{1}{(n-2)\omega_n}\int_{\Gamma}\left(\frac{1}{r^{n-2}}\frac{\partial u}{\partial\nu}-u\frac{\partial}{\partial\nu}\left(\frac{1}{r^{n-2}}\right)\right)\mathrm{d}S(x), \tag{2.1}$$

其中 r 是点 x^0 到动点 $x \in \varGamma$ 的距离. 今后为了明确起见, 我们也用 $r=|x-x^0|$ 表示.

公式 (2.1) 给出了区域 $\varOmega$ 内的调和函数的积分表达式, 它将 u 在 $\varOmega$ 内任一点 x^0 处的值用 u 及其导数在边界 $\varGamma$ 上的值表示出来. 这自然使我们想到能否利用它来求解边值问题. 但由于在表达式 (2.1) 中必须同时知道 u 及 $\dfrac{\partial u}{\partial \nu}$ 在边界 $\varGamma$ 上的值, 才能求出 u 在 $\varOmega$ 内的值, 因此, 还不能直接应用它来求解 Dirichlet 问题或 Neumann 问题. 为了求解 Dirichlet 问题

$$\begin{cases} \Delta_n u = 0, \qquad x \in \varOmega \subset \mathbb{R}^n, \quad n \geqslant 3, \\ u|_{\varGamma} = \varphi(x), \qquad x \in \varGamma, \end{cases} \tag{2.2}$$

一个自然的想法是设法将公式 (2.1) 中的 $\dfrac{\partial u}{\partial \nu}$ 这一项消去, 这就引出了 Green 函数的概念及相应的讨论.

给定一个函数 $g(x)$, 设它在区域 $\varOmega$ 内是调和的, 且在 $\overline{\varOmega}=\varOmega+\varGamma$ 上有连续的一阶偏导数. 对函数 u 和 g 应用第二 Green 公式, 得

$$\int_{\varGamma}\left(u\frac{\partial g}{\partial \nu}-g\frac{\partial u}{\partial \nu}\right)\mathrm{d}S(x)=0. \tag{2.3}$$

现在将 (2.1) 式与 (2.3) 式相加, 就有

$$u(x^0)=\int_{\varGamma}\left[\left(\frac{1}{(n-2)\omega_n r^{n-2}}-g\right)\frac{\partial u}{\partial \nu}-u\frac{\partial}{\partial \nu}\left(\frac{1}{(n-2)\omega_n r^{n-2}}-g\right)\right]\mathrm{d}S(x). \tag{2.4}$$

若在曲面 $\varGamma$ 上函数 g 与 $\dfrac{1}{(n-2)\omega_n r^{n-2}}$ 的值相等, 即

$$g|_{\varGamma}=\frac{1}{(n-2)\omega_n r^{n-2}}, \qquad x \in \varGamma, \tag{2.5}$$

那么 (2.4) 式中含有 $\dfrac{\partial u}{\partial \nu}$ 的项就消去了, 这就是我们构造函数 $g(x)$ 的目的. 为了简洁地讨论问题, 令

$$G(x;x^0)=\frac{1}{(n-2)\omega_n r^{n-2}}-g(x;x^0), \tag{2.6}$$

由 (2.4) 式即得

$$u(x^0)=-\int_{\varGamma}u(x)\frac{\partial G(x;x^0)}{\partial \nu}\mathrm{d}S(x), \tag{2.7}$$

从而 Dirichlet 问题 (2.2) 的解就可表示为

$$u(x^0)=-\int_{\varGamma}\varphi(x)\frac{\partial G(x;x^0)}{\partial \nu}\mathrm{d}S(x). \tag{2.8}$$

我们把由 (2.6) 式给出的函数 $G(x;x^0)$ 称为 Laplace 方程的 Dirichlet 问题的 **Green 函数**.

这样一来, 求解 Laplace 方程的 Dirichlet 问题的关键是决定 Green 函数 $G(x;x^0)$. 由 (2.6) 式知求解 Green 函数 $G(x;x^0)$ 的关键是: 对任意给定的 $x^0\in\Omega$, 在 Ω 内寻找一个关于变量 x 的调和函数 $g(x;x^0)$, 使它在边界 Γ 上取值 $\dfrac{1}{(n-2)\omega_n r^{n-2}}$.

因此, 具有一般边值 $\varphi(x)$ 的 Dirichlet 问题 (2.2) 的求解, 可化为求解一个具有特殊边值的 Dirichlet 问题:

$$\begin{cases}\Delta_n u=0, & x\in\Omega,\\ u|_\Gamma=\dfrac{1}{(n-2)\omega_n r^{n-2}}, & x\in\Gamma.\end{cases}\tag{2.9}$$

我们将把这种求解方法称为 **Green 函数法**.

对于一般区域, 要求解这种具有特殊边值的 Dirichlet 问题 (2.9), 通常也是非常困难的, 因此 Green 函数法并不能有效地用来解决一般区域的 Laplace 方程第一边值问题. 但是, 并不能因此就否定了 Green 函数法的意义, 因为 Green 函数仅依赖于区域, 而与边值条件无关. 关于 Green 函数法的意义, 我们概括如下:

(i) 对于 Laplace 方程, 若求得了某个区域上的 Green 函数, 则这个区域上具有任意边值条件的 Dirichlet 问题解的存在性也就得到了解决, 而且它的解可用积分表达式 (2.8) 给出.

(ii) 对于某些特殊的区域, 如球、半空间和第一卦限等, Green 函数的确可以用初等方法求得, 而这些特殊区域上的 Dirichlet 问题在偏微分方程的研究中起着重要的作用.

(iii) 可以利用公式 (2.8) 讨论解的性质.

2.2 Green 函数的几个重要性质

性质 7.5 在区域 Ω 内的 Green 函数 $G(x;x^0)$, 除去点 x^0 外处处都是调和的, 当 $x\to x^0$ 时, $G(x;x^0)$ 趋于无穷大, 且与 $\dfrac{1}{r^{n-2}}$ 同阶.

证明留给读者完成.

性质 7.6 在区域 Ω 的边界 Γ 上, $G(x;x^0)\equiv 0$.

性质 7.7 $\displaystyle\int_\Gamma \frac{\partial G(x;x^0)}{\partial\nu}\mathrm{d}S(x)=-1.$

证 容易验证 $u\equiv 1$ 是边值问题

$$\begin{cases}\Delta_n u=0, & x\in\Omega,\\ u|_\Gamma\equiv 1\end{cases}$$

的解, 在 (2.8) 式中取 $\varphi(x)\equiv 1$ 即可得证.

性质 7.8 在区域 Ω 内的任一点 $x \neq x^0$ 处, 都有

$$0 < G(x;x^0) < \frac{1}{(n-2)\omega_n r^{n-2}}.$$

证 任意固定 $x^1 \in \Omega$, $x^1 \neq x^0$, 以 x^0 为中心 ε_1 (>0) 为半径作一球 K_{ε_1}, 使得 $x^1 \in \Omega \setminus K_{\varepsilon_1}$. 因为 $G(x;x^0)$ 在边界 Γ 上等于零, 由于当 $x \to x^0$ 时, $G(x;x^0) \to +\infty$, 故存在 $0 < \varepsilon_2 < \varepsilon_1$, 使得 $G(x;x^0)$ 在以 x^0 为中心 ε_2 为半径的球面上取正值. 在区域 $\Omega_0 = \Omega \setminus K_{\varepsilon_2}$ (K_{ε_2} 表示以 x^0 为中心 ε_2 为半径的球) 上考虑 $G(x;x^0)$, 根据调和函数的强极值原理, 在区域 Ω_0 内的任一点, 都有

$$G(x;x^0) > 0.$$

特别地, $x^1 \in \Omega \setminus K_{\varepsilon_1} \subset \Omega_0$, 因此

$$G(x^1;x^0) > 0.$$

由 x^1 的任意性即知对区域 Ω 内的任一点 $x \neq x^0$, 有

$$G(x;x^0) > 0.$$

又因为函数 $g(x;x^0)$ 在区域 Ω 内调和, 在边界 Γ 上取正值 $\dfrac{1}{(n-2)\omega_n r^{n-2}}$, 由强极值原理, 在 $\overline{\Omega}$ 上有 $g > 0$, 从而推得

$$G(x;x^0) < \frac{1}{(n-2)\omega_n r^{n-2}}.$$

综上所述, 在区域 Ω 内, 成立不等式

$$0 < G(x;x^0) < \frac{1}{(n-2)\omega_n r^{n-2}}, \qquad x \neq x^0.$$

性质 7.9 (对称性) 设 $P_1(x)$ 和 $P_2(y)$ 是区域 Ω 内的任意两点, 则有

$$G(x;y) = G(y;x).$$

证 分别以 P_1, P_2 为心, 以充分小的正数 δ 为半径作球 K_1, K_2, 使得它们彼此不相交, 且都包含在 Ω 内, 球的表面分别为 Γ_1, Γ_2 (如图 7–2).

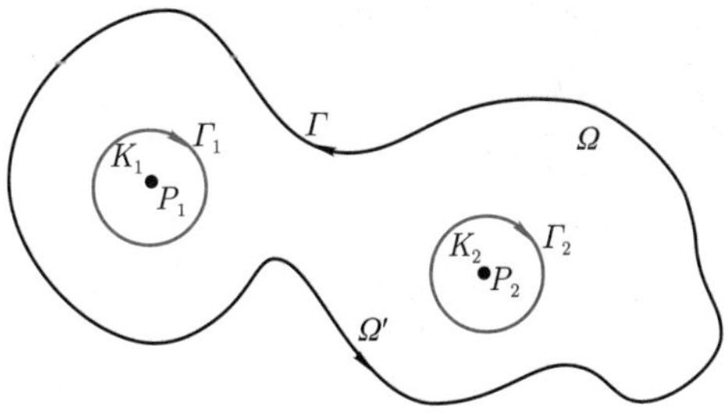

图 7–2

记 Ω' 为 Ω 中挖去球 K_1, K_2 后剩下的部分, 它的边界为 $\Gamma' = \Gamma + \Gamma_1 + \Gamma_2$, 其中 Γ 是 Ω 的边界. 在区域 Ω' 上对函数 $G(z;x)$ 和 $G(z;y)$ 应用第二 Green 公式并注意到 $G(z;x)|_\Gamma = G(z;y)|_\Gamma = 0$, 于是得到

$$\int_{\Gamma_1+\Gamma_2}\left[G(z;x)\frac{\partial G(z;y)}{\partial\nu} - G(z;y)\frac{\partial G(z;x)}{\partial\nu}\right]\mathrm{d}S(z) = 0,$$

即

$$\begin{aligned}&\int_{\Gamma_1}\left[G(z;x)\frac{\partial G(z;y)}{\partial\nu} - G(z;y)\frac{\partial G(z;x)}{\partial\nu}\right]\mathrm{d}S(z)+\\&\int_{\Gamma_2}\left[G(z;x)\frac{\partial G(z;y)}{\partial\nu} - G(z;y)\frac{\partial G(z;x)}{\partial\nu}\right]\mathrm{d}S(z) = 0.\end{aligned} \tag{2.10}$$

对 (2.10) 式取 $\delta \to 0^+$ 时的极限, 左端第一项积分的极限为 $-G(x;y)$, 第二项积分的极限为 $G(y;x)$. 事实上, 曲面 Γ_1 上的积分

$$\begin{aligned}I_1 &= \int_{\Gamma_1}\left[G(z;x)\frac{\partial G(z;y)}{\partial\nu} - G(z;y)\frac{\partial G(z;x)}{\partial\nu}\right]\mathrm{d}S(z)\\&= \int_{\Gamma_1}\left[\frac{1}{(n-2)\omega_n|z-x|^{n-2}}\frac{\partial G(z;y)}{\partial\nu} - G(z;y)\frac{\partial}{\partial\nu}\left(\frac{1}{(n-2)\omega_n|z-x|^{n-2}}\right)\right]\mathrm{d}S(z)+\\&\quad\int_{\Gamma_1}\left[-g(z;x)\frac{\partial G(z;y)}{\partial\nu} + G(z;y)\frac{\partial g(z;x)}{\partial\nu}\right]\mathrm{d}S(z).\end{aligned}$$

由于在球 K_1 内, $g(z;x)$ 和 $G(z;y)$ 关于 z 都是调和函数, 且在 Γ_1 上具有连续的一阶偏导数, 故由第二 Green 公式知, 上式第二项积分为零. 于是

$$I_1 = \int_{\Gamma_1}\left[\frac{1}{(n-2)\omega_n|z-x|^{n-2}}\frac{\partial G(z;y)}{\partial\nu} - G(z;y)\frac{\partial}{\partial\nu}\Big(\frac{1}{(n-2)\omega_n|z-x|^{n-2}}\Big)\right]\mathrm{d}S(z), \tag{2.11}$$

因为 $\dfrac{\partial G(z;y)}{\partial\nu}$ 在球 K_1 上有界, 所以 (2.11) 式中第一项的极限为零, 即

$$\int_{\Gamma_1}\frac{1}{(n-2)\omega_n|z-x|^{n-2}}\frac{\partial G(z;y)}{\partial\nu}\mathrm{d}S(z) \to 0, \qquad \delta \to 0^+.$$

又因为函数 $G(z;y)$ 在点 P_1 是连续的, 所以

$$\begin{aligned}&-\int_{\Gamma_1}G(z;y)\frac{\partial}{\partial\nu}\Big(\frac{1}{(n-2)\omega_n|z-x|^{n-2}}\Big)\mathrm{d}S(z)\\&= -\frac{1}{\omega_n\delta^{n-1}}\int_{\Gamma_1}G(z;y)\mathrm{d}S(z) \to -G(x;y), \qquad \delta \to 0^+.\end{aligned}$$

于是得到

$$\lim_{\delta\to 0^+} I_1 = -G(x;y).$$

对于曲面 Γ_2 上的积分

$$I_2 = \int_{\Gamma_2} \left[G(z;x)\frac{\partial G(z;y)}{\partial \nu} - G(z;y)\frac{\partial G(z;x)}{\partial \nu} \right] \mathrm{d}S(z),$$

同理可得

$$\lim_{\delta \to 0^+} I_2 = G(y;x).$$

最后由 (2.10) 式即可推出

$$G(x;y) = G(y;x).$$

性质 7.9 表明 Green 函数 $G(x;x^0)$ 是关于动点 x 与点 x^0 的对称函数.

注 7.4 关于第二边值问题即 Neumann 问题的求解, 我们也可以像上面那样定义 Green 函数, 将 (2.1) 式中含有 u 的项消去, 从而得到 Laplace 方程的第二边值问题解的表达式. 需要注意的是, 这里也同样把问题归结为解一个特殊的 Neumann 问题.

注 7.5 对于区域 Ω 内 Poisson 方程

$$\Delta_n u = f(x), \qquad x \in \Omega \tag{2.12}$$

的各种边值问题, 在知道它的一个特解的条件下, 都可以化归为 Laplace 方程相应的边值问题. 这里以第一边值问题为例加以说明. 事实上, 设 u_1 是 Poisson 方程 (2.12) 的一个特解, 为了求解区域 Ω 上的定解问题

$$\begin{cases} \wedge_n u = f(x), & x \subset \Omega, \\ u|_\Gamma = \varphi(x), & x \in \Gamma, \end{cases} \tag{2.13}$$

令 $v = u - u_1$, 则函数 v 满足 Laplace 方程的第一边值问题

$$\begin{cases} \Delta_n v = 0, & x \in \Omega, \\ v|_\Gamma = \varphi(x) - u_1|_\Gamma. \end{cases}$$

另一方面, 对于 Poisson 方程的 Dirichlet 问题 (2.13), 亦可用 Green 函数法写出解的表达式. 和推导 (2.8) 式一样, 由基本积分公式 (1.8) 知与 (2.1) 式相对应的表达式为

$$u(x^0) = \frac{1}{(n-2)\omega_n}\int_\Gamma \left(\frac{1}{r^{n-2}}\frac{\partial u}{\partial \nu} - u\frac{\partial}{\partial \nu}\left(\frac{1}{r^{n-2}}\right)\right) \mathrm{d}S(x) - \frac{1}{(n-2)\omega_n}\int_\Omega \frac{f}{r^{n-2}}\mathrm{d}x. \tag{2.14}$$

由第二 Green 公式 (1.4) 知, 与 (2.3) 式相对应的表达式为

$$\int_\Gamma \left(u\frac{\partial g}{\partial \nu} - g\frac{\partial u}{\partial \nu}\right) \mathrm{d}S(x) + \int_\Omega gf\mathrm{d}x = 0. \tag{2.15}$$

将 (2.14) 式与 (2.15) 式相加, 得

$$u(x^0)=\int_\Gamma\left[\left(\frac{1}{(n-2)\omega_n r^{n-2}}-g\right)\frac{\partial u}{\partial\nu}-u\frac{\partial}{\partial\nu}\left(\frac{1}{(n-2)\omega_n r^{n-2}}-g\right)\right]\mathrm{d}S(x)+\int_\Omega\left(g-\frac{1}{(n-2)\omega_n r^{n-2}}\right)f\mathrm{d}x. \tag{2.16}$$

应用 Green 函数的记号 (2.6), 上式可改写为

$$u(x^0)=-\int_\Gamma\varphi(x)\frac{\partial G(x;x^0)}{\partial\nu}\mathrm{d}S(x)-\int_\Omega G(x;x^0)f(x)\mathrm{d}x. \tag{2.17}$$

这样一来, 如果我们能求出区域 Ω 上的 Green 函数 $G(x;x^0)$, 由表达式 (2.17), 我们亦能在区域 Ω 上求出 Poisson 方程的 Dirichlet 问题 (2.13) 的解.

习题 7-2

1. 对于二维情形的调和函数, 建立类似于 (2.1) 式的基本积分公式.

2. 试给出二维 Laplace 方程的 Dirichlet 问题的 Green 函数的定义.

3. 试利用第二 Green 公式及方程 $\Delta_3 v-v=0$ 的球对称解 $v=\dfrac{1}{re^r}$, 求出方程

$$\Delta_3 u-u=f$$

的解的积分表达式.

4. 设二元函数 $u(x,y)$ 是单位圆上的调和函数, 且在单位圆周上取值为 $u=\sin\theta$, 其中 θ 表示极角, 试求函数 u 在原点的值.

§3 球与半空间上的 Dirichlet 问题

对于一些特殊区域, 我们可以用**镜像法** (或**对称开拓法**) 找出它的 Green 函数, 从而解决第一边值问题在这些区域上解的存在性问题. 作为例子, 这里考虑三维球与半空间上的 Dirichlet 问题.

3.1 球上的 Dirichlet 问题

设 K 是以原点 O 为心 R 为半径的球, 其表面用 S 表示. 我们的问题是: 求一个函数, 它在球 K 内调和, 在 $\overline{K}$ 上连续, 且在球面 S 上取给定的函数值 φ, 即

求解定解问题

$$\begin{cases} \Delta_3 u = 0, & x \in K, \\ u|_S = \varphi(x), & x \in S. \end{cases} \tag{3.1}$$

下面先找出球 K 上的 Green 函数. 这个问题的关键是: 在球 K 内任给一点 $P_0(x^0)$, 找一个在 K 内调和的函数 $g(x;x^0)$, 使得当 $x \in S$ 时 $g(x;x^0) = \dfrac{1}{4\pi|x-x^0|}$. 由调和函数基本解的性质知, 对任意的常数 A, 当 $y \notin \overline{K}$ 时, 函数 $g(x;y) = \dfrac{A}{|x-y|}$ 关于 x 在 K 内调和. 剩下的问题是: 如何确定常数 A 及点 $y \notin \overline{K}$, 使得当 $x \in S$ 时, 有

$$\frac{A}{|x-y|} = \frac{1}{4\pi|x-x^0|}.$$

具体做法如下:

设 $P_0(x^0)$ 是 K 内任一点, 用 ρ_0 表示它到原点 O 的距离, 在射线 OP_0 上取一点 $P_1(y)$ 使得

$$\rho_0\rho_1 = R^2, \tag{3.2}$$

其中 ρ_1 是点 P_1 到原点 O 的距离. 我们把点 P_1 称为点 P_0 关于球面 S 的**对称点** (或**镜像点**). 今在球面 S 上任取一点 $P(x)$ (如图 7–3).

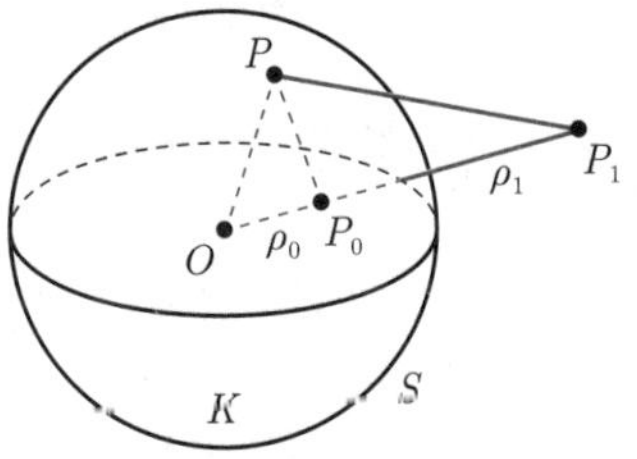

图 7–3

考察 $\triangle OPP_0$ 与 $\triangle OP_1P$, 它们有一个公共角 $\angle POP_0$, 由 (3.2) 式知此夹角的两对应边成比例, 因此这两个三角形相似, 由此推出

$$\frac{|x-x^0|}{|x-y|} = \frac{\rho_0}{R},$$

或者

$$\frac{1}{|x-x^0|} = \frac{R}{\rho_0}\frac{1}{|x-y|}. \tag{3.3}$$

从 (3.3) 式不难看出, 对于球 K 内的任一点 $P(x)$, 只要取 $A = \dfrac{R}{4\pi\rho_0}$, 则函数

$$g(x;x^0) = \frac{R}{4\pi\rho_0|x-y|},$$

于是球 K 上的 Green 函数具有如下形式:

$$G(x;x^0) = \frac{1}{4\pi|x-x^0|} - \frac{R}{4\pi\rho_0|x-y|}. \tag{3.4}$$

显然, $g(x;x^0)$ 作为 x 的函数, 在球 K 内是调和的, 因此, $G(x;x^0)$ 作为 x 的函数, 在球 K 内除 x^0 点外是调和的, 且在球面 S 上的点 x 处有 $G(x;x^0)=0$, 这表明 (3.4) 式表示的函数 $G(x;x^0)$ 具备 Green 函数的所有条件.

我们用 α 表示 OP 与 OP_0 之间的夹角, ρ 表示点 P 到原点 O 的距离, 则由余弦定理, 有

$$|x-x^0|^2=\rho_0^2+\rho^2-2\rho_0\rho\cos\alpha,$$

$$|x-y|^2=\rho_1^2+\rho^2-2\rho_1\rho\cos\alpha.$$

代入 (3.4) 式, 得

$$\begin{aligned}G(x;x^0)&=\frac{1}{4\pi}\left(\frac{1}{\sqrt{\rho_0^2+\rho^2-2\rho_0\rho\cos\alpha}}-\frac{R}{\rho_0\sqrt{\rho_1^2+\rho^2-2\rho_1\rho\cos\alpha}}\right)\\&=\frac{1}{4\pi}\left(\frac{1}{\sqrt{\rho_0^2+\rho^2-2\rho_0\rho\cos\alpha}}-\frac{R}{\sqrt{R^4+\rho_0^2\rho^2-2R^2\rho_0\rho\cos\alpha}}\right),\end{aligned}$$

它在球面 S 上的法向导数为

$$\begin{aligned}\left.\frac{\partial G}{\partial\nu}\right|_S&=\left.\frac{\partial G}{\partial\rho}\right|_{\rho=R}\\&=-\frac{1}{4\pi}\left.\left(\frac{\rho-\rho_0\cos\alpha}{(\rho_0^2+\rho^2-2\rho_0\rho\cos\alpha)^{\frac{3}{2}}}-\frac{R(\rho_0^2\rho-R^2\rho_0\cos\alpha)}{(R^4+\rho_0^2\rho^2-2R^2\rho_0\rho\cos\alpha)^{\frac{3}{2}}}\right)\right|_{\rho=R}\\&=-\frac{1}{4\pi R}\frac{R^2-\rho_0^2}{(R^2+\rho_0^2-2R\rho_0\cos\alpha)^{\frac{3}{2}}},\end{aligned}\tag{3.5}$$

于是由 §2 的公式 (2.8), 我们得到 Dirichlet 问题 (3.1) 的解为

$$u(x^0)=-\iint_S\varphi(x)\frac{\partial G(x;x^0)}{\partial\nu}\mathrm{d}S(x)=\frac{1}{4\pi R}\iint_S\frac{(R^2-\rho_0^2)\varphi(x)}{(R^2+\rho_0^2-2R\rho_0\cos\alpha)^{\frac{3}{2}}}\mathrm{d}S(x).\tag{3.6}$$

若注意到 $(R^2+\rho_0^2-2R\rho_0\cos\alpha)^{\frac{1}{2}}=|x-x^0|$, 则 (3.6) 式可写成

$$u(x^0)=\frac{1}{4\pi R}\iint_S\frac{R^2-\rho_0^2}{|x-x^0|^3}\varphi(x)\mathrm{d}S(x)=\frac{1}{4\pi R}\iint_S\frac{R^2-|x_0|^2}{|x-x^0|^3}\varphi(x)\mathrm{d}S(x),\tag{3.7}$$

我们把公式 (3.6) 或 (3.7) 称为**球上的 Poisson 公式**.

若记 (ρ_0,θ_0,ϕ_0) 为点 $P_0(x^0)$ 的球坐标, (R,θ,ϕ) 为球面 S 上点 $P(x)$ 的球坐标, 则向量 $\overrightarrow{OP_0}$, $\overrightarrow{OP}$ 可分别表示为

$$\overrightarrow{OP_0}=\rho_0\left(\sin\theta_0\cos\phi_0,\sin\theta_0\sin\phi_0,\cos\theta_0\right),$$

$$\overrightarrow{OP}=R\left(\sin\theta\cos\phi,\sin\theta\sin\phi,\cos\theta\right),$$

所以,

$$\begin{aligned}\cos\alpha&=\frac{\langle\overrightarrow{OP_0},\overrightarrow{OP}\rangle}{\left|\overrightarrow{OP_0}\right|\left|\overrightarrow{OP}\right|}\\&=\sin\theta_0\cos\phi_0\sin\theta\cos\phi+\sin\theta_0\sin\phi_0\sin\theta\sin\phi+\cos\theta_0\cos\theta,\\&=\cos\theta_0\cos\theta+\sin\theta_0\sin\theta\cos\left(\phi-\phi_0\right).\end{aligned}$$

从而, 公式 (3.6) 的球坐标形式为

$$u(\rho_0,\theta_0,\phi_0)=\frac{R}{4\pi}\int_0^{2\pi}\int_0^{\pi}\frac{(R^2-\rho_0^2)\varphi(\theta,\phi)}{(R^2+\rho_0^2-2R\rho_0\cos\alpha)^{\frac{3}{2}}}\sin\theta\mathrm{d}\theta\mathrm{d}\phi.$$

Dirichlet 问题 (3.1) 的解的表达式已写出来了, 但它是否真的是解, 还需要加以验证.

定理 7.3 设函数 $\varphi(x)$ 在球面 S 上连续, 则 Poisson 公式 (3.7) 给出在球 K 上定解问题 (3.1) 的解.

证 先证明在球 K 内由 (3.7) 式定义的函数 $u(x)$ 满足问题 (3.1) 中的方程. 当点 y 取在球面 S 上时, $G(x;y)$ 在球内关于点 x 是调和函数, 于是由性质 7.9 (Green 函数的对称性), 有

$$\Delta_x G(y;x)=\Delta_x G(x;y)=0,$$

其中 $\Delta_x=\sum\limits_{i=1}^{3}\frac{\partial^2}{\partial {x_i}^2}$. 从而函数 $\frac{\partial G(y;x)}{\partial\nu}$ 在球内关于 x 也是调和的, 故由 (3.6) 式的第一个等式得

$$\begin{aligned}\Delta_x u(x)&=-\iint\limits_S\varphi(y)\Delta_x\Big(\frac{\partial G(y;x)}{\partial\nu}\Big)\mathrm{d}S(y)\\&=-\iint\limits_S\varphi(y)\frac{\partial}{\partial\nu}(\Delta_x G(y;x))\mathrm{d}S(y)=0.\end{aligned}$$

现在我们来证明由 (3.7) 式定义的函数 $u(x)$ 在球面 S 上满足问题 (3.1) 中的边值条件, 即设 $M_0(z)$ 是球面 S 上的任一点, 则当点 x 从球内趋向 z 时, 有

$$\lim_{x\to z}u(x)=\varphi(z). \tag{3.8}$$

事实上, 由 Green 函数的性质 7.7 及 (3.5), (3.7)两式, 有

$$\frac{1}{4\pi R}\iint\limits_S\frac{R^2-|x|^2}{|y-x|^3}\mathrm{d}S(y)=1,$$

由此得

$$\varphi(z)=\frac{1}{4\pi R}\iint\limits_S\varphi(z)\frac{R^2-|x|^2}{|y-x|^3}\mathrm{d}S(y),$$

于是有

$$u(x)-\varphi(z)=\frac{1}{4\pi R}\iint\limits_S[\varphi(y)-\varphi(z)]\frac{R^2-|x|^2}{|y-x|^3}\mathrm{d}S(y). \tag{3.9}$$

因为函数 $\varphi(y)$ 在球面 S 上的点 z 处连续, 故对任意小的正数 ε, 总存在正数 δ, 只要球面上的点 y 位于以 z 为心 2δ 为半径的球 $K_{2\delta}$ 内, 就有

$$|\varphi(y)-\varphi(z)|<\frac{\varepsilon}{2}. \tag{3.10}$$

另一方面, 我们用 σ 表示球面 S 在球 $K_{2\delta}$ 内的那一部分, 余下的部分记为 $S-\sigma$ (如图 7–4), 这样 (3.9) 式就可写成

$$u(x)-\varphi(z)=\frac{1}{4\pi R}\iint_{\sigma}[\varphi(y)-\varphi(z)]\frac{R^2-|x|^2}{|y-x|^3}\mathrm{d}S(y)+ \\ \frac{1}{4\pi R}\iint_{S-\sigma}[\varphi(y)-\varphi(z)]\frac{R^2-|x|^2}{|y-x|^3}\mathrm{d}S(y). \quad (3.11)$$

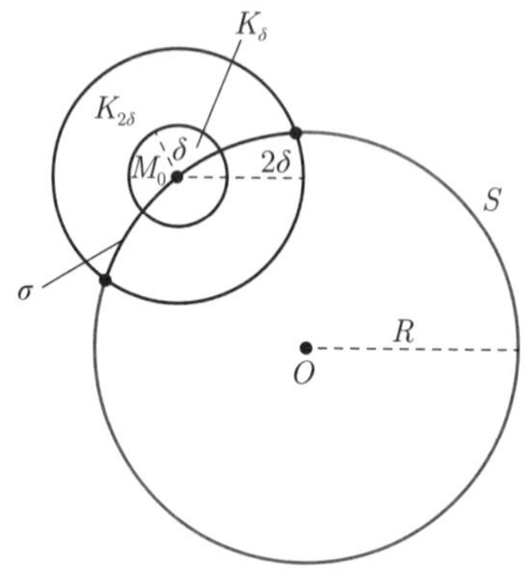

图 7–4

下面对 (3.11) 式右端的每一项进行估计, 由 (3.10) 式及 Green 函数的性质 7.7 知

$$\left|\frac{1}{4\pi R}\iint_{\sigma}[\varphi(y)-\varphi(z)]\frac{R^2-|x^2|}{|y-x|^3}\mathrm{d}S(y)\right|<\frac{\varepsilon}{2}\frac{1}{4\pi R}\iint_{\sigma}\frac{R^2-|x|^2}{|y-x|^3}\mathrm{d}S(y)\leqslant\frac{\varepsilon}{2}. \quad (3.12)$$

为了估计第二项, 我们以 M_0 为心 δ 为半径再作一个小球 K_δ, 当点 $x\in K_\delta$ 时, 它与 $S-\sigma$ 上的点 y 的距离 $|y-x|\geqslant\delta$, 由于函数 $\varphi(y)$ 在 S 上有界, 所以存在一正数 L, 使得 $|\varphi(y)|\leqslant L$, 于是有

$$\left|\frac{1}{4\pi R}\iint_{S-\sigma}[\varphi(y)-\varphi(z)]\frac{R^2-|x|^2}{|y-x|^3}\mathrm{d}S(y)\right| \\ \leqslant\frac{2L}{4\pi R}\frac{R^2-|x|^2}{\delta^3}\iint_{S-\sigma}\mathrm{d}S(y)\leqslant\frac{2LR(R^2-|x|^2)}{\delta^3}.$$

当 $x\to z$ 时, $|x|\to R$, 从而推得

$$\left|\frac{1}{4\pi R}\iint_{S-\sigma}[\varphi(y)-\varphi(z)]\frac{R^2-|x|^2}{|y-x|^3}\mathrm{d}S(y)\right|<\frac{\varepsilon}{2}. \quad (3.13)$$

由 (3.11), (3.12), (3.13) 三式, 即得

$$\big|u(x)-\varphi(z)\big|<\varepsilon.$$

由 ε 的任意性, 有

$$\lim_{x\to z} u(x)=\varphi(z).$$

定理证毕.

注 7.6 上面所介绍的求 Green 函数的镜像法同样适用于 n 维空间的 Laplace 方程. 事实上, Dirichlet 问题

$$\begin{cases}\Delta_n u=0, & x\in K,\\ u|_S=\varphi(x), & x\in S\end{cases} \tag{3.14}$$

的解可写为

$$u(x)=\frac{1}{\omega_n R}\int_S \frac{R^2-|x|^2}{|y-x|^n}\varphi(y)\mathrm{d}S(y). \tag{3.15}$$

3.2 半空间上的 Dirichlet 问题

求解三维半空间上的 Dirichlet 问题

$$\begin{cases}\Delta_3 u=0, & x=(x_1,x_2,x_3)\in\mathbb{R}^3_+=\left\{(x_1,x_2,x_3)|\,(x_1,x_2)\in\mathbb{R}^2,\ x_3>0\right\},\\ u|_{x_3=0}=\varphi(x_1,x_2), & (x_1,x_2)\in\mathbb{R}^2.\end{cases} \tag{3.16}$$

下面先找出上半空间 $\mathbb{R}^3_+$ 上的 Green 函数. 这个问题的关键是: 在上半空间 $\mathbb{R}^3_+$ 内任给一点 $P_0(x^0)$, 其中 $x^0=(x^0_1,x^0_2,x^0_3)$, 找一个在 $\mathbb{R}^3_+$ 内调和的函数 $g(x;x^0)$, 使得当 $x\in\partial\mathbb{R}^3_+=\left\{(x_1,x_2,x_3)|\,(x_1,x_2)\in\mathbb{R}^2,\ x_3=0\right\}$ 时, $g(x;x^0)=\dfrac{1}{4\pi|x-x^0|}$. 由调和函数基本解的性质知, 对任意的常数 A, 当 $y\notin\overline{\mathbb{R}^3_+}$ 时, 函数 $g(x;y)=\dfrac{A}{|x-y|}$ 关于 x 在 $\mathbb{R}^3_+$ 内调和. 剩下的问题是: 如何确定常数 A 及点 $y\notin\overline{\mathbb{R}^3_+}$, 使得当 $x\in\partial\mathbb{R}^3_+$ 时, 有

$$\frac{A}{|x-y|}=\frac{1}{4\pi|x-x^0|}.$$

显然, 若取 $A=\dfrac{1}{4\pi}$, $P_1(y)$ 为 $P_0(x^0)$ 关于平面 $O\text{-}x_1x_2$ 的对称点, 即 $P_1(x^0_1,x^0_2,-x^0_3)$ (如图 7–5), 则当 $x\in\partial\mathbb{R}^3_+$ 时, 有

$$\frac{1}{|x-y|}=\frac{1}{|x-x^0|}.$$

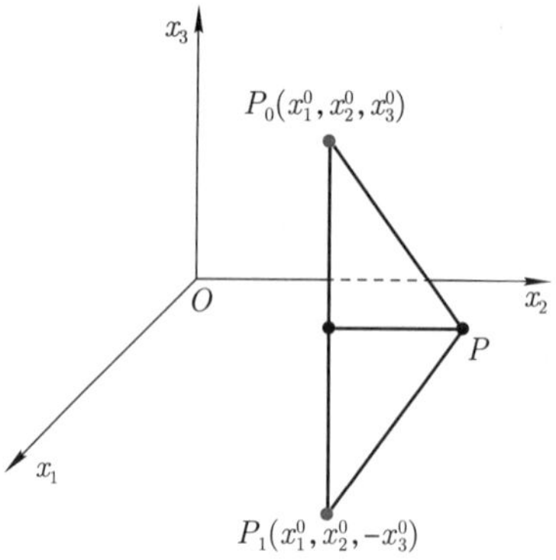

图 7–5

所以, 所求的 Green 函数为

$$G(x;x^0) = \frac{1}{4\pi|x-x^0|} - \frac{1}{4\pi|x-y|},$$

它在 $\partial\mathbb{R}^3_+$ 的外法向 (即 x_3 轴的负向) 导数为

$$\begin{aligned}\left.\frac{\partial G(x;x^0)}{\partial\nu}\right|_{\partial\mathbb{R}^3_+} &= -\left.\frac{\partial G(x;x^0)}{\partial x_3}\right|_{x_3=0} = -\frac{1}{4\pi}\frac{\partial}{\partial x_3}\left.\left(\frac{1}{|x-x^0|}-\frac{1}{|x-y|}\right)\right|_{x_3=0}\\ &= \frac{1}{4\pi}\left.\left(\frac{x_3-x_3^0}{|x-x^0|^3}-\frac{x_3+x_3^0}{|x-y|^3}\right)\right|_{x_3=0}\\ &= -\frac{1}{2\pi}\frac{x_3^0}{[(x_1-x_1^0)^2+(x_2-x_2^0)^2+(x_3^0)^2]^{\frac{3}{2}}}.\end{aligned}$$

于是由 (2.8) 式我们得到 Dirichlet 问题 (3.16) 的解为

$$\begin{aligned}u(x^0) &= -\iint\limits_{\partial\mathbb{R}^3_+}\varphi(x)\frac{\partial G(x;x^0)}{\partial\nu}\mathrm{d}S(x)\\ &= \frac{x_3^0}{2\pi}\int_{-\infty}^{\infty}\int_{-\infty}^{\infty}\frac{\varphi(x_1,x_2)}{[(x_1-x_1^0)^2+(x_2-x_2^0)^2+(x_3^0)^2]^{\frac{3}{2}}}\mathrm{d}x_1\mathrm{d}x_2. \qquad (3.17)\end{aligned}$$

容易验证在一定条件下, (3.17) 式定义的函数确实是 Dirichlet 问题 (3.16) 的解.

定理 7.4　若 $\varphi(x_1,x_2)$ 在 $\mathbb{R}^2$ 上有界连续, 则函数

$$u(x) = \frac{x_3}{2\pi}\int_{-\infty}^{\infty}\int_{-\infty}^{\infty}\frac{\varphi(\xi,\eta)\mathrm{d}\xi\mathrm{d}\eta}{[(x_1-\xi)^2+(x_2-\eta)^2+x_3^2]^{\frac{3}{2}}} \qquad (3.18)$$

属于 $C^\infty(\mathbb{R}^3_+)$, 且是 Dirichlet 问题 (3.16) 的解.

证明留作习题.

例 7.1　求解三维半空间上的 Dirichlet 问题

$$\begin{cases}\Delta_3 u = 0, & (x_1,x_2,x_3)\in\left\{(x_1,x_2,x_3)\,|\,(x_1,x_2)\in\mathbb{R}^2,\ x_3>0\right\},\\ u|_{x_3=0} = x_1^2, & x_1\in\mathbb{R}.\end{cases} \qquad (3.19)$$

解 作极坐标变换

$$\begin{cases} \xi = x_1 + r\cos\theta, \\ \eta = x_2 + r\sin\theta, \end{cases}$$

其中 $0 \leqslant \theta \leqslant 2\pi$.

由公式 (3.18), 可得

$$\begin{aligned} u(x_1, x_2, x_3) &= \frac{x_3}{2\pi}\int_0^{\infty}\int_0^{2\pi} \frac{\varphi(x_1 + r\cos\theta, x_2 + r\sin\theta)}{(r^2 + x_3^2)^{\frac{3}{2}}} r\,\mathrm{d}r\mathrm{d}\theta \\ &= \frac{x_3}{2\pi}\int_0^{\infty}\int_0^{2\pi} \frac{(x_1 + r\cos\theta)^2}{(r^2 + x_3^2)^{\frac{3}{2}}} r\,\mathrm{d}r\mathrm{d}\theta \\ &= x_1^2 x_3 \int_0^{\infty} \frac{r}{(r^2 + x_3^2)^{\frac{3}{2}}}\,\mathrm{d}r + \frac{x_3^3}{2}\int_0^{\infty} \frac{r^3}{(r^2 + x_3^2)^{\frac{3}{2}}}\,\mathrm{d}r \\ &= x_1^2 - x_3^2. \end{aligned} \tag{3.20}$$

注 7.7 本节仅讨论了球和半空间上的 Dirichlet 问题, 对于其他特殊区域, 比如 $\frac{1}{4}$ 空间区域, 甚至矩形、正三角形和圆等规则平面区域也可用对称开拓法来构造它的 Green 函数, 从而求得在此区域上的 Dirichlet 问题的解.

3.3 Harnack 不等式及其应用

设 $u(x)$ 在区域 Ω 内是一个非负的调和函数, 对于 Ω 内的任一点 $M_0(x^0)$, 作一个以 M_0 为心 R 为半径的球 K, 使它完全位于区域 Ω 内, 记球 K 的表面为 S, 再在球 K 内任取一点 $M(x)$, 分别用 ρ 和 r 表示从点 M 到球心 M_0 及球面 S 上点 $P(y)$ 的距离, 如图 7–6.

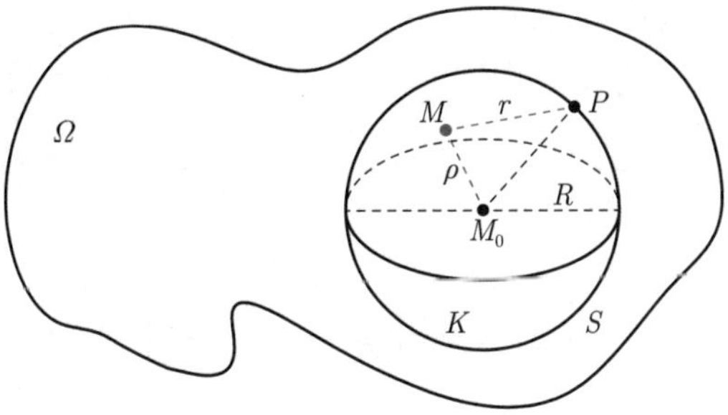

图 7–6

显然有 $\rho < R$, 于是有不等式

$$R - \rho \leqslant r \leqslant R + \rho$$

成立, 从而推得

$$\frac{1}{\omega_n R}\frac{R-\rho}{(R+\rho)^{n-1}} \leqslant \frac{1}{\omega_n R}\frac{R^2-\rho^2}{r^n} \leqslant \frac{1}{\omega_n R}\frac{R+\rho}{(R-\rho)^{n-1}}.$$

利用 Poisson 公式 (3.15) 可推得

$$\frac{R^{n-2}(R-\rho)}{(R+\rho)^{n-1}}\frac{1}{\omega_n R^{n-1}}\int_S u(y)\mathrm{d}S(y) \leqslant u(x) \leqslant \frac{R^{n-2}(R+\rho)}{(R-\rho)^{n-1}}\frac{1}{\omega_n R^{n-1}}\int_S u(y)\mathrm{d}S(y).$$

再应用平均值公式 (1.14), 即可得到

$$\frac{R^{n-2}(R-\rho)}{(R+\rho)^{n-1}}u(x^0) \leqslant u(x) \leqslant \frac{R^{n-2}(R+\rho)}{(R-\rho)^{n-1}}u(x^0),$$

加强不等式可得

$$\left(\frac{R-\rho}{R+\rho}\right)^{n-1} u(x^0) \leqslant u(x) \leqslant \left(\frac{R+\rho}{R-\rho}\right)^{n-1} u(x^0), \tag{3.21}$$

称公式 (3.21) 为 **Harnack 不等式**.

注 7.8 对于平面上圆内的非负调和函数, 我们也可以建立相应的 Harnack 不等式.

下面给出 Harnack 不等式的一个直接应用, 即 **Liouville 定理**.

定理 7.5 (Liouville 定理) 在全空间上有下界 (或有上界) 的调和函数必为常数.

证 我们仅对有下界的调和函数证明定理 7.5, 对有上界的调和函数可类似地证明. 设在 $\mathbb{R}^n$ 上 $u(x) \geqslant -M$, 令 $v(x) = u(x) + M$, 则 $v(x)$ 为非负调和函数. 对于以坐标原点为心任意 R 为半径的球 $B_R(0)$, 应用 Harnack 不等式, 得

$$\left(\frac{R-\rho}{R+\rho}\right)^{n-1} v(0) \leqslant v(x) \leqslant \left(\frac{R+\rho}{R-\rho}\right)^{n-1} v(0).$$

令 $R \to \infty$, 得 $v(x) = v(0)$. 因此 $u(x) = v(0) - M$ 为常数.

定理证毕.

习题 7-3

1. 证明定理 7.4.

2. 求 $\mathbb{R}^2$ 中调和方程在两平行线间的 Green 函数.

3. 若 $\varphi(\theta)$ 满足 $\int_0^{2\pi}\varphi(\theta)\mathrm{d}\theta = 0$, 求圆上第二边值问题

$$\begin{cases} \Delta_2 u = 0, \\ \left.\dfrac{\partial u}{\partial r}\right|_{r=R} = \varphi(\theta) \end{cases}$$

的解的表达式.

4. 设 Ω 为 $\dfrac{1}{4}$ 空间区域: $x\in\mathbb{R},\ 0<y<\infty,\ 0<z<\infty$, 试对 $(x_0,y_0,z_0)\in\Omega$, 求出 Green 函数 $G(x,y,z;x_0,y_0,z_0)$ 的表达式, 并由此求解 Dirichlet 问题

$$\begin{cases}\Delta_3 u=0, & x\in\mathbb{R},\quad 0<y<\infty,\quad 0<z<\infty,\\ u|_{y=0}=\varphi(x,z), & x\in\mathbb{R},\quad 0<z<\infty,\\ u|_{z=0}=\psi(x,y), & x\in\mathbb{R},\quad 0<y<\infty.\end{cases}$$

5. 证明处处满足平均值公式 (1.14) 的连续函数一定是调和函数.

6. 若 $\{u_k(x,y,z)\}$ 为区域 $\Omega\subset\mathbb{R}^3$ 上的一个单调不减的调和函数序列, 试证: 若 $\{u_k(x,y,z)\}$ 在 Ω 内的某点 (x_0,y_0,z_0) 收敛, 则它在 Ω 上处处收敛, 且其极限为一个调和函数.

7. 若 u 为全空间 $\mathbb{R}^3$ 上不恒等于零的调和函数, 证明: 积分

$$\iiint\limits_{\mathbb{R}^3} u^2(x,y,z)\mathrm{d}x\mathrm{d}y\mathrm{d}z$$

必发散.

8. 求 $\mathbb{R}^3$ 中单位球外部的 Dirichlet 外问题

$$\begin{cases}\Delta_3 u=0, & r>1,\\ u|_{r=1}=\dfrac{\sqrt{2}}{\sqrt{3+2(y-x)}}\end{cases}$$

的有界解, 其中 $r=\sqrt{x^2+y^2+z^2}$.

9. 求解三维半空间上的 Dirichlet 问题

$$\begin{cases}\Delta_3 u=0, & (x_1,x_2,x_3)\in\{(x_1,x_2,x_3)|\,(x_1,x_2)\in\mathbb{R}^2,\ x_3>0\},\\ u|_{x_3=0}=3x_1+2x_2^2, & (x_1,x_2)\in\mathbb{R}^2.\end{cases}$$

10. 求二维边值问题

$$\begin{cases}u_{xx}+u_{yy}=0, & (x,y)\in\Omega,\\ u|_{\partial\Omega}=\varphi(x,y)\end{cases}$$

的 Green 函数, 其中

(1) Ω 是第一象限;

(2) Ω 是带形区域 $\{(x,y)\in\mathbb{R}^2|x\in\mathbb{R},\ 0<y<l\}$, 其中 l 为正常数.

11. 求解 Dirichlet 问题

$$\begin{cases}u_{xx}+u_{yy}=-2, & (x,y)\in\Omega,\\ u|_{\partial\Omega}=0,\end{cases}$$

其中 Ω 是等腰三角形, 其顶点为 $(-1,0)$, $(1,0)$ 和 $(0,\sqrt{3})$.

12. 写出球的外部区域的 Green 函数, 并由此导出对调和方程求解球的 Dirichlet 外问题 (见 §4) 的 Poisson 公式.

§4 极值原理、唯一性和稳定性

极值原理是调和方程或一般二阶椭圆型方程的解的一个重要性质, 它在研究定解问题解的唯一性和稳定性方面起着重要的作用. 在 §1 性质 7.4 中, 我们用平均值定理证明了 Laplace 方程的强极值原理. 在这一节我们将讨论更一般形式的二阶椭圆型方程的极值原理. 由于此时平均值定理不成立, 故需要用另外的方法加以证明.

4.1 极值原理

记 $x=(x_1,x_2,\cdots,x_n)$, 考虑 $\mathbb{R}^n$ 中有界连通区域 Ω 内的方程

$$\mathcal{L}u=\Delta_n u+\sum_{i=1}^{n}b_i(x)u_{x_i}+c(x)u=f(x), \tag{4.1}$$

其中 $b_i(x)$ $(i=1,2,\cdots,n)$, $c(x)$, $f(x)$ 都是 $\overline{\Omega}=\Omega+\Gamma$ 上的连续函数, Γ 是 Ω 的边界.

定理 7.6 (强极值原理) 设在 Ω 上 $c(x)\leqslant 0$, $f(x)>0$, 则方程 (4.1) 的解 u 不能在 Ω 的内点上达到其非负最大值.

证 用反证法. 若 u 在 Ω 的某内点 x^0 处达到非负最大值, 则有

$$u(x^0)\geqslant 0,\qquad \frac{\partial u}{\partial x_i}(x^0)=0,\qquad \frac{\partial^2 u}{\partial x_i^2}(x^0)\leqslant 0,\qquad i=1,2,\cdots,n,$$

于是

$$\Delta_n u(x^0)+\sum_{i=1}^{n}b_i(x^0)\frac{\partial u}{\partial x_i}(x^0)+c(x^0)u(x^0)\leqslant 0,$$

而 $f(x^0)>0$, 这样一来, 方程 (4.1) 在点 x^0 处不成立, 产生矛盾.

定理证毕.

定理 7.7 (弱极值原理) 设在 Ω 上 $c(x)\leqslant 0$, $f(x)\geqslant 0$, 则方程 (4.1) 的解 u 的非负最大值 (如果存在的话) 必在 Ω 的边界 Γ 上达到.

证 用反证法. 若 u 在 $\overline{\Omega}$ 上的非负最大值不在 Ω 的边界 Γ 上达到, 则存在点 $x^0\in\Omega$ 使得

$$u(x^0)>\sup_{x\in\Gamma}u(x).$$

对任意的 $\varepsilon > 0,\ a > 0$, 作辅助函数

$$w(x) = u(x) + \varepsilon \mathrm{e}^{ax_1}, \tag{4.2}$$

由于 Ω 是有界的, 故对任意正常数 a, 总可以将 ε 取得充分小, 使得

$$u(x^0) \geqslant \sup_{x\in\Gamma} w(x),$$

即

$$w(x^0) > u(x^0) \geqslant \sup_{x\in\Gamma} w(x).$$

这表明 $w(x)$ 亦在 Ω 内部某点 x^* 取到非负最大值 (x^* 不一定与 x^0 相同). 于是

$$w(x^*) \geqslant 0, \qquad \frac{\partial w}{\partial x_i}(x^*) = 0, \qquad \frac{\partial^2 w}{\partial x_i^2}(x^*) \leqslant 0, \qquad i = 1, 2, \cdots, n. \tag{4.3}$$

但另一方面, 由于

$$\Delta_n w + \sum_{i=1}^n b_i(x)\frac{\partial w}{\partial x_i} + c(x)w = f + \varepsilon \mathrm{e}^{ax_1}\left\{a^2 + ab_1(x) + c(x)\right\}, \tag{4.4}$$

选取 a 足够大, 使得

$$a^2 - \sup_{\overline{\Omega}} |b_1(x)|a - \sup_{\overline{\Omega}} |c(x)| > 0,$$

则方程 (4.4) 在点 x^* 处不成立, 产生矛盾.

定理证毕.

推论 7.2 若在 Ω 上 $c(x) \leqslant 0,\ f(x) \leqslant 0$, 则方程 (4.1) 的解 u 的非正最小值 (如果存在的话) 必在 Γ 上达到.

证 在方程 (4.1) 中令 $v = -u$, 由定理 7.7 即可证明推论 7.2.

进一步, 若我们假设在 Ω 上 $c(x) \equiv 0$, 则由定理 7.6 及定理 7.7 的证明过程可得如下结论:

推论 7.3 若在 Ω 上 $f(x) \geqslant 0$, 则方程 (4.1) 的解 u 的最大值必在 Ω 的边界 Γ 上达到; 若 $f(x) \leqslant 0$, 则 u 的最小值必在 Ω 的边界 Γ 上达到; 若 $f(x) \equiv 0$, 则 u 的最大值与最小值都必在 Ω 的边界 Γ 上达到. 此外, 若 $f(x) > 0$, 则 u 的最大值不能在 Ω 内达到; 若 $f(x) < 0$, 则 u 的最小值不能在 Ω 内达到.

注 7.9 与抛物型方程的极值原理 (第六章 §2) 相比较, 椭圆型方程的极值总在区域边界上达到, 而抛物型方程的极值则在一 “U” 型区域的底边或侧边上达到.

注 7.10 上面研究极值原理的方法可以推广到更一般的二阶椭圆型方程.

注 7.11 定理 7.7 为弱极值原理, 事实上, 更强的结论也是成立的.

定理 7.8 (Hopf (霍普夫) 引理)　设函数 $u(x)$ 在半径为 R 的球 K 内调和, 在闭球 $\overline{K}$ 上连续, 在球面 S 上某点 x^0 处取最小 (大) 值, 且对球 K 内的一切点 x, 都有

$$u(x) > u(x^0) \qquad \left(u(x) < u(x^0)\right), \tag{4.5}$$

那么函数 u 若在点 x^0 沿着 μ 方向的导数存在 (方向 μ 与球的内法线方向相交成锐角), 则

$$\frac{\partial u}{\partial \mu} > 0 \qquad \left(\frac{\partial u}{\partial \mu} < 0\right). \tag{4.6}$$

证　我们仅对最小值的情形加以证明. 不妨设球心就是坐标原点, 由条件 (4.5) 知, 在点 x^0 处有

$$\frac{\partial u}{\partial \mu} \geqslant 0.$$

我们要证明的是上式中的等号不能成立. 为此, 引进辅助函数

$$v(x) = \mathrm{e}^{-ar^2} - \mathrm{e}^{-aR^2}, \tag{4.7}$$

其中 a 是一个待定常数, $r = |x|$ 是点 x 到原点的距离, 并设 $\dfrac{R}{2} \leqslant r \leqslant R$. 显然函数 v 具有如下性质:

(1) 在球面 S: $r = R$ 上, $v = 0$;

(2) 在区域 D: $\dfrac{R^2}{4} < x_1^2 + x_2^2 + \cdots + x_n^2 < R^2$ 内,

$$\Delta_n v = (-2na + 4a^2r^2)\mathrm{e}^{-ar^2},$$

由于 $r \geqslant \dfrac{R}{2}$, 所以总可选取适当大的正数 a, 使得在区域 D 内有

$$\Delta_n v > 0; \tag{4.8}$$

(3) 沿着球 K 的半径方向的方向导数

$$\frac{\mathrm{d}v}{\mathrm{d}r} = -2ar\mathrm{e}^{-ar^2} < 0.$$

从而在球面 S 上, 有

$$\frac{\partial v}{\partial \mu} = \frac{\mathrm{d}v}{\mathrm{d}r}\cos(\mu, r) > 0. \tag{4.9}$$

我们再引进函数

$$w(x) = u(x) - \varepsilon v(x) - u(x^0), \tag{4.10}$$

其中 ε 是充分小的正数, 于是在区域 D 内, 有

$$\Delta_n w = -\varepsilon \Delta_n v < 0,$$

由推论 7.3 知函数 w 在 D 内不能取得最小值.

在 D 的边界上, 当 $r=R$ 时, 由 (4.10) 式, v 的性质及 x^0 是 u 在球 $\overline{K}$ 上的最小值知

$$w(x)=u(x)-u(x^0)\geqslant 0. \tag{4.11}$$

而当 $r=\dfrac{R}{2}$ 时, 由 (4.10) 式及 (4.5) 式知, 可取 ε 足够小, 使得 $w(x)=u(x)-\varepsilon v(x)-u(x^0)\geqslant 0$ 成立. 又由于 $x^0\in S$, 所以 $w(x^0)=0$. 从而推得在区域 D 内, 恒有

$$w(x)>0=w(x^0),$$

因此函数 w 在点 x^0 取得最小值, 故在点 x^0 处沿方向 μ, 有

$$\frac{\partial w}{\partial \mu}\geqslant 0,$$

即

$$\frac{\partial w}{\partial \mu}=\frac{\partial u}{\partial \mu}-\varepsilon\frac{\partial v}{\partial \mu}\geqslant 0.$$

由 (4.9) 式即得

$$\frac{\partial u}{\partial \mu}\geqslant \varepsilon\frac{\partial v}{\partial \mu}>0.$$

定理证毕.

定理 7.8 讨论了区域为球时的极值原理, 下面我们将这一结论推广到具有内部球条件的区域上. 一个区域 Ω 称为**具有内部球条件**, 如果在区域 Ω 的边界 Γ 上任一点 P 都可作一个属于 Ω 的球 K_P, 且使 K_P 与 Γ 在点 P 相切.

定理 7.9 设 Ω 为具有内部球条件的区域, 在 Ω 上连续且在 Ω 内不恒等于常数的调和函数 u, 如果在边界点 $M_0(x^0)$ 处取得最小 (大) 值, 且对 Ω 内的一切点 x, 都有 $u(x)>u(x^0)$ $(u(x)<u(x^0))$, 那么只要在点 $M_0(x^0)$ 的外法向导数 $\dfrac{\partial u}{\partial \nu}$ 存在, 就必有

$$\frac{\partial u}{\partial \nu}<0 \qquad \left(\frac{\partial u}{\partial \nu}>0\right). \tag{4.12}$$

证 由假设条件知, 在点 $M_0(x^0)$ 处可作一个球 K_{M_0}, 使其所有内点都属于 Ω, 由于函数 u 不恒等于常数, 根据强极值原理它不能在 Ω 的内点取得最小值. 所以函数 u 在 K_{M_0} 的所有内点上的值大于它在点 M_0 处的值, 故由定理 7.8 知, 只要外法向导数 $\dfrac{\partial u}{\partial \nu}$ 存在, 就必有

$$\frac{\partial u}{\partial \nu}<0.$$

对于函数 u 在边界上取得最大值的那些点处, 函数 $-u$ 就取得最小值. 因此如上

所证, 在这些点处应有 $\dfrac{\partial(-u)}{\partial\nu}<0$, 即

$$\frac{\partial u}{\partial\nu}>0.$$

定理证毕.

例 7.2 设 $u\in C^2(\Omega)\cap C(\overline{\Omega})$ 是定解问题

$$\begin{cases}-\Delta u=u^2(1-u), & x\in\Omega,\\ u=0, & x\in\partial\Omega\end{cases}$$

的解. 试证明: $u\equiv 0$, 或者在 Ω 内 $0<u(x)<1$.

证 记 $c(x)=u^2(x)$, 则原问题可以写成

$$\begin{cases}-\Delta u+c(x)u=u^2\geqslant 0, & x\in\Omega,\\ u=0, & x\in\partial\Omega.\end{cases}$$

如果 $u\not\equiv 0$, 由强极值原理知, 在 Ω 内, $u>0$. 因此 $\max\limits_{\overline{\Omega}}u>0$. 取 $x^0\in\Omega$, 使得 $u(x^0)=\max\limits_{\overline{\Omega}}u$, 则

$$u^2(x^0)(1-u(x^0))=-\Delta u(x^0)\geqslant 0,$$

故 $u(x^0)\leqslant 1$, 从而 $u(x)\leqslant 1$ 在 Ω 内成立. 令 $v=1-u$, 则 $v\geqslant 0$, 并且有

$$\begin{cases}-\Delta v+u^2v=0, & x\in\Omega,\\ v=1, & x\in\partial\Omega.\end{cases}$$

再利用强极值原理知, $\min\limits_{\overline{\Omega}}v>0$, 即 $v(x)>0$ 在 $\overline{\Omega}$ 上成立. 故 $u(x)<1$ 在 $\overline{\Omega}$ 上成立.

4.2 第一边值问题解的唯一性和稳定性

利用上面所给的极值原理及其推论, 可对 Laplace 方程或 Poisson 方程的 Dirichlet 问题 (即第一边值问题) 建立唯一性和稳定性的论断.

设 Γ 是 n 维空间中的一个闭曲面, 它将空间分成两个区域, 用 Ω 表示由 Γ 所围的有界区域, Ω' 表示 Γ 外的无界区域. 我们把在有界区域 Ω 上所提的定解问题

$$\begin{cases}\Delta_n u=0, & x\in\Omega,\\ u|_\Gamma=\varphi(x), & x\in\Gamma\end{cases}\tag{4.13}$$

称为 **Dirichlet 内问题**. 而将无界区域 Ω' 上所提的定解问题

$$\begin{cases}\Delta_n u=0, & x\in\Omega',\\ u|_\Gamma=\varphi(x), & x\in\Gamma,\\ \lim\limits_{r\to\infty}u=0\end{cases}\tag{4.14}$$

称为 **Dirichlet 外问题**, 其中 φ 是定义在曲面 Γ 上的已知函数, $r=\sqrt{x_1^2+x_2^2+\cdots+x_n^2}$.

定理 7.10 若 Dirichlet 内问题 (4.13) 的解存在, 则它必是唯一的, 且连续地依赖于所给的边值条件 $\varphi(x)$.

证 设定解问题 (4.13) 有两个解 u_1 和 u_2, 则它们的差 $u=u_1-u_2$ 满足定解问题

$$\begin{cases} \Delta_n u = 0, & x \in \Omega, \\ u|_\Gamma = 0, & x \in \Gamma. \end{cases}$$

由推论 7.3 知,

$$u \equiv 0,$$

即 $u_1 \equiv u_2$, 所以 Dirichlet 内问题的解是唯一的.

下面再证稳定性. 设函数 u_1 和 u_2 分别是定解问题

$$\begin{cases} \Delta_n u = 0, \\ u|_\Gamma = \varphi_1 \end{cases} \quad \text{和} \quad \begin{cases} \Delta_n u = 0, \\ u|_\Gamma = \varphi_2 \end{cases}$$

的解, 且对任意小的正数 ε, 函数 φ_1 和 φ_2 在边界 Γ 上处处满足

$$|\varphi_1-\varphi_2|<\varepsilon.$$

记 $u=u_1-u_2$, 则函数 u 在区域 Ω 内调和, 在 Γ 上取值 $\varphi_1-\varphi_2$, 因为在 Γ 上有

$$-\varepsilon<u=\varphi_1-\varphi_2<\varepsilon,$$

所以由推论 7.3 知, 在区域 Ω 内亦有

$$-\varepsilon<u_1-u_2<\varepsilon,$$

这就说明 Dirichlet 内问题的解, 连续地依赖于所给的边值条件 $\varphi(x)$.

定理证毕.

定理 7.11 若 Dirichlet 外问题 (4.14) 的解存在, 则它必是唯一的, 且连续地依赖于所给的边值条件 $\varphi(x)$.

证 设函数 u_1 和 u_2 是 Dirichlet 外问题 (4.14) 的解, 则 $u=u_1-u_2$ 在 Ω' 内调和, 在边界 Γ 上有 $u|_\Gamma=0$, 且

$$\lim_{r\to\infty} u(x)=0,$$

因此, 对任意小的正数 ε, 总存在这样的正数 R, 使得当 $r \geqslant R$ 时, 有

$$|u(x)|<\varepsilon.$$

今在区域 Ω' 中任取一点 x, 于是一定可以找到一个正数 $R_1 \geqslant R$, 使得点 x 及曲面 Γ 都包含在以原点为心 R_1 为半径的球 K_{R_1} 内, 记球面为 Γ_{R_1}. 我们记曲面 Γ 与 Γ_{R_1} 所围成的区域为 Ω_1, 于是函数 u 在 Ω_1 内调和, 在 Ω_1 的部分边界 Γ 上为零, 而在另一部分边界 Γ_{R_1} 上其绝对值小于 ε. 故由推论 7.3 知, 在 Ω_1 内只能有 $|u| < \varepsilon$, 从而在点 x 处有

$$|u(x)| < \varepsilon.$$

由 ε 的任意性, 即得 $u(x) = 0$, 又因 x 是 Ω' 内的任意一点, 所以在区域 Ω' 内有

$$u \equiv 0,$$

即 $u_1 \equiv u_2$.

关于解的稳定性的证明, 留给读者去完成.

定理证毕.

显然, 对于 Poisson 方程 $\Delta_n u = f(x)$ 的 Dirichlet 问题, 类似于定理 7.10 及定理 7.11 的结论也是成立的.

注 7.12 在无界区域 Ω' 上考虑 Dirichlet 问题时, 我们需要给出附加条件 $\lim\limits_{r\to\infty} u = 0$, 否则, 定解问题可能不适定. 如考虑无界区域 $\Omega' = \left\{x \in \mathbb{R}^3 \middle| r > 1\right\}$ 上的 Dirichlet 问题

$$\begin{cases} \Delta_n u = 0, & x \in \Omega', \\ u|_{r=1} = 1. \end{cases} \tag{4.15}$$

容易验证 $u_1 = \dfrac{1}{r}$ 和 $u_2 = 1$ 都是 Dirichlet 问题 (4.15) 的解.

4.3 第二边值问题解的唯一性

在有界区域 Ω 上, 考虑 Laplace 方程的第二边值问题即 Neumann 问题

$$\begin{cases} \Delta_n u = 0, & x \in \Omega, \\ \left.\dfrac{\partial u}{\partial \nu}\right|_{\Gamma} = \varphi(x), & x \in \Gamma, \end{cases} \tag{4.16}$$

其中 Γ 是 Ω 的边界.

容易看出, 这种定解问题的解如果存在, 就不会是唯一的. 事实上, 若函数 u 是它的解, 则对任意常数 c, $u + c$ 也是它的解. 因此对第二边值问题解的唯一性提法如下:

定理 7.12 设有界区域 Ω 具有内部球条件, 则 Neumann 问题 (4.16) 的解在相差一个常数下是唯一的.

证 设 u_1 和 u_2 都是定解问题 (4.16) 的解, 则它们的差 $u = u_1 - u_2$ 是定解问题

$$\begin{cases} \Delta_n u = 0, & x \in \Omega, \\ \left.\dfrac{\partial u}{\partial \nu}\right|_{\Gamma} = 0 \end{cases}$$

的解.

由推论 7.3 知, u 的最小值必在边界 Γ 上达到, 若函数 u 不恒等于常数, 则由定理 7.9 知, 在 u 取得最小值的点处, 法向导数 $\dfrac{\partial u}{\partial \nu}$ 不等于零, 于是得到矛盾, 所以 u 必恒等于一个常数.

定理证毕.

下面考虑有界区域 Ω 的外区域 Ω' 上的 Neumann 问题

$$\begin{cases} \Delta_n u = 0, \qquad x \in \Omega', \\ \left.\dfrac{\partial u}{\partial \nu}\right|_{\Gamma} = \varphi(x), \qquad x \in \Gamma, \\ \lim\limits_{r \to \infty} u = 0, \end{cases} \tag{4.17}$$

其中 $r = \sqrt{x_1^2 + x_2^2 + \cdots + x_n^2}$, 称它为 **Neumann 外问题**.

定理 7.13 设区域 Ω' 具有内部球条件, 若 Neumann 外问题 (4.17) 的解存在, 则必唯一.

证 设 u_1 和 u_2 都是 Neumann 外问题 (4.17) 的解, 则它们的差 $u = u_1 - u_2$ 在区域 Ω' 上是 Neumann 外问题

$$\begin{cases} \Delta_n u = 0, \qquad x \in \Omega', \\ \left.\dfrac{\partial u}{\partial \nu}\right|_{\Gamma} = 0, \\ \lim\limits_{r \to \infty} u = 0 \end{cases}$$

的解.

由于在无穷远处函数 u 趋于零, 所以对任意小的正数 ε, 必可找到充分大的正数 R, 使在以 R 为半径的球面 Γ_R 上的每一点 x, 都有

$$|u(x)| < \varepsilon,$$

同时使区域 Ω 也包含在 Γ_R 所围成的区域内.

记由曲面 Γ 与球面 Γ_R 所围成的区域为 Ω_R, 由推论 7.3 知, 函数 u 在 $\overline{\Omega}_R$ 上的最大值和最小值必在 Ω_R 的边界上取得.

情形 I: 如果 u 在 Ω_R 的边界 Γ 上取得最大值或最小值, 根据定理 7.9 及 $\left.\dfrac{\partial u}{\partial \nu}\right|_{\Gamma} = 0$ 知, u 在 Ω_R 内必恒为常数. 又由于在 Γ_R 上 $|u(x)| < \varepsilon$, 由 u 的连续性知, 在 Ω_R 内亦有 $|u(x)| < \varepsilon$.

情形 II: 如果 u 在 Ω_R 的边界 Γ 上不能取得最大值和最小值, 则它必在 Γ_R 上取得最大值或最小值, 但是在 Γ_R 上 $|u(x)| < \varepsilon$, 所以在 Ω_R 内亦有 $|u(x)| < \varepsilon$.

综合以上两种情形, 我们知道在 Ω_R 内, 总有 $|u(x)| < \varepsilon$. 由 ε 及 R 的任意性, 故在整个 Ω' 内有 $u \equiv 0$, 即

$$u_1 \equiv u_2.$$

定理证毕.

由极值原理, 我们也可以考虑第三边值问题即 Robin 问题解的唯一性. 在有界区域 Ω 上, 考虑 Laplace 方程的第三边值问题

$$\begin{cases} \Delta_n u = 0, & x \in \Omega, \\ \left.\left(\dfrac{\partial u}{\partial \nu} + \sigma u\right)\right|_{\Gamma} = \varphi(x), & x \in \Gamma, \end{cases} \tag{4.18}$$

其中 $\sigma > 0$ 为常数.

定理 7.14 设有界区域 Ω 具有内部球条件, 若第三边值问题 (4.18) 的解存在, 则必唯一.

证 设 u_1, u_2 都是定解问题 (4.18) 的解, 则它们的差 $u = u_1 - u_2$ 满足定解问题

$$\begin{cases} \Delta_n u = 0, & x \in \Omega, \\ \left.\left(\dfrac{\partial u}{\partial \nu} + \sigma u\right)\right|_{\Gamma} = 0. \end{cases} \tag{4.19}$$

若 u 在 $\overline{\Omega}$ 上不恒等于常数, 则它必在 $\overline{\Omega}$ 上达到非负最大值或非正最小值, 今设前一种情况, 由推论 7.3 知, 它必在 Ω 的边界 Γ 上某点 x^0 处达到非负最大值, 又由定理 7.9 知在点 x^0 处, $\dfrac{\partial u}{\partial \nu} > 0$, 于是 $\left.\left(\dfrac{\partial u}{\partial \nu} + \sigma u\right)\right|_{x^0} > 0$, 这与 (4.19) 式中的边值条件相矛盾. 故在 $\overline{\Omega}$ 上 $u(x) \equiv C$ (常数), 由此可知 $\left.\dfrac{\partial u}{\partial \nu}\right|_{\Gamma} = 0$. 由边值条件立得 $u|_{\Gamma} = 0$. 因此在 $\overline{\Omega}$ 上 $u(x) \equiv 0$.

定理证毕.

习题 7–4

在以下各题中, 如不加特别说明, 均假设 Ω 是 $\mathbb{R}^n$ 中的有界连通区域.

1. 试证 Dirichlet 外问题解的稳定性.

2. 设 $u \in C^3(\Omega) \cap C^1(\overline{\Omega})$, u 在 Ω 中调和, 则 $|\nabla u|$ 必在 Ω 的边界上取到极值.

3. 设 $u \in C^2(\Omega) \cap C^1(\overline{\Omega})$, 且满足方程

$$\sum_{i,j=1}^{n} a_{ij}(x)\frac{\partial^2 u}{\partial x_i \partial x_j} + \sum_{i=1}^{n} b_i(x)\frac{\partial u}{\partial x_i} + c(x)u = 0,$$

其中 $c(x) < 0$, b_i, $c \in C(\overline{\Omega})$, 矩阵 $(a_{ij})_{n\times n}$ 是正定的, 即存在常数 $\alpha > 0$, 使得对任意的 $\xi_i \in \mathbb{R}$ $(i = 1, 2, \cdots, n)$, 有

$$\sum_{i,j=1}^{n} a_{ij}\xi_i\xi_j \geqslant \alpha \sum_{i=1}^{n} \xi_i^2,$$

则 u 除恒等于常数外不能在 Ω 的内点达到非负最大值和非正最小值.

4. 设 $u \in C^2(\Omega) \cap C(\overline{\Omega})$, 试证问题

$$\begin{cases} \Delta_n u + |\nabla u|^4 = u^3, & x \in \Omega, \\ u|_{\partial\Omega} = 0 \end{cases}$$

只有零解.

5. 设 $u(x, y)$ 在 $x^2 + y^2 \leqslant 1$ 上连续, 且满足

$$\begin{cases} \Delta_2 u + a_1(x,y)u_x + b_1(x,y)u_y = 0, & x^2 + y^2 < 1, \quad x < 0, \\ \Delta_2 u + a_2(x,y)u_x + b_2(x,y)u_y = 0, & x^2 + y^2 < 1, \quad x > 0, \\ k_1 u_x(0^-, y) = k_2 u_x(0^+, y), \end{cases}$$

其中 $a_i(x, y)$, $b_i(x, y)$ $(i = 1, 2)$ 分别在对应的区域中有界连续, $k_i > 0$ $(i = 1, 2)$. 试证: 若在圆周 $x^2 + y^2 = 1$ 上, $u(x, y) \geqslant 0$, 则在圆 $x^2 + y^2 < 1$ 内, $u(x, y) \geqslant 0$.

6. 设 $u \in C^2(\Omega) \cap C(\overline{\Omega})$, 当 $x \in \Omega$ 时满足: $\Delta_n u - u^{2m} = 0$, m 为正整数, 试证: u 在 Ω 内不可能达到最大值, 除非 $u \equiv 0$.

7. 举例说明方程 $u_{xx} + u_{yy} + cu = 0$ $(c > 0)$ 不成立最大 (小) 值原理.

8. 举例说明一维波动方程 $u_{tt} - u_{xx} = 0$ 不成立最大 (小) 值原理.

9. 假设 $\Omega \subset \mathbb{R}^n$ 是一个有界开集, $u_i \in C^2(\Omega) \cap C^1(\overline{\Omega})$ $(i = 1, 2)$ 满足定解问题

$$\begin{cases} -\Delta u_i + |Du_i|^2 = f_i(x), & x \in \Omega, \\ u = g_i(x), & x \in \partial\Omega. \end{cases}$$

若 $f_1(x) \geqslant f_2(x)$, $g_1(x) \geqslant g_2(x)$, 则

$$u_1(x) \geqslant u_2(x), \qquad x \in \overline{\Omega}.$$

10. 设 $u \in C^2(\Omega) \cap C(\overline{\Omega})$ 是定解问题

$$\begin{cases} -\Delta_n u + \sin(u_{x_1} + 2u_{x_n}) + c(x)u^3 = f^3(x), \qquad x \in \Omega, \\ u|_{\partial\Omega} = 0 \end{cases}$$

的一个解, 证明: 若 $c(x) \geqslant c_0 > 0$, 则 $\max\limits_{\overline{\Omega}} |u(x)| \leqslant c_0^{-\frac{1}{3}} \max\limits_{\overline{\Omega}} |f(x)|$.

11. 设 $\Omega = \left\{(x, y) \mid x^2 + y^2 < 1\right\}$, $u(x, y) \in C^2(\Omega) \cap C(\overline{\Omega})$ 是问题

$$\begin{cases} u_{xx} + 5u_{yy} + \sin(3u_x - 2u_y) - 1 = 0, \qquad (x, y) \in \Omega, \\ u = \mathrm{e}^{x+y}, \qquad (x, y) \in \partial\Omega \end{cases}$$

的解, 证明 u 在 $\overline{\Omega}$ 上的最大值只能在 Ω 的边界 $\partial\Omega$ 上达到, 并求出 u 在 $\overline{\Omega}$ 上的最大值.

第七章小结

第八章

Fourier 变换及其应用

Fourier 变换在线性偏微分方程, 特别是常系数线性偏微分方程的研究中十分重要, 为转化线性偏微分方程为常微分方程提供了有力的工具. 因此, 它对求解各种偏微分方程具有普遍意义. 这一章我们将系统地介绍 Fourier 变换的基本知识及其运算性质, 最后利用 Fourier 变换及其逆变换求解三类典型偏微分方程的定解问题.

§1 Fourier 变换及其性质

在学习常微分方程的求解时, 我们介绍过 Laplace 变换, 它将一个常系数的线性常微分方程的求解转化为求解函数方程及对该函数方程的解实施 Laplace 变换的逆运算. 那么是否有其他形式的积分变换, 能将常系数的线性偏微分方程, 特别是三类典型的偏微分方程的求解变得简单呢? 这就是我们下面将要介绍的 Fourier 变换.

1.1 一维空间的 Fourier 变换

1.1.1 Fourier 变换及其逆变换

定义 8.1 若 $f(x) \in L^1(\mathbb{R})$, 则对任意的 $\xi \in \mathbb{R}$, 积分

$$\frac{1}{\sqrt{2\pi}} \int_{-\infty}^{\infty} f(x) \mathrm{e}^{-\mathrm{i}\xi x} \mathrm{d}x = \widehat{f}(\xi) \tag{1.1}$$

有意义, 称它为 $f(x)$ 的 **Fourier 变换**, 记为 $\widehat{f}(\xi)$ 或 $(f(x))^{\wedge}$.

定理 8.1 (Fourier 积分定理)　若 $f(x) \in L^1(\mathbb{R}) \cap C^1(\mathbb{R})$, 则对任意固定的 $x \in \mathbb{R}$,

$$\lim_{N\to\infty} \frac{1}{\sqrt{2\pi}} \int_{-N}^{N} \widehat{f}(\xi) e^{i\xi x} d\xi = f(x). \tag{1.2}$$

证　由于 $f(x) \in L^1(\mathbb{R})$, 因此含参变量的积分

$$\int_{-\infty}^{\infty} f(x) e^{-i\xi x} dx$$

对 $\xi \in \mathbb{R}$ 一致收敛, 且为 ξ 的连续函数. 从而由 Fubini (富比尼) 定理有

$$\begin{aligned}
\frac{1}{\sqrt{2\pi}} \int_{-N}^{N} \widehat{f}(\xi) e^{i\xi x} d\xi &= \frac{1}{2\pi} \int_{-\infty}^{\infty} f(\eta) d\eta \int_{-N}^{N} e^{i\xi(x-\eta)} d\xi \\
&= \frac{1}{\pi} \int_{-\infty}^{\infty} f(\eta) \frac{\sin N(x-\eta)}{x-\eta} d\eta \\
&= \frac{1}{\pi} \int_{-\infty}^{\infty} f(\eta + x) \frac{\sin N\eta}{\eta} d\eta.
\end{aligned}$$

由 $\displaystyle\int_{-\infty}^{\infty} \frac{\sin \eta}{\eta} d\eta = \pi$, 易知对任意的 $x \in \mathbb{R}$,

$$f(x) = \frac{1}{\pi} \int_{-\infty}^{\infty} f(x) \frac{\sin N\eta}{\eta} d\eta,$$

且对任意的 $\varepsilon > 0$, 存在 $M_1 > 0$, 使得当 $M \geqslant M_1$ 时,

$$\left| \frac{1}{\pi} \int_{-\infty}^{-M} f(x) \frac{\sin N\eta}{\eta} d\eta \right| < \frac{\varepsilon}{8}, \qquad \left| \frac{1}{\pi} \int_{M}^{\infty} f(x) \frac{\sin N\eta}{\eta} d\eta \right| < \frac{\varepsilon}{8}.$$

于是对上面给定的 M,

$$\begin{aligned}
\frac{1}{\sqrt{2\pi}} \int_{-N}^{N} \widehat{f}(\xi) e^{i\xi x} d\xi - f(x) &= \frac{1}{\pi} \int_{-\infty}^{\infty} (f(\eta + x) - f(x)) \frac{\sin N\eta}{\eta} d\eta \\
&= \frac{1}{\pi} \left(\int_{-\infty}^{-M} (f(\eta + x) - f(x)) \frac{\sin N\eta}{\eta} d\eta + \right. \\
&\quad \int_{-M}^{M} (f(\eta + x) - f(x)) \frac{\sin N\eta}{\eta} d\eta + \\
&\quad \left. \int_{M}^{\infty} (f(\eta + x) - f(x)) \frac{\sin N\eta}{\eta} d\eta \right) \\
&= J_1 + J_2 + J_3.
\end{aligned} \tag{1.3}$$

下面讨论当 $N\to\infty$ 时, $J_i\ (i=1,2,3)$ 的极限. 首先易知

$$|J_1|\leqslant\frac{1}{\pi}\int_{-\infty}^{-M}|f(\eta+x)|\frac{|\sin N\eta|}{|\eta|}\mathrm{d}\eta+\left|\frac{1}{\pi}\int_{-\infty}^{-M}f(x)\frac{\sin N\eta}{\eta}\mathrm{d}\eta\right|$$
$$\leqslant\frac{1}{\pi M}\int_{-\infty}^{\infty}|f(x)|\mathrm{d}x+\frac{\varepsilon}{8}.$$

同理可证

$$|J_3|\leqslant\frac{1}{\pi M}\int_{-\infty}^{\infty}|f(x)|\mathrm{d}x+\frac{\varepsilon}{8}.$$

对已给定的 $\varepsilon>0$, 存在 $M_2>0$, 当 $M\geqslant M_2$ 时,

$$\frac{1}{\pi M}\int_{-\infty}^{\infty}|f(x)|\mathrm{d}x<\frac{\varepsilon}{8}.$$

于是, 当 $M\geqslant M_0=\max\{M_1,M_2\}$ 时,

$$|J_1|<\frac{\varepsilon}{4},\quad |J_3|<\frac{\varepsilon}{4}.\tag{1.4}$$

其次, 改写 J_2 如下:

$$J_2=\frac{1}{\pi}\int_{-M}^{M}\frac{f(\eta+x)-f(x)}{\eta}\sin N\eta\mathrm{d}\eta=\frac{1}{\pi}\int_{-M}^{M}g(x,\eta)\sin N\eta\mathrm{d}\eta,$$

其中 $g(x,\eta)=\displaystyle\int_0^1 f'(x+\tau\eta)\mathrm{d}\tau$ 是 x, η 的连续函数.

对固定的 $M\ (\geqslant M_0)$, 取 N 充分大, 由 Riemann-Lebesgue (黎曼-勒贝格) 引理 (见附录 Ⅳ), 有

$$|J_2|=\left|\frac{1}{\pi}\int_{-M}^{M}g(x,\eta)\sin N\eta\mathrm{d}\eta\right|<\frac{\varepsilon}{4}.\tag{1.5}$$

将 (1.4), (1.5) 两式代入 (1.3) 式, 易知对充分大的 N, 有

$$\left|\frac{1}{\sqrt{2\pi}}\int_{-N}^{N}\widehat{f}(\xi)\mathrm{e}^{\mathrm{i}\xi x}\mathrm{d}\xi-f(x)\right|<\varepsilon.$$

定理证毕.

公式 (1.2) 称为**反演公式**. 左端的积分表示取 Cauchy 主值. 由此所定义的变换称为 **Fourier 逆变换**, 记为 $(\widehat{f}(\xi))^{\vee}$, 因此 (1.2) 式亦可写成

$$(\widehat{f})^{\vee}=f.$$

即一个属于 $L^1(\mathbb{R})\cap C^1(\mathbb{R})$ 的函数作了一次 Fourier 变换以后, 再接着作一次 Fourier 逆变换, 就回到这个函数本身.

注 8.1 在应用 Fourier 变换的反演公式求解问题时, 我们先不必深究上述定理的条件是否满足, 而是直接应用它导出问题的形式解, 然后再直接验证, 以确定这个形式解就是 "真解".

1.1.2 基本性质

在运用 Fourier 变换求解定解问题之前, 我们先介绍 Fourier 变换的一些基本性质.

性质 8.1 (线性性质) 若 $f(x)$, $g(x)\in L^1(\mathbb{R})$, 则对任意常数 α_1, α_2, 有

$$(\alpha_1 f+\alpha_2 g)^\wedge=\alpha_1\widehat{f}+\alpha_2\widehat{g}. \tag{1.6}$$

性质 8.2 (平移性质) 若 $f(x)\in L^1(\mathbb{R})$, 则对任意常数 a, 有

$$(f(x-a))^\wedge=\mathrm{e}^{-\mathrm{i}a\xi}\widehat{f}(\xi). \tag{1.7}$$

性质 8.3 (对称性质) 若 $f(x)\in L^1(\mathbb{R})$, 则

$$(f(x))^\vee=\widehat{f}(-\xi). \tag{1.8}$$

以上三条性质均可由 Fourier 变换及其逆变换的定义直接推出. 请读者自己完成.

性质 8.4 (微商性质) 若 $f(x)$, $f'(x)\in L^1(\mathbb{R})\cap C(\mathbb{R})$, 则

$$\left(\frac{\mathrm{d}f}{\mathrm{d}x}\right)^\wedge=\mathrm{i}\xi\widehat{f}. \tag{1.9}$$

证 由假设 $f(x)$, $f'(x)\in L^1(\mathbb{R})\cap C(\mathbb{R})$ 知,

$$\lim_{|x|\to\infty}f(x)=0. \tag{1.10}$$

事实上, 由 $f'(x)\in C(\mathbb{R})$, 有

$$f(x)=f(0)+\int_0^x f'(t)\mathrm{d}t,$$

因为 $f'(x)\in L^1(\mathbb{R})$, 故有

$$\lim_{x\to\pm\infty}f(x)=a_\pm=f(0)+\int_0^{\pm\infty}f'(t)\mathrm{d}t.$$

又因 $f(x)\in L^1(\mathbb{R})$, 由反证法易知 $a_\pm=0$, 即 (1.10) 式成立.

由 (1.10) 式, 利用分部积分公式, 有

$$\left(\frac{\mathrm{d}f}{\mathrm{d}x}\right)^\wedge=\frac{1}{\sqrt{2\pi}}\int_{-\infty}^{\infty}f'(x)\mathrm{e}^{-\mathrm{i}\xi x}\mathrm{d}x=\frac{1}{\sqrt{2\pi}}\mathrm{i}\xi\int_{-\infty}^{\infty}f(x)\mathrm{e}^{-\mathrm{i}\xi x}\mathrm{d}x=\mathrm{i}\xi\widehat{f}(\xi).$$

推论 8.1 若 $f(x), f'(x), \cdots, f^{(m)}(x) \in L^1(\mathbb{R}) \cap C(\mathbb{R})$, 则

$$\left(\frac{\mathrm{d}^m f}{\mathrm{d}x^m}\right)^{\wedge} = (\mathrm{i}\xi)^m \widehat{f}(\xi), \qquad m \geqslant 1. \tag{1.11}$$

注 8.2 这个性质表明微商运算经 Fourier 变换后转化为乘积运算, 因此利用 Fourier 变换可把常系数的常微分方程转化为函数方程, 也可把偏微分方程转化为常微分方程. 正是由于这个原因, Fourier 变换成为解常系数线性偏微分方程的重要工具.

性质 8.5 (乘多项式) 若 $f(x)$, $xf(x) \in L^1(\mathbb{R})$, 则

$$(xf(x))^{\wedge} = \mathrm{i}\frac{\mathrm{d}}{\mathrm{d}\xi}\widehat{f}(\xi). \tag{1.12}$$

证 由于 $f(x)$, $xf(x) \in L^1(\mathbb{R})$, 故 $\widehat{f}(\xi)$ 是 ξ 的连续可微函数, 且有

$$\frac{\mathrm{d}}{\mathrm{d}\xi}\widehat{f}(\xi) = \frac{1}{\sqrt{2\pi}}\int_{-\infty}^{\infty} f(x)(-\mathrm{i}x)\mathrm{e}^{-\mathrm{i}\xi x}\mathrm{d}x = -\mathrm{i}(xf(x))^{\wedge},$$

由此即知 (1.12) 式成立.

推论 8.2 若 $f(x), xf(x), \cdots, x^m f(x) \in L^1(\mathbb{R})$, 则

$$(x^m f(x))^{\wedge} = \mathrm{i}^m \frac{\mathrm{d}^m}{\mathrm{d}\xi^m}\widehat{f}(\xi), \qquad m \geqslant 1. \tag{1.13}$$

性质 8.6 (伸缩性质) 若 $f(x) \in L^1(\mathbb{R})$, k 为非零常数, 则

$$(f(kx))^{\wedge} = \frac{1}{|k|}\widehat{f}\left(\frac{\xi}{k}\right). \tag{1.14}$$

证 不失一般性, 设 $k < 0$. 由定义 8.1, 有

$$\begin{aligned}(f(kx))^{\wedge} &= \frac{1}{\sqrt{2\pi}}\int_{-\infty}^{\infty} f(kx)\mathrm{e}^{-\mathrm{i}\xi x}\mathrm{d}x \\ &= \frac{1}{\sqrt{2\pi}}\int_{\infty}^{-\infty} f(y)\mathrm{e}^{-\mathrm{i}\xi\frac{y}{k}}\frac{1}{k}\mathrm{d}y \\ &= \frac{1}{\sqrt{2\pi}}\left(-\frac{1}{k}\right)\int_{-\infty}^{\infty} f(y)\mathrm{e}^{-\mathrm{i}\frac{\xi}{k}y}\mathrm{d}y \\ &= \frac{1}{|k|}\widehat{f}\left(\frac{\xi}{k}\right).\end{aligned}$$

性质 8.7 (卷积性质) 若 $f(x)$, $g(x) \in L^1(\mathbb{R})$, 则

$$(f*g)(x) = \int_{-\infty}^{\infty} f(x-y)g(y)\mathrm{d}y \in L^1(\mathbb{R}), \tag{1.15}$$

且有

$$(f*g)^\wedge=\sqrt{2\pi}\widehat{f}\widehat{g}. \tag{1.16}$$

证 由 Fubini 定理, 有

$$\begin{aligned}\|f*g\|_{L^1}&=\int_{-\infty}^{\infty}\mathrm{d}x\left|\int_{-\infty}^{\infty}f(x-y)g(y)\mathrm{d}y\right|\\&\leqslant\int_{-\infty}^{\infty}\mathrm{d}x\int_{-\infty}^{\infty}|f(x-y)g(y)|\mathrm{d}y\\&=\int_{-\infty}^{\infty}|g(y)|\mathrm{d}y\int_{-\infty}^{\infty}|f(x-y)|\mathrm{d}x\\&=\|g\|_{L^1}\|f\|_{L^1}.\end{aligned}$$

故 $f*g\in L^1(\mathbb{R})$. 再由 Fubini 定理,

$$\begin{aligned}(f*g)^\wedge&=\frac{1}{\sqrt{2\pi}}\int_{-\infty}^{\infty}\mathrm{e}^{-\mathrm{i}\xi x}\mathrm{d}x\int_{-\infty}^{\infty}f(x-y)g(y)\mathrm{d}y\\&=\frac{1}{\sqrt{2\pi}}\int_{-\infty}^{\infty}g(y)\mathrm{e}^{-\mathrm{i}\xi y}\mathrm{d}y\int_{-\infty}^{\infty}f(x-y)\mathrm{e}^{-\mathrm{i}\xi(x-y)}\mathrm{d}x\\&=\sqrt{2\pi}\widehat{g}(\xi)\widehat{f}(\xi).\end{aligned}$$

性质 8.8 (Plancherel (普朗谢雷尔) 定理) 设 $f(x)\in L^1(\mathbb{R})\cap L^2(\mathbb{R})$, 则

$$\|\widehat{f}\|_{L^2}=\|\check{f}\|_{L^2}=\|f\|_{L^2}. \tag{1.17}$$

这个性质的证明可参看参考文献 [5], 这里从略.

注 8.3 由性质 8.8, 按照参考文献 [5] 的方法, 可在 L^2 空间中定义 Fourier 变换及其逆变换, 并由此证明定理 8.1 及性质 8.1—8.7.

1.2 高维空间的 Fourier 变换

为了求解高维空间的常系数线性偏微分方程, 我们还需介绍高维空间的 Fourier 变换.

定义 8.2 设 $f(x)\in L^1(\mathbb{R}^n)$, 那么积分

$$\frac{1}{(2\pi)^{\frac{n}{2}}}\int_{-\infty}^{\infty}\int_{-\infty}^{\infty}\cdots\int_{-\infty}^{\infty}f(x)\mathrm{e}^{-\mathrm{i}(\xi_1x_1+\xi_2x_2+\cdots+\xi_nx_n)}\mathrm{d}x_1\mathrm{d}x_2\cdots\mathrm{d}x_n=\widehat{f}(\xi_1,\xi_2,\cdots,\xi_n)$$

有意义, 称为 $f(x)$ 的 Fourier 变换, 记为 $\widehat{f}(\xi_1,\xi_2,\cdots,\xi_n)$ 或 $(f(x))^\wedge$.

定理 8.2 若 $f(x)\in C^1(\mathbb{R}^n)\cap L^1(\mathbb{R}^n)$, 则对任意固定的 $x\in\mathbb{R}^n$,

$$\begin{aligned}(\widehat{f}(\xi_1,\xi_2,\cdots,\xi_n))^\vee &= \lim_{N\to\infty}\frac{1}{(2\pi)^{\frac{n}{2}}}\int_{-N}^{N}\int_{-N}^{N}\cdots\int_{-N}^{N}\widehat{f}(\xi_1,\xi_2,\cdots,\xi_n)\\&\quad \mathrm{e}^{\mathrm{i}(\xi_1x_1+\xi_2x_2+\cdots+\xi_nx_n)}\mathrm{d}\xi_1\mathrm{d}\xi_2\cdots\mathrm{d}\xi_n\\&= f(x),\end{aligned}$$

其中 $(\widehat{f}(\xi_1,\xi_2,\cdots,\xi_n))^\vee$ 表示函数 $\widehat{f}(\xi_1,\xi_2,\cdots,\xi_n)$ 的 Fourier 逆变换.

容易证明关于一维 Fourier 变换的性质 8.1—8.8 对于高维 Fourier 变换仍然成立. 此外, 根据 Fourier 变换的定义 8.2, 我们还有下面的结论:

性质 8.9 若 $f(x)=f_1(x_1)f_2(x_2)\cdots f_n(x_n)$, 其中 $f_i(x_i)\in L^1(\mathbb{R})$ $(i=1,2,\cdots,n)$, 则有

$$\widehat{f}(\xi_1,\xi_2,\cdots,\xi_n)=\prod_{i=1}^{n}\widehat{f}_i(\xi_i). \tag{1.18}$$

1.3 典型例题

下面我们通过几个典型例题来说明如何利用 Fourier 变换的定义及基本性质求解一些具体函数的 Fourier 变换.

例 8.1 设

$$f_1(x)=\begin{cases}1, & |x|\leqslant A,\\ 0, & |x|>A,\end{cases}$$

求 $\widehat{f}_1(\xi)$.

解 由定义 8.1 知

$$\widehat{f}_1(\xi)=\frac{1}{\sqrt{2\pi}}\int_{-A}^{A}\mathrm{e}^{-\mathrm{i}\xi x}\mathrm{d}x=\sqrt{\frac{2}{\pi}}\frac{\sin\xi A}{\xi}.$$

例 8.2 设

$$f_2(x)=\begin{cases}\mathrm{e}^{-x}, & x>0,\\ 0, & x<0,\end{cases}$$

求 $\widehat{f}_2(\xi)$.

解 由定义 8.1 知

$$\widehat{f}_2(\xi)=\frac{1}{\sqrt{2\pi}}\int_{0}^{\infty}\mathrm{e}^{-(1+\mathrm{i}\xi)x}\mathrm{d}x=\frac{1}{\sqrt{2\pi}}\frac{1}{1+\mathrm{i}\xi}.$$

例 8.3 设 $f_3(x) = \mathrm{e}^{-|x|}$, 求 $\widehat{f_3}(\xi)$.

解 由于 $f_3(x) = f_2(x) + f_2(-x)$, 由性质 8.1 及性质 8.6 可得

$$\begin{aligned}\widehat{f_3}(\xi) &= \widehat{f_2}(\xi) + (f_2(-x))^\wedge = \widehat{f_2}(\xi) + \widehat{f_2}(-\xi)\\ &= \frac{1}{\sqrt{2\pi}}\left(\frac{1}{1+\mathrm{i}\xi} + \frac{1}{1-\mathrm{i}\xi}\right) = \frac{1}{\sqrt{2\pi}}\frac{2}{1+\xi^2}.\end{aligned}$$

例 8.4 求 Gauss (高斯) 函数 $f_4(x) = \mathrm{e}^{-x^2}$ 的 Fourier 变换 $\widehat{f_4}(\xi)$.

解 由定义 8.1 得

$$\begin{aligned}\widehat{f_4}(\xi) &= \frac{1}{\sqrt{2\pi}}\int_{-\infty}^{\infty}\mathrm{e}^{-x^2}\mathrm{e}^{-\mathrm{i}\xi x}\mathrm{d}x = \frac{1}{\sqrt{2\pi}}\int_{-\infty}^{\infty}\mathrm{e}^{-(x+\frac{1}{2}\mathrm{i}\xi)^2}\mathrm{e}^{-\frac{1}{4}\xi^2}\mathrm{d}x\\ &= \frac{1}{\sqrt{2\pi}}\mathrm{e}^{-\frac{1}{4}\xi^2}\int_{-\infty}^{\infty}\mathrm{e}^{-(x+\frac{1}{2}\mathrm{i}\xi)^2}\mathrm{d}x.\end{aligned}$$

类似于例 6.1 的计算得

$$\int_{-\infty}^{\infty}\mathrm{e}^{-(x+\frac{1}{2}\mathrm{i}\xi)^2}\mathrm{d}x = \int_{-\infty}^{\infty}\mathrm{e}^{-x^2}\mathrm{d}x = \sqrt{\pi}.$$

于是可得

$$\widehat{f_4}(\xi) = \frac{1}{\sqrt{2}}\mathrm{e}^{-\frac{1}{4}\xi^2}.$$

例 8.5 设 $f_5(x) = \mathrm{e}^{-Ax^2}$ (A 为正常数), 求 $\widehat{f_5}(\xi)$.

解 由性质 8.6, 有

$$\widehat{f_5}(\xi) = \left(f_4(\sqrt{A}x)\right)^\wedge = \frac{1}{\sqrt{A}}\widehat{f_4}\left(\frac{\xi}{\sqrt{A}}\right) = \frac{1}{\sqrt{2A}}\mathrm{e}^{-\frac{\xi^2}{4A}}.$$

例 8.6 求函数 $f_6(x)=\mathrm{e}^{-A(x_1^2+x_2^2+\cdots+x_n^2)}$ (A 为正常数) 的 Fourier 变换 $\widehat{f}(\xi_1, \xi_2, \cdots, \xi_n)$.

解 利用性质 8.9 及例 8.5 的结果, 有

$$\widehat{f_6}(\xi_1,\xi_2,\cdots,\xi_n) = \prod_{i=1}^{n}\left(\mathrm{e}^{-Ax_i^2}\right)^\wedge = \prod_{i=1}^{n}\frac{1}{\sqrt{2A}}\mathrm{e}^{-\frac{\xi_i^2}{4A}} = \frac{1}{(2A)^{\frac{n}{2}}}\exp\left(-\frac{1}{4A}\sum_{i=1}^{n}\xi_i^2\right).$$

习题 8-1

1. 按定义求下列函数的 Fourier 变换:

(1) $f(x)=\begin{cases}0, & |x|>a,\\ |x|, & |x|\leqslant a;\end{cases}$

(2) $f(x)=\begin{cases}0, & |x|>a,\\ 1-\dfrac{|x|}{a}, & |x|\leqslant a;\end{cases}$

(3) $f(x)=\begin{cases}\sin bx, & |x|<a, \quad b \text{ 为常数},\\ 0, & |x|>a;\end{cases}$

(4) $f(x)=\mathrm{e}^{-a|x|}$, a 为正常数;

(5) $f(x)=\mathrm{e}^{-a|x|}\cos x$, a 为正常数;

(6) $f(x)=\mathrm{e}^{-a|x|}\sin^2 x$, a 为正常数.

2. 利用 Fourier 变换的性质求下列函数的 Fourier 变换:

(1) $f(x)=\begin{cases}x^2, & |x|\leqslant a,\\ 0, & |x|>a;\end{cases}$

(2) $f(x)=x\mathrm{e}^{-a|x|}$, a 为正常数;

(3) $f(x)=\begin{cases}\mathrm{e}^{bx}, & |x|<a, \quad b \text{ 为常数},\\ 0, & |x|\geqslant a;\end{cases}$

(4) $f(x)=\mathrm{e}^{-a|x|}\sin bx$, a 为正常数, b 为常数;

(5) $f(x)=\begin{cases}\mathrm{e}^{\mathrm{i}bx}, & |x|\leqslant L, \quad b \text{ 为常数},\\ 0, & |x|>L;\end{cases}$

(6) $f(x)=\mathrm{e}^{-ax^2+\mathrm{i}bx+c}$, a,b,c 为常数;

(7) $f(x)=\dfrac{1}{(a^2+x^2)^k}$, a 为正常数, k 为正整数;

(8) $f(x)=\dfrac{x}{(a^2+x^2)^k}$, a 为正常数, k 为正整数;

(9) $f(x)=x\mathrm{e}^{-\frac{1}{2}(x-1)^2}$;

(10) $f(x)=(x\sin x)^2\mathrm{e}^{-|x|}$;

(11) $f(x)=\dfrac{x^2}{(a^2+x^2)^2}$, $a>0$.

3. 求下列函数的 Fourier 逆变换:

(1) $F(\xi)=\mathrm{e}^{-a^2\xi^2 t}$, a 为正常数, $t>0$ 为参数;

(2) $F(\xi)=\mathrm{e}^{-|\xi|t}$, $t>0$ 为参数.

4. 求下列函数的 Fourier 变换:

(1) $f(x)=\mathrm{e}^{-(x_1^2+x_2^2+\cdots+x_n^2)+2x_1}$;

(2) $f(x)=x_1\mathrm{e}^{-a(|x_1|+|x_2|+\cdots+|x_n|)}$, a 为正常数.

5. 求下列函数的 Fourier 变换, 并证明相应的积分等式成立:

(1) $f(x)=\mathrm{e}^{-a|x|}$ (a 为正常数), 证明

$$\int_0^{\infty}\frac{\cos\xi x}{a^2+\xi^2}\mathrm{d}\xi=\frac{\pi}{2a}\mathrm{e}^{-a|x|};$$

(2) $f(x)=\mathrm{e}^{-|x|}\cos x$, 证明

$$\int_0^{\infty}\frac{\xi^2+2}{\xi^4+4}\cos\xi x\mathrm{d}\xi=\frac{\pi}{2}\mathrm{e}^{-|x|}\cos x;$$

(3) $f(x)=\begin{cases}\sin x, & |x|\leqslant\pi,\\ 0, & |x|>\pi,\end{cases}$

证明

$$\int_0^{\infty}\frac{\sin\xi\pi\sin\xi x}{1-\xi^2}\mathrm{d}\xi=\begin{cases}\dfrac{\pi}{2}\sin x, & |x|\leqslant\pi;\\ 0, & |x|>\pi.\end{cases}$$

6. 设 $f(x)$ 在 $\mathbb{R}$ 上分段连续、绝对可积, 函数

$$g(x)=\int_{-\infty}^{x}f(\xi)\mathrm{d}\xi$$

在 $\mathbb{R}$ 上绝对可积, α 是一个不为零的常数. 证明:

(1) $[f(\alpha x)]^{\wedge}(\xi)=\dfrac{1}{|\alpha|}[f(x)]^{\wedge}\left(\dfrac{\xi}{\alpha}\right)$;

(2) $\widehat{g}(\xi)=\dfrac{1}{\mathrm{i}\xi}\widehat{f}(\xi)$.

§2 Fourier 变换的应用

在这一节，我们将利用 Fourier 变换来求解三类典型偏微分方程的定解问题.

例 8.7 求解热传导方程的 Cauchy 问题

$$\begin{cases} u_t - a^2 u_{xx} = 0, & x \in \mathbb{R}, \quad t > 0, \\ u|_{t=0} = \varphi(x), & x \in \mathbb{R}. \end{cases} \tag{2.1}$$

解 在第六章 §1, 应用相似变换法, 我们已经给出了 Cauchy 问题 (2.1) 的求解公式. 在这里我们将用 Fourier 变换来求解 Cauchy 问题 (2.1).

对 Cauchy 问题 (2.1) 作 Fourier 变换, 并利用性质 8.1 及推论 8.1, 有

$$\begin{cases} \dfrac{\mathrm{d}}{\mathrm{d}t}\widehat{u}(\xi,t) + a^2\xi^2\widehat{u}(\xi,t) = 0, & \xi \in \mathbb{R}, \quad t > 0, \\ \widehat{u}(\xi,t)|_{t=0} = \widehat{\varphi}(\xi), & \xi \in \mathbb{R}, \end{cases} \tag{2.2}$$

其中 $\widehat{u}(\xi,t)$, $\widehat{\varphi}(\xi)$ 分别是 $u(x,t)$ 及 $\varphi(x)$ 关于 x 的 Fourier 变换.

解常微分方程的 Cauchy 问题 (2.2), 得

$$\widehat{u}(\xi,t) = \widehat{\varphi}(\xi)\mathrm{e}^{-a^2\xi^2 t}. \tag{2.3}$$

对 (2.3) 式求 Fourier 逆变换, 得

$$u(x,t) = \left(\widehat{\varphi}(\xi)\mathrm{e}^{-a^2\xi^2 t}\right)^{\vee}. \tag{2.4}$$

设

$$(g(x,t))^{\wedge} = \mathrm{e}^{-a^2\xi^2 t}, \tag{2.5}$$

由 §1 例 8.5 知,

$$g(x,t) = \frac{1}{a\sqrt{2t}}\mathrm{e}^{-\frac{x^2}{4a^2 t}}. \tag{2.6}$$

于是, 由性质 8.7 及 (2.4), (2.5), (2.6) 三式得

$$u(x,t) = (\widehat{\varphi}\ \widehat{g})^{\vee} = \frac{1}{\sqrt{2\pi}}\varphi * g = \frac{1}{2a\sqrt{\pi t}}\int_{-\infty}^{\infty}\varphi(\xi)\mathrm{e}^{-\frac{(x-\xi)^2}{4a^2 t}}\mathrm{d}\xi. \tag{2.7}$$

这就是我们在第六章 §1 所得到的关于热传导方程 Cauchy 问题的 Poisson 公式.

注 8.4 对于高维热传导方程的 Cauchy 问题

$$\begin{cases} u_t - a^2(u_{x_1x_1} + u_{x_2x_2} + \cdots + u_{x_nx_n}) = 0, & x \in \mathbb{R}^n, \quad t > 0, \\ u|_{t=0} = \varphi(x), & x \in \mathbb{R}^n, \end{cases} \tag{2.8}$$

我们同样可以利用高维 Fourier 变换求出它的解的表达式:

$$u(x,t) = \frac{1}{(4\pi a^2 t)^{\frac{n}{2}}} \int_{-\infty}^{\infty} \int_{-\infty}^{\infty} \cdots \int_{-\infty}^{\infty} \varphi(\xi_1, \xi_2, \cdots, \xi_n) \cdot \mathrm{e}^{-\frac{(x_1-\xi_1)^2 + (x_2-\xi_2)^2 + \cdots + (x_n-\xi_n)^2}{4a^2 t}} \mathrm{d}\xi_1 \mathrm{d}\xi_2 \cdots \mathrm{d}\xi_n. \tag{2.9}$$

例 8.8 求解一维齐次波动方程的 Cauchy 问题

$$\begin{cases} u_{tt} - a^2 u_{xx} = 0, & x \in \mathbb{R}, \quad t > 0, \\ u|_{t=0} = \varphi(x), \quad u_t|_{t=0} = \psi(x), & x \in \mathbb{R}. \end{cases} \tag{2.10}$$

解 在第五章 §1, 应用特征线法, 我们已经给出了 Cauchy 问题 (2.10) 的求解公式. 在这里我们将用 Fourier 变换来求解 Cauchy 问题 (2.10).

对 Cauchy 问题 (2.10) 关于 x 作 Fourier 变换, 并利用性质 8.1 和推论 8.1, 有

$$\begin{cases} \dfrac{\mathrm{d}^2}{\mathrm{d}t^2}\widehat{u}(\xi,t) + a^2\xi^2\widehat{u}(\xi,t) = 0, & \xi \in \mathbb{R}, \quad t > 0, \\ \widehat{u}(\xi,t)|_{t=0} = \widehat{\varphi}(\xi), \quad \widehat{u}_t(\xi,t)|_{t=0} = \widehat{\psi}(\xi), & \xi \in \mathbb{R}, \end{cases} \tag{2.11}$$

其中 $\widehat{u}(\xi,t)$, $\widehat{\varphi}(\xi)$, $\widehat{\psi}(\xi)$ 分别是 $u(x,t)$, $\varphi(x)$ 及 $\psi(x)$ 关于 x 的 Fourier 变换.

解常微分方程的 Cauchy 问题 (2.11), 得

$$\widehat{u}(\xi,t) = \frac{1}{2}\widehat{\varphi}(\xi)\left(\mathrm{e}^{\mathrm{i}a\xi t} + \mathrm{e}^{-\mathrm{i}a\xi t}\right) - \frac{\mathrm{i}}{2a\xi}\widehat{\psi}(\xi)\left(\mathrm{e}^{\mathrm{i}a\xi t} - \mathrm{e}^{-\mathrm{i}a\xi t}\right). \tag{2.12}$$

利用性质 8.2, 得

$$(\widehat{\varphi}(\xi)\mathrm{e}^{\pm \mathrm{i}a\xi t})^{\vee} = [(\varphi(x \pm at))^{\wedge}]^{\vee} = \varphi(x \pm at),$$

从而可以求出

$$\left[\frac{1}{2}\widehat{\varphi}(\xi)\left(\mathrm{e}^{\mathrm{i}a\xi t} + \mathrm{e}^{-\mathrm{i}a\xi t}\right)\right]^{\vee} = \frac{1}{2}\left[\varphi(x+at) + \varphi(x-at)\right]. \tag{2.13}$$

另一方面, 由 Fourier 变换的反演公式得

$$\begin{aligned}\left[\frac{\mathrm{i}}{2a\xi}\widehat{\psi}(\xi)\left(\mathrm{e}^{\mathrm{i}a\xi t}-\mathrm{e}^{-\mathrm{i}a\xi t}\right)\right]^{\vee}&=\frac{1}{\sqrt{2\pi}}\int_{-\infty}^{\infty}\frac{\mathrm{i}}{2a\xi}\widehat{\psi}(\xi)(\mathrm{e}^{\mathrm{i}a\xi t}-\mathrm{e}^{-\mathrm{i}a\xi t})\mathrm{e}^{\mathrm{i}x\xi}\mathrm{d}\xi\\&=\frac{1}{\sqrt{2\pi}}\int_{-\infty}^{\infty}\widehat{\psi}(\xi)\frac{\mathrm{i}}{2a\xi}\left(\int_{x-at}^{x+at}\mathrm{i}\xi\mathrm{e}^{\mathrm{i}\xi\tau}\mathrm{d}\tau\right)\mathrm{d}\xi\\&=-\frac{1}{2a}\int_{x-at}^{x+at}\left(\frac{1}{\sqrt{2\pi}}\int_{-\infty}^{\infty}\widehat{\psi}(\xi)\mathrm{e}^{\mathrm{i}\xi\tau}\mathrm{d}\xi\right)\mathrm{d}\tau\\&=-\frac{1}{2a}\int_{x-at}^{x+at}\psi(\tau)\mathrm{d}\tau.\end{aligned}\tag{2.14}$$

对 (2.12) 式求 Fourier 逆变换, 并将 (2.13) 式和 (2.14) 式代入得

$$u(x,t)=\frac{1}{2}[\varphi(x+at)+\varphi(x-at)]+\frac{1}{2a}\int_{x-at}^{x+at}\psi(\tau)\mathrm{d}\tau.$$

这就是我们在第五章 §1 所得到的关于一维齐次波动方程 Cauchy 问题的 d'Alembert 公式.

例 8.9 设 $\varphi\in L^1(\mathbb{R})$, 求半平面 $y>0$ 上的 Dirichlet 问题

$$\begin{cases}u_{xx}+u_{yy}=0, & x\in\mathbb{R},\quad y>0,\\ u|_{y=0}=\varphi(x), & x\in\mathbb{R}\end{cases}\tag{2.15}$$

关于 x 绝对可积的有界解.

解 对 Cauchy 问题 (2.15) 关于 x 作 Fourier 变换, 并利用性质 8.1 和推论 8.1, 有

$$\begin{cases}\dfrac{\mathrm{d}^2}{\mathrm{d}y^2}\widehat{u}(\xi,y)-\xi^2\widehat{u}(\xi,y)=0, & \xi\in\mathbb{R},\quad y>0,\\ \widehat{u}(\xi,y)|_{y=0}=\widehat{\varphi}(\xi), & \xi\in\mathbb{R},\end{cases}\tag{2.16}$$

其中 $\widehat{u}(\xi,y)$, $\widehat{\varphi}(\xi)$ 分别是 $u(x,y)$, $\varphi(x)$ 关于 x 的 Fourier 变换.

解问题 (2.16) 中的常微分方程, 得通解

$$\widehat{u}(\xi,y)=A(\xi)\mathrm{e}^{\xi y}+B(\xi)\mathrm{e}^{-\xi y}.\tag{2.17}$$

因为 $u(x,y)$ 关于 x 绝对可积, 从而 $\widehat{u}(\xi,y)$ 有界, 所以当 $\xi>0$ 时, $A(\xi)=0$; 当 $\xi<0$ 时, $B(\xi)=0$. 于是 (2.17) 式可写成

$$\widehat{u}(\xi,y)=\begin{cases}B(\xi)\mathrm{e}^{-\xi y}, & \xi>0,\\ A(\xi)\mathrm{e}^{\xi y}, & \xi<0.\end{cases}$$

由边界条件 $\widehat{u}(\xi,y)|_{y=0}=\widehat{\varphi}(\xi)$ 知, 对任意的 $\xi\in\mathbb{R}$, 有

$$\widehat{u}(\xi,y)=\widehat{\varphi}(\xi)\mathrm{e}^{-|\xi|y}. \tag{2.18}$$

对 (2.18) 式求 Fourier 逆变换, 得

$$u(x,y)=\left(\widehat{\varphi}(\xi)\mathrm{e}^{-|\xi|y}\right)^{\vee}. \tag{2.19}$$

设

$$(g(x,y))^{\wedge}=\mathrm{e}^{-|\xi|y}, \tag{2.20}$$

则由 Fourier 变换的反演公式, 得

$$\begin{aligned}g(x,y)=\left(\mathrm{e}^{-|\xi|y}\right)^{\vee}&=\frac{1}{\sqrt{2\pi}}\int_{-\infty}^{\infty}\mathrm{e}^{-|\xi|y}\mathrm{e}^{\mathrm{i}\xi x}\mathrm{d}\xi\\&=\frac{1}{\sqrt{2\pi}}\int_{-\infty}^{\infty}\mathrm{e}^{-|\xi|y}(\cos\xi x+\mathrm{i}\sin\xi x)\mathrm{d}\xi\\&=\sqrt{\frac{2}{\pi}}\int_{0}^{\infty}\mathrm{e}^{-\xi y}\cos\xi x\mathrm{d}\xi\\&=\sqrt{\frac{2}{\pi}}\frac{y}{x^2+y^2}.\end{aligned} \tag{2.21}$$

于是, 由性质 8.7 及 (2.19), (2.20), (2.21) 三式, 得

$$u(x,y)=(\widehat{\varphi}\widehat{g})^{\vee}=\frac{1}{\sqrt{2\pi}}\varphi*g=\frac{y}{\pi}\int_{-\infty}^{\infty}\frac{\varphi(\xi)}{(x-\xi)^2+y^2}\mathrm{d}\xi. \tag{2.22}$$

综合以上例题, 我们可以看出, 用 Fourier 变换求解常系数线性偏微分方程的定解问题可分为如下三步:

第一步: 将方程与定解条件关于某些变量作 Fourier 变换, 从而将偏微分方程的定解问题化为常微分方程的 Cauchy 问题;

第二步: 求解所得的常微分方程的 Cauchy 问题;

第三步: 对所得的常微分方程的 Cauchy 问题的解进行 Fourier 逆变换, 从而得原问题的解.

一般地说, 在实际求解中, 第三步是最困难的.

习题 8-2

1. 写出高维热传导方程 Cauchy 问题 (2.8) 的求解公式 (2.9) 的推导过程.

2. 用 Fourier 变换求解非齐次热传导方程的 Cauchy 问题

$$\begin{cases} u_t - a^2 u_{xx} = f(x,t), & x \in \mathbb{R}, \quad t > 0, \\ u|_{t=0} = \varphi(x), & x \in \mathbb{R}. \end{cases}$$

3. 用 Fourier 变换求解 Cauchy 问题

$$\begin{cases} u_t - a^2 u_{xx} - b u_x - c u = 0, & x \in \mathbb{R}, \quad t > 0, \\ u|_{t=0} = \varphi(x), & x \in \mathbb{R}, \end{cases}$$

其中 a, b, c 是常数.

4. 用 Fourier 变换求解下列 Cauchy 问题:

(1) $\begin{cases} u_t - u_{xx} - 4tu = 0, & x \in \mathbb{R}, \quad t > 0, \\ u|_{t=0} = x\mathrm{e}^x, & x \in \mathbb{R}; \end{cases}$

(2) $\begin{cases} u_t - u_{xx} = 3t^2 u, & x \in \mathbb{R}, \quad t > 0, \\ u|_{t=0} = x^2 + 1, & x \in \mathbb{R}; \end{cases}$

(3) $\begin{cases} u_t - u_{xx} - 2u_x - (2t+1)u = 0, & x \in \mathbb{R}, \quad t > 0, \\ u|_{t=0} = x, & x \in \mathbb{R}. \end{cases}$

5. 求解 Cauchy 问题

$$\begin{cases} u_t - a(t) u_{xx} = 0, & x \in \mathbb{R}, \quad t > 0, \\ u|_{t=0} = \varphi(x), & x \in \mathbb{R}, \end{cases}$$

其中 $a(t) > 0$, 将解用 Fourier 逆变换表示出来. 特别地, 求出当 $\varphi(x) = \mathrm{e}^{-|x|}$, $a(t) = \mathrm{e}^{-t}$ 时上述问题的解.

6. 求解 KdV 方程的线性化方程的 Cauchy 问题

$$\begin{cases} u_t - c^2 u_{xxx} = 0, & x \in \mathbb{R}, \quad t > 0, \\ u|_{t=0} = \varphi(x), & x \in \mathbb{R}, \end{cases}$$

其中 $c > 0$ 为常数.

7. 用 Fourier 变换求解弹性梁的横振动方程的 Cauchy 问题

$$\begin{cases} u_{tt} - c^2 u_{xxxx} = 0, \quad x \in \mathbb{R}, \quad t > 0, \\ u|_{t=0} = \varphi(x), \quad u_t|_{t=0} = \psi(x), \quad x \in \mathbb{R}, \end{cases}$$

其中 $c > 0$ 为常数.

8. 用 Fourier 变换求解 Cauchy 问题

$$\begin{cases} tu_x + u_t = 0, \quad x \in \mathbb{R}, \quad t > 0, \\ u|_{t=0} = \varphi(x), \quad x \in \mathbb{R}. \end{cases}$$

第八章小结

附录 I

散度定理

散度定理建立了 n 维空间的某一区域 $\Omega \subseteq \mathbb{R}^n$ 内的体积分与该区域边界 $\partial\Omega$ 上的面积分之间的一座桥梁, 它能将区域内的体积分转化为面积分, 是 Newton-Leibniz (牛顿-莱布尼茨) 公式 (一维空间情形)、Green 公式 (二维空间情形) 和 Ostrogradskiǐ-Gauss (奥斯特罗格拉德茨基-高斯) 公式 (三维空间情形) 在 n 维空间的推广.

在给出散度定理之前, 先给出如下定义:

定义 I.1 设 $x_i^1 = x_i^1(x_1, \cdots, x_{i-1}, x_{i+1}, \cdots, x_n)$ 和 $x_i^2 = x_i^2(x_1, \cdots, x_{i-1}, x_{i+1}, \cdots, x_n)$ 为两个给定在有界闭区域 $\Omega_i \subset \mathbb{R}^{n-1}$ 上的连续函数且满足

$$x_i^1(x_1, \cdots, x_{i-1}, x_{i+1}, \cdots, x_n) \leqslant x_i^2(x_1, \cdots, x_{i-1}, x_{i+1}, \cdots, x_n).$$

若 $\mathbb{R}^n$ 中的区域 Ω 可以表示为

$$\left\{x | x_i^1 \leqslant x_i \leqslant x_i^2, \quad (x_1, \cdots, x_{i-1}, x_{i+1}, \cdots, x_n) \in \Omega_i\right\},$$

则称 Ω 为 x_i**-型区域**. 若对每个 $i \in \{1, 2, \cdots, n\}$, Ω 都为 x_i-型区域, 则称 Ω 为**球型区域**.

注 I.1 $\mathbb{R}^n$ 空间中以原点为心、R 为半径的球: $x_1^2 + x_2^2 + \cdots + x_n^2 \leqslant R^2$ 以及方体: $-\infty < a_i \leqslant x_i \leqslant b_i < \infty$ $(i = 1, 2, \cdots, n)$ 均为球形区域.

为了书写简洁, 以下我们将用 $\hat{x}_i$ 和 $\mathrm{d}\hat{x}_i$ 分别表示

$$(x_1, \cdots, x_{i-1}, x_{i+1}, \cdots, x_n) \quad 和 \quad \mathrm{d}x_1 \cdots \mathrm{d}x_{i-1}\mathrm{d}x_{i+1} \cdots \mathrm{d}x_n.$$

于是函数 $x_i^k(x_1, \cdots, x_{i-1}, x_{i+1}, \cdots, x_n)$ 可记为 $x_i^k(\hat{x}_i)$, $k = 1, 2$.

下面给出散度定理.

定理 I.1 (散度定理) 设 Ω 是 n 维空间中足够光滑的曲面 Γ 所围成的有界连通区域, ν 是曲面的单位外法向量. 若函数 $P_i(x_1, x_2, \cdots, x_n)$ $(i = 1, 2, \cdots, n)$ 在闭区域 $\overline{\Omega} = \Omega + \Gamma$ 上连续, 在 Ω 内有一阶的连续偏导数, 则

$$\int_{\Omega} \sum_{i=1}^{n} \frac{\partial P_i}{\partial x_i} \mathrm{d}x_1 \mathrm{d}x_2 \cdots \mathrm{d}x_n = \int_{\Gamma} \sum_{i=1}^{n} P_i \cos(\nu, x_i) \mathrm{d}S, \tag{I.1}$$

其中 $\cos(\nu, x_i)$ 表示曲面 Γ 的单位外法向量 ν 与 x_i 轴夹角的方向余弦, $\mathrm{d}S$ 表示 Γ 上的面积元素.

证 分两种情形证明.

情形 I: 首先考虑区域 Ω 为球型区域的情形. 在这种情形下, 对任意 $i \in \{1, 2, \cdots, n\}$, 可以证明

$$\int_{\Omega} \frac{\partial P_i}{\partial x_i} \mathrm{d}x_1 \mathrm{d}x_2 \cdots \mathrm{d}x_n = \int_{\Gamma} P_i \cos(\nu, x_i) \mathrm{d}S.$$

事实上, 由 x_i-型区域的定义, 此时, Ω 的边界 Γ 由

$$\Gamma_1:\ x_i^1 = x_i^1(\hat{x}_i), \qquad \hat{x}_i \in \Omega_i,$$

$$\Gamma_2:\ x_i^2 = x_i^2(\hat{x}_i), \qquad \hat{x}_i \in \Omega_i,$$

Γ_3: 平行于 x_i 轴由 Ω_i 的边界所构成的柱面

这三部分组成. 因此, 按 n 重积分的计算方法有

$$\begin{aligned}
&\int_{\Omega} \frac{\partial P_i}{\partial x_i} \mathrm{d}x_1 \mathrm{d}x_2 \cdots \mathrm{d}x_n \\
&= \int_{\Omega_i} \left(\int_{x_i^1(\hat{x}_i)}^{x_i^2(\hat{x}_i)} \frac{\partial P_i}{\partial x_i}(x) \mathrm{d}x_i \right) \mathrm{d}\hat{x}_i \\
&= \int_{\Omega_i} P_i(x_1, \cdots, x_{i-1}, x_i^2(\hat{x}_i), x_{i+1}, \cdots, x_n) \mathrm{d}\hat{x}_i - \\
&\quad \int_{\Omega_i} P_i(x_1, \cdots, x_{i-1}, x_i^1(\hat{x}_i), x_{i+1}, \cdots, x_n) \mathrm{d}\hat{x}_i \\
&= \int_{\Gamma_1} P_i \cos(\nu, x_i) \mathrm{d}S + \int_{\Gamma_2} P_i \cos(\nu, x_i) \mathrm{d}S.
\end{aligned}$$

由于在 Γ_3 上, $\partial \Omega_i$ 与 x_i 无关, 所以 Γ_3 上的单位外法向量 ν 与 x_i 轴夹角的方向余弦为零, 即

$$\int_{\Gamma_3} P_i \cos(\nu, x_i) \mathrm{d}S = 0.$$

于是

$$\int_{\Omega} \frac{\partial P_i}{\partial x_i} \mathrm{d}x_1 \mathrm{d}x_2 \cdots \mathrm{d}x_n = \sum_{j=1}^{3} \int_{\Gamma_j} P_i \cos(\nu, x_i) \mathrm{d}S = \int_{\Gamma} P_i \cos(\nu, x_i) \mathrm{d}S.$$

情形 II: 对于一般的情形, 也即如果至少存在一个 $i_0 \in \{1, 2, \cdots, n\}$, 使得 Ω 不是 x_{i_0}-型区域. 由定理的假设可知, Ω 可表示成有限个球型区域的并, 仿照情形 I 的证明可完成情形 II 的证明.

定理证毕.

附录 Ⅱ

线性变换下的微分运算

定理 Ⅱ.1 在可逆自变量变换

$$\begin{pmatrix} y_1 \\ y_2 \\ \vdots \\ y_n \end{pmatrix} = B^{\mathrm{T}} \begin{pmatrix} x_1 \\ x_2 \\ \vdots \\ x_n \end{pmatrix} \tag{Ⅱ.1}$$

下, 如下微分运算关系式成立:

$$\sum_{i,j=1}^{n} a_{ij} \frac{\partial^2 u}{\partial x_i \partial x_j} = \sum_{i,j=1}^{n} c_{ij} \frac{\partial^2 u}{\partial y_i \partial y_j}, \tag{Ⅱ.2}$$

其中 $B = (b_{ij})_{n\times n}$, $A = (a_{ij})_{n\times n}$ 都是常数矩阵, 且 $C = (c_{ij})_{n\times n} = B^{\mathrm{T}}AB$.

证 由变换 (Ⅱ.1) 知

$$y_k = b_{1k}x_1 + b_{2k}x_2 + \cdots + b_{nk}x_n, \qquad k = 1, 2, \cdots, n.$$

于是对于任意 $i, j = 1, 2, \cdots, n$, 有

$$\frac{\partial u}{\partial x_i} = \sum_{k=1}^{n} \frac{\partial u}{\partial y_k} \frac{\partial y_k}{\partial x_i} = \sum_{k=1}^{n} b_{ik} \frac{\partial u}{\partial y_k}$$

和

$$\frac{\partial^2 u}{\partial x_i \partial x_j} = \sum_{k=1}^{n} b_{ik} \left(\sum_{l=1}^{n} \frac{\partial^2 u}{\partial y_k \partial y_l} \frac{\partial y_l}{\partial x_j} \right) = \sum_{k,l=1}^{n} b_{ik} b_{jl} \frac{\partial^2 u}{\partial y_k \partial y_l}. \tag{Ⅱ.3}$$

于是

$$\sum_{i,j=1}^{n} a_{ij} \frac{\partial^2 u}{\partial x_i \partial x_j} = \sum_{i,j=1}^{n} a_{ij} \sum_{k,l=1}^{n} b_{ik} b_{jl} \frac{\partial^2 u}{\partial y_k \partial y_l} = \sum_{k,l=1}^{n} \left(\sum_{i,j=1}^{n} b_{ik} a_{ij} b_{jl} \right) \frac{\partial^2 u}{\partial y_k \partial y_l}. \tag{Ⅱ.4}$$

另一方面, 经简单计算易知

$$c_{kl} = \sum_{i,j=1}^{n} b_{ik} a_{ij} b_{jl}. \tag{II.5}$$

由 (II.4), (II.5) 两式易知 (II.2) 式成立.

定理证毕.

附录 III

Gronwall 不等式

定理 III.1 (积分形式的 Gronwall 不等式) 设 $u(t)$, $\alpha(t)$, $k(t)$ 是 $[a,b]$ 上的连续函数, 其中 $\alpha(t)$ 非负, A 是常数, 且满足积分不等式

$$u(t) \leqslant A + \int_a^t (\alpha(s)u(s) + k(s))\mathrm{d}s, \qquad t \in [a,b], \tag{III.1}$$

则当 $t \in [a,b]$ 时, 有

$$u(t) \leqslant \exp\left(\int_a^t \alpha(\tau)\mathrm{d}\tau\right)\left(A + \int_a^t k(s)\exp\left(-\int_a^s \alpha(\tau)\mathrm{d}\tau\right)\mathrm{d}s\right). \tag{III.2}$$

证 令 $v(t) = A + \int_a^t (\alpha(s)u(s) + k(s))\mathrm{d}s$, 则 $u(t) \leqslant v(t)$ 且 $v(a) = A$. 对 $v(t)$ 求微分, 得

$$v'(t) \leqslant \alpha(t)v(t) + k(t). \tag{III.3}$$

改写 (III.3) 式成为

$$\frac{\mathrm{d}}{\mathrm{d}t}\left(\exp\left(-\int_a^t \alpha(\tau)\mathrm{d}\tau\right)v(t)\right) \leqslant k(t)\exp\left(-\int_a^t \alpha(\tau)\mathrm{d}\tau\right),$$

积分上式, 得

$$\exp\left(-\int_a^t \alpha(\tau)\mathrm{d}\tau\right)v(t) \leqslant v(a) + \int_a^t k(s)\exp\left(-\int_a^s \alpha(\tau)\mathrm{d}\tau\right)\mathrm{d}s,$$

注意到 $u(t) \leqslant v(t)$ 且 $v(a) = A$, 由此立得 (III.2) 式.

定理证毕.

定理 III.1 给出了积分形式的 Gronwall 不等式, 由其证明过程可得微分形式的 Gronwall 不等式.

推论 Ⅲ.1 (微分形式的 Gronwall 不等式) 设 $u(t)$, $\alpha(t)$, $k(t)$ 是 $[a,b]$ 上的连续函数, 且满足微分不等式

$$u'(t) \leqslant \alpha(t)u(t) + k(t), \qquad t \in [a,b],$$

则在 $[a,b]$ 上, 有

$$u(t) \leqslant \exp\left(\int_a^t \alpha(\tau)\mathrm{d}\tau\right)\left(u(a) + \int_a^t k(s)\exp\left(-\int_a^s \alpha(\tau)\mathrm{d}\tau\right)\mathrm{d}s\right).$$

附录 IV

Riemann-Lebesgue 引理

Riemann-Lebesgue 引理 设 $f(x)$ 在 $[a,b]$ 上 Riemann 可积, 则

$$\lim_{\lambda\to\infty}\int_a^b f(x)\cos\lambda x\mathrm{d}x=0,$$

$$\lim_{\lambda\to\infty}\int_a^b f(x)\sin\lambda x\mathrm{d}x=0.$$

证 由于 $f(x)$ 在 $[a,b]$ 上 Riemann 可积, 故必有界, 即存在常数 M, 使得对任意 $x\in[a,b]$, 有 $|f(x)|\leqslant M$. 记 $m=[\sqrt{\lambda}]$, 则当 $\lambda\to\infty$ 时, $m\to\infty$. 现在将区间 $[a,b]$ 作 m 等分, 分点为

$$x_i=a+\frac{i}{m}(b-a),\qquad i=0,1,\cdots,m.$$

记 Ω_i 为 $f(x)$ 在 $[x_{i-1},x_i]$ 上的振幅, 由于 $f(x)$ 在 $[a,b]$ 上 Riemann 可积, 所以有

$$\lim_{m\to\infty}\sum_{i=1}^m\Omega_i\Delta x_i=0,$$

其中 $\Delta x_i=x_i-x_{i-1}$. 注意到

$$\left|\int_{x_{i-1}}^{x_i}\cos\lambda x\mathrm{d}x\right|=\frac{1}{\lambda}|\sin(\lambda x_i)-\sin(\lambda x_{i-1})|\leqslant\frac{2}{\lambda},$$

于是有

$$\begin{aligned}\left|\int_a^b f(x)\cos\lambda x\mathrm{d}x\right| &= \left|\sum_{i=1}^m \int_{x_{i-1}}^{x_i} f(x)\cos\lambda x\mathrm{d}x\right| \\ &= \left|\sum_{i=1}^m \int_{x_{i-1}}^{x_i} [f(x)-f(x_{i-1})]\cos\lambda x\mathrm{d}x + \sum_{i=1}^m f(x_{i-1})\int_{x_{i-1}}^{x_i}\cos\lambda x\mathrm{d}x\right| \\ &\leqslant \sum_{i=1}^m \Omega_i\Delta x_i + \frac{2m}{\lambda}M = \sum_{i=1}^m \Omega_i\Delta x_i + \frac{2[\sqrt{\lambda}]}{\lambda}M \\ &\leqslant \sum_{i=1}^m \Omega_i\Delta x_i + \frac{2}{\sqrt{\lambda}}M \to 0 \quad (\lambda\to\infty).\end{aligned}$$

这就证明了

$$\lim_{\lambda\to\infty}\int_a^b f(x)\cos\lambda x\mathrm{d}x = 0.$$

同理可证

$$\lim_{\lambda\to\infty}\int_a^b f(x)\sin\lambda x\mathrm{d}x = 0.$$

引理证毕.

参考文献

[1] 陈恕行. 数学物理方程学习辅导二十讲. 北京: 高等教育出版社, 2015.

[2] 陈恕行, 秦铁虎. 数学物理方程: 方法导引. 上海: 复旦大学出版社, 1991.

[3] 陈恕行, 秦铁虎, 周忆. 数学物理方程. 上海: 复旦大学出版社, 1999.

[4] 陈祖墀. 偏微分方程. 合肥: 中国科学技术大学出版社, 2002.

[5] Evans L C. Partial Differential Equations. Providence, RI: American Mathematical Society, 1998.

[6] 谷超豪, 李大潜, 陈恕行, 等. 数学物理方程. 2 版. 北京: 高等教育出版社, 2012.

[7] 吉洪诺夫, 萨马尔斯基. 数学物理方程: 上册. 黄克欧, 等, 译. 北京: 高等教育出版社, 1956.

[8] 吉洪诺夫, 萨马尔斯基. 数学物理方程: 下册. 黄克欧, 等, 译. 北京: 高等教育出版社, 1957.

[9] 姜礼尚, 陈亚浙, 刘西垣, 等. 数学物理方程讲义. 3 版. 北京: 高等教育出版社, 2013.

[10] 姜礼尚, 孔德兴, 陈志浩. 应用偏微分方程讲义. 北京: 高等教育出版社, 2007.

[11] John F. Partial Differential Equations. New York: Springer-Verlag, 1982.

[12] 孔德兴. 偏微分方程. 北京: 高等教育出版社, 2010.

[13] 欧维义. 数学物理方程. 2 版. 长春: 吉林大学出版社, 1997.

[14] 齐民友, 吴方同. 广义函数与数学物理方程. 2 版. 北京: 高等教育出版社, 1999.

[15] Rauch J. Partial Differential Equations. New York: Springer-Verlag, 2013.

[16] Smoller J A. Shock Waves and Reaction-Diffusion Equations. 2nd ed. New York: Springer-Verlag, 1994.

[17] Strauss W A. Partial Differential Equations: An Introduction. New Jersey: John Wiley & Sons, Inc, 1992.

[18] 谭忠. 偏微分方程——现象、建模、理论与应用. 北京: 高等教育出版社, 2020.

[19] 王明新. 数学物理方程. 北京: 清华大学出版社, 2005.

[20] 吴方同. 数学物理方程. 武汉: 武汉大学出版社, 2004.

[21] 朱长江, 邓引斌. 偏微分方程教程. 北京: 科学出版社, 2005.

[22] 朱长江, 阮立志. 偏微分方程简明教程. 北京: 高等教育出版社, 2015.

索引

Y

Z